高职高专机电类专业"十二五"规划教材

电工基础及测量

主　编　王兵利
副主编　徐浩铭　张丽芬　武　蕾
参　编　赵　媛　刘鑫尚
主　审　解建军

西安电子科技大学出版社

内容简介

本教材共 12 章,分为电工基础、电工测量、电工基础及测量实验实训三部分。主要内容包括:电路元件和电路定律,直流电阻电路的分析,动态电路的时域分析,正弦交流电路,非正弦周期电流电路,谐振电路与互感电路,三相正弦交流电路,电工仪表与测量的基本知识,电工工具及电气测量仪器仪表的使用,安全用电及防护,电工基础及测量实验,电工基础及测量实训。

本教材针对高职高专的特点,注重基础知识的应用,侧重于提高学生的实际操作能力。

本教材可作为高职高专院校机电类专业或相近专业的教材,也可以作为相关工作人员的培训用书和参考书。

★本书配有电子教案,需要者可登录出版社网站,免费下载。

图书在版编目(CIP)数据

电工基础及测量/王兵利主编. —西安:西安电子科技大学出版社,2011.8(2017.1 重印)
高职高专机电类专业"十二五"规划教材
ISBN 978-7-5606-2635-2

Ⅰ. ①电… Ⅱ. ①王… Ⅲ. ①电工学-高等职业教育-教材 ②电气测量-高等职业教育-教材 Ⅳ. ①TM1 ②TM93

中国版本图书馆 CIP 数据核字(2011)第 147801 号

策　　划　秦志峰
责任编辑　秦志峰　陈　青
出版发行　西安电子科技大学出版社(西安市太白南路 2 号)
电　　话　(029)88242885　88201467　　邮　　编　710071
网　　址　www. xduph. com　　　　电子邮箱　xdupfxb001@163.com
经　　销　新华书店
印刷单位　陕西大江印务有限公司
版　　次　2011 年 8 月第 1 版　　2017 年 1 月第 3 次印刷
开　　本　787 毫米×1092 毫米　1/16　印张 15.5
字　　数　360 千字
印　　数　5001~6000 册
定　　价　26.00 元
ISBN 978-7-5606-2635-2/TM

XDUP 2927001-3

＊＊＊如有印装问题可调换＊＊＊

前　言

本教材是根据教育部关于高职高专教育基础课程教学基本要求和高职高专教育专业人才培养目标及规划的要求，以培养应用型、高技能人才为目标，以最新的国家标准、技术规范为依据，以培养学生的专业能力为落脚点，结合编者多年的电力系统从业经验和教学实践经验编写而成的。本课程主要介绍电工基础知识、电工测量知识、电工实验实训等有关内容。

近几年我国高职教育得到空前的发展和壮大，本书考虑到高职院校的特点并结合编者在实际课程教学方面的经验，力求做到以精练为原则，注重深度和广度的结合以及知识的内在联系和相互之间的逻辑关系，避免繁琐的数学分析，加强物理概念的阐述，使叙述深入浅出，通俗易懂。

本教材分为以下三个部分：

第一部分为电工基础，包括七章内容：电路元件和电路定律；直流电阻电路的分析；动态电路的时域分析；正弦交流电路；非正弦周期电流电路；谐振电路与互感电路；三相正弦交流电路。

第二部分为电工测量，包括三章内容：电工仪表与测量的基本知识；电工工具及电气测量仪器仪表的使用；安全用电及防护。

第三部分为电工基础及测量实验实训，包括两章内容：电工基础及测量实验；电工基础及测量实训。

本教材第 1 章由赵媛编写，第 2 章由刘鑫尚编写，第 3、9、10、12 章由徐浩铭编写，第 5、6、7、11 章由王兵利编写，第 4 章由内蒙古化工职业学院张丽芬编写，第 8 章由武汉船舶职业技术学院武蕾编写。全书由王兵利、徐浩铭统稿。杨凌职业技术学院解建军教授审阅了全稿，在此谨表谢意。

由于编者水平有限，书中难免存在不当之处，敬请广大师生提出宝贵意见和建议。

编　者

2011 年 5 月

目　录

第1章　电路元件和电路定律

学习目标

通过本章的学习、训练，学生应熟练掌握电路的基本物理量、电路基本元件及其电压电流关系、基尔霍夫定律。

本章知识点

·电压、电流及其参考方向；直流电路中功率的计算；电阻、电容、电感的概念及其串、并联；基尔霍夫定律及其应用。

·电位的概念及其计算；电压源、电流源的伏安特性及其两种实际模型之间的等效变换。

·受控源的概念和简单的受控源电阻电路的分析。

本章重点和难点

·电压、电流及其参考方向，电路元件的性质及应用。

·电压源、电流源实际模型之间的等效变换。

·基尔霍夫定律及其应用。

本章介绍了电路和电路模型，电路的主要物理量，电流、电压参考方向的概念，着重阐述了电阻元件、电压源、电流源的元件特性和反映元器件连接特性的基本定律——基尔霍夫定律。

1.1　电路、理想元件和电路模型

1.1.1　电路

为了完成某种功能，将实际的电气设备与元件按照一定的方式组合连接成的整体称为电路。复杂的电路呈网状，又称网络。电路和网络这两个术语在本学科是通用的，本书将不加区分地引用。

电路中提供电能或信号的元件，称为电源。电路中吸收电能或输出信号的元件，称为负载。由于电路中的电压、电流是在电源的作用下产生的，因此电源又称为激励；由激励而在电路中产生的电压、电流称为响应。有时，根据激励与响应之间的因果关系，把激励称为输入，响应称为输出。电路是电流的流通路径，在电源和负载之间引导和控制电流的导线和开关等是传输控制元件。如图1-1(a)所示，干电池即为电源，小灯泡即为负载，导线和开关即为传输控制元件。

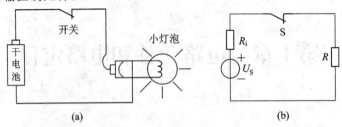

图 1-1 电路模型及电路

电路的结构形式和所能完成的任务是多种多样的。电路的主要功能有两类：一是进行能量的传输、分配和转换，如电力系统电路，可将发电机发出的电能经过输电线传输到各个用电设备，再经用电设备转换成热能、光能、机械能等；二是实现信号的传递和处理，如电视机电路，可将接收到的信号经过处理后再转换成图像和声音。

1.1.2 理想电路元件

为了便于对复杂各异的实际电路进行分析和综合，我们有必要在满足实际工程需要和假设条件下，抓住实际电路中发生的主要现象和表现出来的主要矛盾，将实际电路中发生的物理过程或物理现象理想化，这就得到了理想电路元件，简称理想元件。

理想元件是电路元件理想化的模型，简称为电路元件。电阻元件是一种只表示消耗电能的元件，简称电阻。电感元件是表示其周围空间存在着磁场而可以储存磁场能量的元件，简称电感。电容元件是表示其周围空间存在着电场而可以储存电场能量的元件，简称电容。

对具有两个引出端的元件，称为二端元件；对具有两个以上引出端的元件，称为多端元件。

1.1.3 电路模型

实际电路可以用一个或若干个理想电路元件经理想导体连接起来模拟，这便构成了电路模型。用理想电路元件或它们的组合模拟实际元件就是建立其模型，简称建模。建模时必须考虑工作条件，并按不同准确度的要求把给定工作情况下的主要物理现象和功能反映出来。

例如，一个线圈的建模：在直流情况下它在电路中仅反映为导线内电流引起的能量的消耗，因此，它的模型就是一个电阻元件；在电流变化的情况下（包括交变电流），线圈电流产生的磁场会引起感应电压，故电路模型除电阻元件外还应包含一个与之串联的电感元件；当电流变化很快时（包括高频电流），则还应计及线圈导体表面的电荷作用，即电容效应，所以其模型中还需要包含电容元件。

可见，在不同的工作条件下，同一实际元件可能采用不同的模型。模型取得恰当，对电路进行分析计算的结果就与实际情况接近；模型取得不恰当，则会造成很大误差甚至导致错误的结果。如果模型取得太复杂则会造成分析困难，而取得太简单则可能无法反映真实的物理现象。如图 1-1(b) 所示，将干电池简化为理想电源 U_S 和内阻 R_i，小灯泡简化为电阻 R，基本符合实际电路的物理现象和满足准确度的要求。

本书所涉及电路均指由理想电路元件构成的电路模型。

1.2　电流、电压及其参考方向

1.2.1　电流及其参考方向

带电粒子(电子、离子等)的定向运动，称为电流。电流的量值(大小)等于单位时间内穿过导体横截面的电荷量，用符号 i 表示，即

$$i = \lim_{\Delta t \to 0} \frac{\Delta q}{\Delta t} = \frac{dq}{dt} \tag{1-1}$$

式中，Δq 为极短时间 Δt 内通过导体横截面的电荷量。

我们规定，电流的方向为正电荷的运动方向。

当电流的量值和方向都不随时间变化时，称为直流电流。直流电流常用英文大写字母 I 表示。对于直流，式(1-1)可表示为

$$I = \frac{q}{t} \tag{1-2}$$

量值和方向随着时间按周期性变化的电流，称为交流电流，常用英文小写字母 i 表示。

在国际单位制(SI)中，电流的 SI 主单位是安[培]，符号为 A。常用电流的十进制倍数和分数单位有千安(kA)、毫安(mA)、微安(μA)等。它们之间的换算关系是

$$10^{-3}\ \text{kA} = 1\ \text{A} = 10^{3}\ \text{mA} = 10^{6}\ \mu\text{A}$$

在复杂电路的分析中，电路中电流的实际方向很难预先判断出来，有时，电流的实际方向还会不断改变。因此，很难在电路中标明电流的实际方向。为此，在分析与计算电路时，可任意规定某一方向作为电流的参考方向或正方向，并用箭头表示在电路图上。

规定了参考方向以后，电流就是一个代数量了，若电流的实际方向与参考方向一致(如图 1-2(a)所示)，则电流为正值；若两者相反(如图 1-2(b)所示)，则电流为负值。这样就可以利用电流的参考方向和正、负值来判断电流的实际方向。应当注意，在未规定电流参考方向的情况下，电流的正、负是没有意义的。

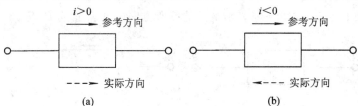

图 1-2　电流参考方向箭头表示法

电流的参考方向除用箭头在电路图上表示外，还可用双下标表示，如对某一电流，用 i_{AB} 表示其参考方向为 A 指向 B(如图 1-3(a)所示)；用 i_{BA} 表示其参考方向为 B 指向 A(如图 1-3(b)所示)。显然，若两者电流大小相同，则相差一个负号，即

$$i_{AB} = -i_{BA}$$

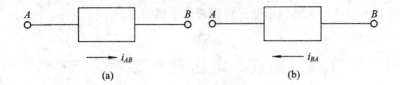

图 1-3　电流参考方向的下标法

1.2.2　电压及其参考方向

当导体中存在电场时，电荷在电场力的作用下运动，电场力对运动电荷做功，运动电荷的电能将减少，电能转化为其他形式的能量。电路中 A、B 两点间的电压是单位正电荷在电场力的作用下由 A 点移动到 B 点所减少的电能，即

$$u_{AB} = \lim_{\Delta q \to 0} \frac{\Delta W_{AB}}{\Delta q} = \frac{\mathrm{d}W_{AB}}{\mathrm{d}q} \tag{1-3}$$

式中，Δq 为由 A 点移动到 B 点的电荷量，ΔW_{AB} 为移动过程中电荷所减少的电能。

电压的实际方向是使正电荷电能减少的方向。

当电压的量值和方向都不随时间变化时，称为直流电压。直流电压常用英文大写字母 U 表示。对于直流电压，式(1-3)可表示为

$$U = \frac{W_{AB}}{q} \tag{1-4}$$

量值和方向随着时间按周期性变化的电压，称为交流电压，常用英文小写字母 u 表示。

电压的 SI 单位是伏[特]，符号为 V。常用的电压的十进制倍数和分数单位有千伏 (kV)、毫伏(mV)、微伏(μV)等。它们之间的换算关系是

$$10^{-3}\ \mathrm{kV} = 1\ \mathrm{V} = 10^{3}\ \mathrm{mV} = 10^{6}\ \mu\mathrm{V}$$

与电流类似，在电路分析中也要规定电压的参考方向，通常用以下三种方式表示：

(1) 采用正(＋)、负(－)极性表示，称为参考极性，如图 1-4(a)所示。这时，从正极性端指向负极性端的方向就是电压的参考方向。

(2) 采用实线箭头表示，如图 1-4(b)所示。

(3) 采用双下标表示，如 u_{AB} 表示电压的参考方向由 A 点指向 B 点。

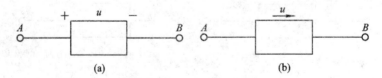

图 1-4　电压的参考方向

一个元件的电流或电压的参考方向可以独立地任意指定。如果指定流过元件的电流的参考方向是从标以电压正极性的一端指向负极性的一端，即两者的参考方向一致，则把电流和电压的这种参考方向称为关联参考方向，如图 1-5(a)所示；当两者不一致时，称为非关联参考方向，如图 1-5(b)所示。

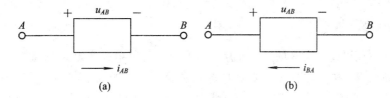

图 1-5　电流和电压的参考方向

1.2.3　电位

为了方便地分析电路，常在电路中任意选定一点作为参考点，则某点的电位就是由该点到参考点的电压。也就是说，如果参考点为 O，则 A 点的电位为

$$V_A = U_{AO}$$

至于参考点本身的电位，则是参考点对参考点的电压，显然为零，即 $V_O = 0$，所以参考点又叫零电位点。

如果已知 A、B 两点的电位分别为 V_A、V_B，则此两点间的电压为

$$U_{AB} = U_{AO} + U_{OB} = U_{AO} - U_{BO} = V_A - V_B \tag{1-5}$$

即两点间的电压等于这两点的电位之差，又叫电位差。

电位是相对的，参考点选择不同，同一点的电位就不同；电压是绝对的，与参考点的选择无关。至于如何选择参考点，则要视分析计算问题的方便而定。电子电路中需选各有关部分的公共线作为参考点，常用符号"⊥"表示。

例 1-1　如图 1-6 所示电路，以 O 为参考点，试求 V_A、V_B、U_{AB} 的大小。若选 B 点为参考点，则 V_A、V_B、U_{AB} 的大小又为多少？

解　(1) 以 O 为参考点，如图 1-6(a)所示，则 $V_O=0$，根据 3 V 电源的电压方向，A 点比 O 点电位高，电位为正；B 点比 O 点电位低，电位为负。则 A、B 两点的电位分别为

$$V_A = V_A - V_O = U_{AO} = 1 \text{ V}$$
$$V_B = V_B - V_O = U_{BO} = -2 \text{ V}$$
$$U_{AB} = V_A - V_B = 1 - (-2) = 3 \text{ V}$$

(2) 以 B 为参考点，如图 1-6(b)所示，则 $V_B=0$，根据 3 V 电源的电压方向，A 点比 B 点高，电位为正。A 点的电位为

$$V_A = V_A - V_B = U_{AB} = 3 \text{ V}$$

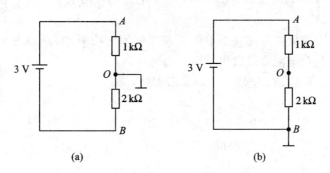

图 1-6　例 1-1 图

1.2.4　电动势

高中物理曾经讲过，在电场力的作用下，电源中的正电荷不断地从正极通过导线和用电设备移动到负极。移动过程中电能被用电设备消耗，电场逐渐减弱，最后消失，导线中的电流也逐渐减小为零。为了维持持续不断的电流，就必须保持正极与负极间有一定的电位差，即保持一定的电场。这就必然要借助外力来克服电场力把正电荷不断地从负极移动到正极。这种外力我们称之为电源力。电源就是能产生这种力的装置。例如，在发电机中，当导线在磁场中运动时，磁场能转换为电源力；在电池中，化学能转换为电源力。

电动势是用来衡量电源将非电能转化为电能本领的物理量。电动势的定义为：在电源的内部，电源力把单位正电荷从电源的负极移动到正极所做的功称为电动势，用字母 E 表示。

如果电源力把电荷量为 q 的电荷从电源的负极经电源内部移动到电源正极所做的功为 W，则电动势可表示为

$$E = \frac{W}{q} \tag{1-6}$$

电源内部电源力的方向由负极指向正极，因此电源电动势的方向规定为：由电源负极经电源内部指向电源正极。所以，电动势的方向与其端电压 U 的方向相反。

1.3　电功率和电能

在电路的分析和计算中，能量和功率的计算是十分重要的。这是因为电路在工作的状况下总伴随有电能与其他形式能量的相互交换；另一方面，电气设备、电路部件本身有功率的限制，在使用时要注意其电流值或电压值是否超过额定值，过载会使设备或部件损坏，严重的甚至不能正常工作。

1.3.1　电功率

电功率与电压和电流密切相关。当正电荷从元件上电压的"＋"极经元件运动到电压的"－"极时，与此电压相应的电场力要对电荷做功，这时，元件吸收能量；反之，正电荷从电压的"－"极经元件运动到电压的"＋"极时，与此电压相应的电场力做负功，元件向外释放能量。

单位时间内，电路元件传递转换电能的速率称为电功率，简称功率，用 p 或 P 表示。习惯上，把发出或接收电能说成发出或接收功率。

由功率的定义，取电流、电压为关联参考方向，则

$$p = \frac{\mathrm{d}w}{\mathrm{d}t} = \frac{\mathrm{d}w}{\mathrm{d}q} \cdot \frac{\mathrm{d}q}{\mathrm{d}t} \tag{1-7}$$

而 $u = \dfrac{\mathrm{d}w}{\mathrm{d}q}$，$i = \dfrac{\mathrm{d}q}{\mathrm{d}t}$，代入式(1-7)得：

$$p = u \cdot i \tag{1-8}$$

即在电流、电压关联参考方向下，任意一支路的功率等于其电压与电流的乘积。

若电流、电压非关联参考方向,任意一支路的功率为

$$p = -u \cdot i \tag{1-9}$$

即在电流、电压非关联参考方向下,任意一支路的功率等于其电压与电流的乘积的负值。

当根据式(1-8)、式(1-9)计算电路中的功率 p 为正值时,表示支路实际接收功率;反之,当 p 为负值时,表示支路实际发出功率。

在直流情况下,式(1-8)可表示为

$$P = UI \tag{1-10}$$

国际单位制(SI)中,功率的单位为瓦[特],简称瓦,符号为 W,常用的有千瓦(kW)、兆瓦(MW)和毫瓦(mW)等。它们之间的换算关系是

$$10^{-6}\ \mathrm{MW} = 10^{-3}\ \mathrm{kW} = 1\ \mathrm{W} = 10^3\ \mathrm{mW}$$

1.3.2　电能

电路通电后,电路元件传递转换能量的大小,称为电能。根据式(1-7),从 t_0 到 t 时间段内,电路吸收(消耗)的电能为

$$W = \int_{t_0}^{t} p\ \mathrm{d}t \tag{1-11}$$

直流电路中,电能为

$$W = P(t - t_0) \tag{1-12}$$

电能的 SI 主单位是焦[耳],符号为 J,在实际生活中还采用千瓦小时(kW·h)作为电能的单位,简称为度。

$$1\ \mathrm{kW \cdot h} = 1 \times 10^3 \times 3600 = 3.6 \times 10^6\ \mathrm{J} = 1\ \text{度}$$

能量转换与守恒定律是自然界的基本规律之一,电路当然遵循这一规律。一个电路中,每一瞬间,接收电能的各元件功率的总和等于发出电能的各元件功率的总和;或者说,所有元件接收的功率的总和为零。这个结论叫做电路的功率平衡。

例 1-2　图 1-7 所示为直流电路,$U_1 = 4$ V,$U_2 = -8$ V,$U_3 = 6$ V,$I = 4$ A,求各元件接收或发出的功率 P_1、P_2 和 P_3,并求整个电路的功率 P。

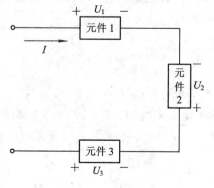

图 1-7　例 1-2 图

解　元件 1 的电压、电流为关联参考方向,故

$$P_1 = U_1 I = 4 \times 4 = 16\ \mathrm{W} > 0 \quad (\text{接收功率为 16 W})$$

元件 2 和元件 3 的电压、电流为非关联参考方向,故

$$P_2 = -U_2 I = -(-8) \times 4 = 32 \text{ W} > 0 \quad (\text{接收功率为 } 32 \text{ W})$$
$$P_3 = -U_3 I = -6 \times 4 = -24 \text{ W} < 0 \quad (\text{发出功率为 } 24 \text{ W})$$

整个电路的功率 P 为

$$P = 16 + 32 - 24 = 24 \text{ W}$$

提示：整个电路的功率 $P = 24$ W 是由端口电源发出的功率，同时也是整个电路接收的功率，从而功率平衡。

1.4 电阻元件

1.4.1 电阻元件的概念

电阻元件是一个二端元件（电流流入端、电流流出端），它的电流和电压的方向总是一致的，电流和电压的大小成代数关系。

电流和电压的大小成正比的电阻元件叫线性电阻元件。元件的电流与电压的关系曲线叫做元件的伏安特性曲线。线性电阻元件的伏安特性为通过坐标原点的直线，这个关系称为欧姆定律。在电流和电压的关联参考方向下，线性电阻元件的伏安特性如图 1-8 所示，欧姆定律的表达式为

$$u = iR \tag{1-13}$$

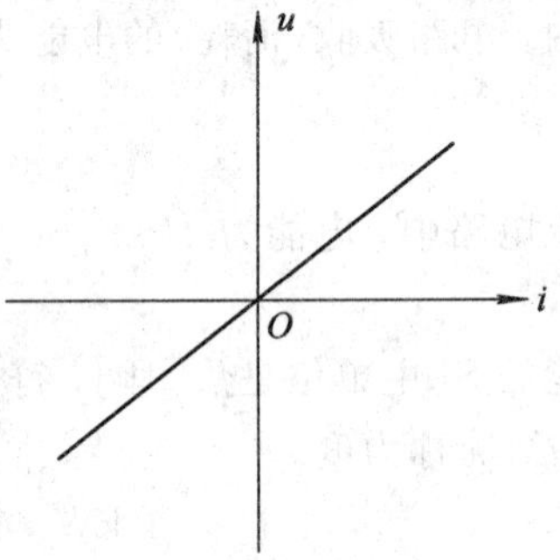

式 (1-13) 中，R 是元件的电阻，它是一个反映电路中电能消耗的电路参数，是一个正实常数。式中电压单位用 V 表示，电流单位用 A 表示时，电阻的单位是欧［姆］，符号为 Ω。电阻的十进制倍数单位有千欧（kΩ）、兆欧（MΩ）等，它们之间的换算关系是

图 1-8 线性电阻的伏安特性曲线

$$10^{-6} \text{ M}\Omega = 10^{-3} \text{ k}\Omega = 1 \text{ }\Omega$$

电流和电压的大小不成正比的电阻元件叫非线性电阻元件。本书只讨论线性电阻电路。

令 $G = \dfrac{1}{R}$，则式 (1-13) 变为

$$i = uG \tag{1-14}$$

式中，G 称为电阻元件的电导，单位是西［门子］，符号为 S。

任何时刻电阻元件都不可能发出电能，它所接收的全部电能都转化成其他形式的能。所以线性电阻元件是耗能元件。在电流、电压为关联参考方向下，任何瞬间线性电阻元件接收的功率为

$$p = ui = Ri^2 = \frac{u^2}{R} = Gu^2 \tag{1-15}$$

如果电阻元件把接收的电能转换成热能，则从 t_0 到 t 时间内，电阻元件的热［量］Q，也就是这段时间内接受的电能 W 为

$$Q = W = \int_{t_0}^{t} p \, \mathrm{d}t = \int_{t_0}^{t} Ri^2 \, \mathrm{d}t = \int_{t_0}^{t} \frac{u^2}{R} \, \mathrm{d}t \tag{1-16}$$

若电流不随时间变化，令 $T = t - t_0$，则

$$Q = W = P \cdot (t - t_0) = P \cdot T = I^2 \cdot R \cdot T = \frac{U^2}{R} \cdot T \qquad (1-17)$$

式(1−16)、(1−17)称为焦耳定律。

线性电阻元件有两种特殊情况值得注意：一种情况是电阻值 R 为无限大，电压为任何有限值时，其电流总是零，这时把它称为"开路"；另一种情况是电阻为零，电流为任何有限值时，其电压总是零，这时把它称为"短路"。

例 1−3　有 220 V、100 W 灯泡一个，其灯丝电阻是多少？每天用 5 h，一个月(按 30 天计算)消耗的电能是多少度？

解　灯泡灯丝电阻为：

$$R = \frac{U^2}{P} = \frac{220^2}{100} = 484 \; \Omega$$

一个月消耗的电能为：

$$W = PT = 100 \times 10^{-3} \times 5 \times 30 = 15 \; \text{kW} \cdot \text{h} = 15 \; 度$$

1.4.2　电阻的串联和并联

等效网络的定义：若一个二端网络的端口电压、电流关系和另一个二端网络的端口电压、电流关系相同，则这两个网络叫做等效网络。如图 1−9 所示，网络 N_1 的端口电压、电流和网络 N_2 的电压、电流大小相等，方向相同，故二者为等效网络。

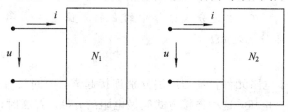

图 1−9　等效网络

值得注意的是，网络等效的概念是对网络外部而言的，也就是其外部特性的等效。如图 1−9 所示，若网络 N_1 二端端口接有其他电路元件，则用网络 N_2 替换网络 N_1 后，所接电路元件的电压、电流、功率等物理特性不发生变化。

1. 电阻的串联

在电路中，把几个电阻元件依次首尾连接起来，中间没有分支，在电源的作用下流过各电阻的是同一电流，这种连接方式叫做电阻的串联。

如图 1−10 所示电路为 n 个电阻 R_1、R_2、$\cdots$、R_n 的串联组合，有

$$u = u_1 + u_2 + \cdots + u_n = R_1 i + R_2 i + \cdots + R_n i = (R_1 + R_2 + \cdots + R_n)i$$

其中，总电阻为

$$R_{eq} = R_1 + R_2 + \cdots + R_n = \sum_{k=1}^{n} R_k \qquad (1-18)$$

电阻串联时，流过各电阻的电流相等，各电阻上的电压为

$$u_k = R_k i = \frac{R_k}{R_{eq}} \cdot u \qquad k = 1, 2, \cdots, n \qquad (1-19)$$

由式(1-19)可知，串联的每个电阻的电压与总电压的比等于该电阻与等效电阻的比，即串联分压。串联的每个电阻的功率也与它们的电阻成正比。

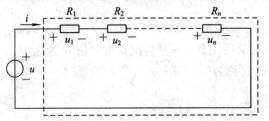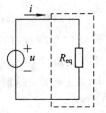

图1-10 电阻的串联及其等效电阻

例1-4 如图1-11所示，用一个满刻度偏转电流为 50 μA，电阻 R_g 为 2 kΩ 的表头制成 100 V 量程的直流电压表，应串联多大的附加电阻 R_f？

解 满刻度时表头电压为

$$U_g = R_g I = 2 \times 10^3 \times 50 \times 10^{-6} = 0.1 \text{ V}$$

附加电阻电压为

$$U_f = 100 - 0.1 = 99.9 \text{ V}$$

代入式(1-19)，得

$$99.9 = \frac{R_f}{R_g + R_f} \cdot 100 = \frac{R_f}{2 + R_f} \cdot 100$$

解得：$R_f = 1998 \text{ kΩ}$。

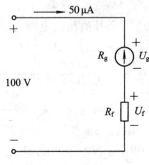

图1-11 例1-4图

提示：求 R_f 的等式中，右边分式分母中的 2 的单位是 kΩ，故 $R_f = 1998$ 的单位也是 kΩ。

2. 电阻的并联

在电路中，把几个电阻元件首端与尾端分别连接起来，中间没有分支，在电源的作用下各电阻的电压是同一电压，这种连接方式叫做电阻的并联。并联时，电阻可称为电导。

如图1-12所示电路为 n 个电导 G_1、G_2、…、G_n 的并联组合，有

$$i = i_1 + i_2 + \cdots + i_n = G_1 u + G_2 u + \cdots + G_n u = (G_1 + G_2 + \cdots + G_n) u$$

其中，总电导为

$$G_{eq} = G_1 + G_2 + \cdots + G_n = \sum_{k=1}^{n} G_k \tag{1-20}$$

又有 $G = \dfrac{1}{R}$，则电导并联的总电阻为

$$R_{eq} = \frac{1}{G_{eq}} \tag{1-21}$$

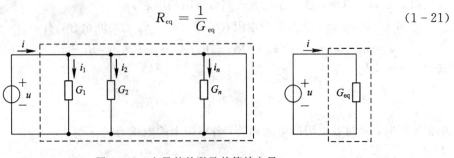

图1-12 电导的并联及其等效电导

当电导并联时，各电导上的电压相等，流过各电导的电流为

$$i_k = G_k u = \frac{G_k}{G_{eq}} i \qquad k = 1, 2, \cdots, n \tag{1-22}$$

由式(1-22)可知，并联的每个电导的电流与总电流的比等于该电导与总电导的比，即并联分流。并联的每个电导的功率也与它们的电导成正比。

当电路中只有两个电阻 R_1、R_2 并联时，则总电阻为

$$R_{eq} = \frac{R_1 R_2}{R_1 + R_2}$$

例 1-5　如图 1-13 所示，用一个满刻度偏转电流为 $50\ \mu A$，电阻 R_g 为 2 kΩ 的表头制成 50 mA 量程的直流电流表，应并联多大的分流电阻 R_2？

解　由题意已知，$I_g = 50\ \mu A$，$R_g = 2$ kΩ，$I = 50$ mA，则表头两端电压 U_g 为

$$U_g = I_g \cdot R_g = 50 \times 10^{-6} \times 2 \times 10^3 = 0.1\ V$$

分流电阻流过的电流为

$$I_2 = 50 \times 10^{-3} - 50 \times 10^{-6} = 0.04995\ A$$

则应并联的分流电阻 R_2 的大小为

$$R_2 = \frac{U_g}{I_2} = \frac{0.1}{0.04995} = 2.002\ \Omega$$

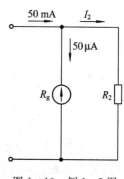

图 1-13　例 1-5 图

3. 电阻的混联

电阻的串联和并联相结合的连接方式，称为电阻的混联。

只有一个电源作用的电阻的混联电路，可用电阻串联、并联化简的方法，化简成一个等效电阻和电源组成的单回路，这种电路又称简单电路。反之，不能用串联、并联等效变换化简为单回路的电路则称为复杂电路。

简单电路的计算步骤是：首先将电阻逐步化简成一个总的等效电阻，算出总电流(或总电压)，然后用分压(或分流)的办法逐步计算出化简前原电路中各电阻的电流和电压，再计算出功率。

例 1-6　进行电工实验时，常用滑线变阻器接成分压器电路来调节负载电阻上电压的高低。图 1-14 中 R_1 和 R_2 是滑线变阻器，R_L 是负载电阻。已知滑线变阻器额定值是 100 Ω、3 A，端钮 a、b 上输入电压 $U_1 = 220$ V，$R_L = 50$ Ω。试问：

(1) 当 $R_2 = 50$ Ω 时，输出电压 U_2 是多少？

(2) 当 $R_2 = 75$ Ω 时，输出电压 U_2 是多少？滑线变阻器能否安全工作？

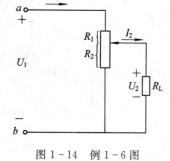

图 1-14　例 1-6 图

解　(1) 当 $R_2 = 50$ Ω 时，R_{ab} 为 R_2 和 R_L 并联后与 R_1 串联而成的总电阻，故端钮 a、b 的等效电阻 R_{ab} 为

$$R_{ab} = R_1 + \frac{R_2 R_L}{R_2 + R_L} = 50 + \frac{50 \times 50}{50 + 50} = 75\ \Omega$$

滑线变阻器 R_1 段流过的电流为

$$I_1 = \frac{U_1}{R_{ab}} = \frac{220}{75} = 2.93 \text{ A}$$

负载电阻流过的电流为

$$I_2 = \frac{R_2}{R_2 + R_L} \times I_1 = \frac{50}{50 + 50} \times 2.93 = 1.47 \text{ A}$$

$$U_2 = R_L I_2 = 50 \times 1.47 = 73.5 \text{ V}$$

(2) 当 $R_2 = 75 \ \Omega$ 时，计算方法同上，可得

$$R_{ab} = 25 + \frac{75 \times 50}{75 + 50} = 55 \ \Omega$$

$$I_1 = \frac{220}{55} = 4 \text{ A}$$

$$I_2 = \frac{75}{75 + 50} \times 4 = 2.4 \text{ A}$$

$$U_2 = 50 \times 2.4 = 120 \text{ V}$$

因 $I_1 = 4$ A，大于滑线变阻器额定电流 3 A，R_1 段电阻有被烧坏的危险。

求解简单电路，关键是要判断哪些电阻串联，哪些电阻并联。一般情况下，通过观察可以进行判断。当电阻串、并联的关系不易看出时，可以在不改变元件之间连接关系的条件下将电路画成比较容易判断串、并联的形式。这时无电阻的导线最好缩成一点，并且尽量避免相互交叉。重画时可以先标出各节点代号，再将各元件连在相应的节点间。

例 1-7 求图 1-15(a)所示电路中 a、b 两点间的等效电阻 R_{ab}。

解 (1) 先将无电阻导线 d、d' 缩成一点用 d 表示，则得图 1-15(b)；

(2) 并联化简，将 1-15(b)变为图 1-15(c)；

(3) 图 1-15(c)中 3 Ω、7 Ω 电阻串联后与 15 Ω 电阻并联，最后再与 4 Ω 电阻串联，由此得 a、b 两点间的等效电阻为

$$R_{ab} = 4 + \frac{15 \times (3 + 7)}{15 + 3 + 7} = 4 + 6 = 10 \ \Omega$$

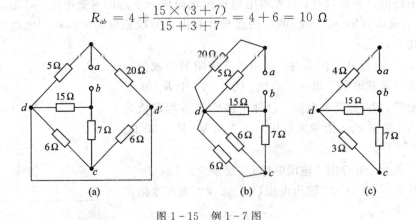

图 1-15 例 1-7 图

1.4.3 电阻的星形连接与三角形连接的等效变换

三个电阻元件的尾端连接在一起，首端分别连接到电路的三个节点上，这种连接方式叫做星形连接，简称 Y 形连接，如图 1-16(a)所示。三个电阻元件首尾依次相连，连接成

一个三角形，这种连接方式叫做三角形连接，简称△(形)连接，如图 1-16(b)所示。

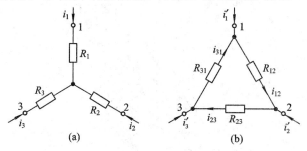

图 1-16　电阻的星形和三角形连接

当它们被接在复杂电路中时，在一定条件下可以等效代替，而不影响电路中其他未经变换部分的电压及电流；经过等效代替可使电路的连接关系变得简单，从而可以利用电阻串、并联的方法进行计算。

所以，在电路分析中，常利用 Y 形网络与△(形)网络的等效变换来化简电路的计算。如果在它们对应端子之间具有相同的电压 u_{12}、u_{23} 和 u_{31}，而流入对应端子的电流分别相等，即 $i_1 = i_1'$，$i_2 = i_2'$，$i_3 = i_3'$，在这种条件下，它们彼此等效。这就是 Y-△等效变换的条件。注意，它们的等效是对外部电路的等效，内部不一定等效。

根据以上等效条件，可以通过后续所学基尔霍夫定律证明 Y 形连接与△(形)连接等效变换的公式，在这里不做证明，读者可以自行证明。列数公式如下：

将 Y 形连接等效为△(形)连接时，

$$
\left.
\begin{aligned}
R_{12} &= \frac{R_1 R_2 + R_2 R_3 + R_3 R_1}{R_3} \\
R_{23} &= \frac{R_1 R_2 + R_2 R_3 + R_3 R_1}{R_1} \\
R_{31} &= \frac{R_1 R_2 + R_2 R_3 + R_3 R_1}{R_2}
\end{aligned}
\right\}
\tag{1-23}
$$

将△(形)连接等效为 Y 形连接时，

$$
\left.
\begin{aligned}
R_1 &= \frac{R_{12} R_{31}}{R_{12} + R_{23} + R_{31}} \\
R_2 &= \frac{R_{12} R_{23}}{R_{12} + R_{23} + R_{31}} \\
R_3 &= \frac{R_{23} R_{31}}{R_{12} + R_{23} + R_{31}}
\end{aligned}
\right\}
\tag{1-24}
$$

由式(1-23)可知，当 $R_1 = R_2 = R_3 = R_Y$ 时，有 $R_{12} = R_{23} = R_{31} = R_\triangle$，并有

$$
R_\triangle = 3 R_Y
\tag{1-25}
$$

由式(1-24)可知，当 $R_{12} = R_{23} = R_{31} = R_\triangle$ 时，有 $R_1 = R_2 = R_3 = R_Y$，并有

$$
R_Y = \frac{1}{3} R_\triangle
\tag{1-26}
$$

为了便于记忆，根据图 1-17 所示，式(1-23)和式(1-24)可统一写成如下形式：

$$
\triangle(\text{形})\text{电阻} = \frac{\text{Y 形电阻两两乘积之和}}{\text{Y 形不相邻电阻}}
$$

$$Y\text{形电阻} = \frac{\triangle(\text{形})\text{相邻电阻的乘积}}{\triangle(\text{形})\text{电阻之和}}$$

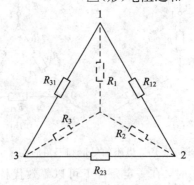

图 1-17 电阻的星形连接和三角形连接的等效变换

例 1-8 求图 1-18(a)所示桥形电路的总电阻 R_{12}。

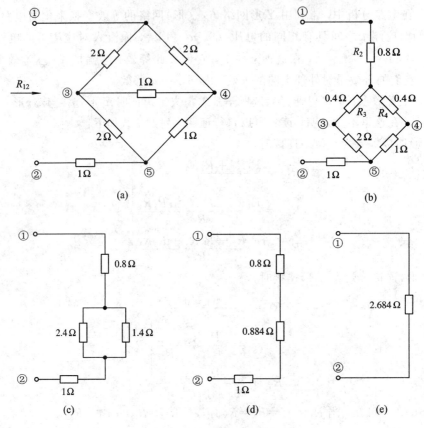

图 1-18 例 1-8 图

解 根据式(1-24),将节点①、③、④内的 $\triangle$(形)电路用等效 Y 形电路替代,得到如图 1-18(b)所示电路,其中:

$$R_2 = \frac{2 \times 2}{2 + 2 + 1} = 0.8 \ \Omega$$

$$R_3 = \frac{2 \times 1}{2 + 2 + 1} = 0.4 \ \Omega$$

$$R_4 = \frac{2 \times 1}{2 + 2 + 1} = 0.4 \ \Omega$$

然后用串、并联的方法，得到如图 1-18(c)、(d)、(e)所示电路，从而得到

$$R_{12} = 2.684 \ \Omega$$

提示：另一种方法是用△(形)电路替代图 1-18(a)中以③节点为中心的 Y 形电路，读者可自解。

1.5　电感元件和电容元件

电容器和电感线圈在电工技术和电子电路中的应用极为广泛。它们具有特殊的电磁性，被用来完成特定的功能，如电力系统中的功率补偿，电子技术中的调谐、滤波、耦合等。

1.5.1　电感元件

用导线绕制的空芯线圈或具有铁芯的线圈在工程中具有广泛的应用，例如，在电子电路中常用的空芯或带有铁芯的高频线圈，电磁铁或变压器中含有在铁芯上绕制的线圈等等。当一个线圈通以电流后产生的磁场随时间变化时，在线圈中就产生感应电压。

线圈内有电流 i 流过时，电流在该线圈内产生的磁通为自感磁通。在图 1-19 中，Φ_L 表示电流 i 产生的自感磁通。其中 Φ_L 与 i 的参考方向符合右手螺旋定则，我们把电流与磁通这种参考方向的关系叫做关联的参考方向。如果线圈的匝数为 N，且穿过每一匝线圈的自感磁通都是 Φ_L，则

$$\Psi_L = N\Phi_L \tag{1-27}$$

即是电流 i 产生的自感磁链。

电感元件是一种理想的二端元件，它是实际线圈的理想化模型。实际线圈通入电流时，线圈内及周围都会产生磁场，并储存磁场能量。电感元件就是体现实际线圈基本电磁性能的理想化模型。图 1-20 所示为电感元件的图形符号。

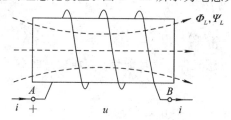

图 1-19　线圈的磁通和磁链

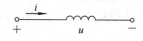

图 1-20　线性电感元件

在磁通 Φ_L 与电流 i 参考方向关联的情况下，任何时刻电感元件的自感磁链 Ψ_L 与元件的电流 i 的比

$$L = \frac{\Psi_L}{i} \quad 或 \quad \Psi_L = Li \tag{1-28}$$

式中，L 称为电感元件的自感系数或电感系数，简称电感，是表征电感元件特性的参数。

当电压的单位为 V，电流的单位为 A 时，电感的 SI 单位为亨[利]，符号为 H(1 H= 1 Wb/A)。通常还用毫亨(mH)和微亨(μH)作为其单位。它们的换算关系为

$$1 \text{ H}=10^3 \text{ mH}=10^6 \text{ } \mu\text{H}$$

如果电感元件的电感为常量，而不随通过它的电流的改变而变化，则称之为线性电感元件。除非特别指出，否则本书中所涉及的电感元件都是指线性电感元件。

电感元件和电感线圈也称为电感。所以，电感一词有时指电感元件，有时则是指电感元件或电感线圈的电感系数。

1. 电感元件的 u-i 关系

当磁链 Ψ_L 随时间变化时在线圈的端子间产生感应电压，如图 1-19 所示。如果感应电压 u 的参考方向与 Ψ_L 成右手螺旋定则关系(即从端子 A 沿导线到端子 B 的方向与 Ψ_L 成右手螺旋关系)，则根据电磁感应定律，有

$$u = \frac{\mathrm{d}\Psi_L}{\mathrm{d}t} \tag{1-29}$$

若选择电感 u、i 的方向为关联参考方向，将式(1-28)代入式(1-29)，可得：

$$u = \frac{\mathrm{d}(Li)}{\mathrm{d}t} = L\frac{\mathrm{d}i}{\mathrm{d}t} \tag{1-30}$$

这就是关联参考方向下电感元件的电压、电流的约束关系或电感元件的 u-i 关系。

若选择电感 u、i 的方向为非关联参考方向，则电感元件的电压、电流的 u-i 关系为

$$u = -L\frac{\mathrm{d}i}{\mathrm{d}t} \tag{1-31}$$

式(1-30)和式(1-31)都表明，电感两端的电压与流过电感的电流对时间的变化率成正比。只有当元件的电流发生变化时，其两端才会有电压。因此，电感元件也叫动态元件。电感电流变化越快，自感电压越大；电感电流变化越慢，自感电压越小。在直流电路中，当电流不随时间变化时，则自感电压为零，这时电感元件相当于短路。

2. 电感元件的储能

当电感线圈中通入电流时，电流在线圈内及线圈周围建立起磁场，并储存磁场能量，因此，电感元件是一种储能元件。

在电压和电流关联参考方向下，电感元件吸收的功率为

$$p = u \cdot i = L\frac{\mathrm{d}i}{\mathrm{d}t} \cdot i \tag{1-32}$$

设当 $t=0$ 时，流过电感元件的电流为 $i(0)=0$，电感元件无磁场能量。则在任意时刻 t，流过电感元件的电流为 $i(t)$，其储存的磁场能量为

$$W_L = \int_0^t p \,\mathrm{d}t = \int_0^t L\frac{\mathrm{d}i}{\mathrm{d}t} \cdot i \,\mathrm{d}t = L\int_0^{i(t)} i \,\mathrm{d}i = \frac{1}{2}Li^2(t) \tag{1-33}$$

从时间 t_1 到 t_2 内，流过电感元件的电流分别为 $i(t_1)$、$i(t_2)$，则线性电感元件吸收的磁场能量为

$$W_L = L\int_{i(t_1)}^{i(t_2)} i \,\mathrm{d}i = \frac{1}{2}Li^2(t_2) - \frac{1}{2}Li^2(t_1) = W_L(t_2) - W_L(t_1) \tag{1-34}$$

当电流 $|i|$ 增加时，$W_L>0$，元件吸收能量；当电流 $|i|$ 减小时，$W_L<0$，元件释放能量。可见电感元件不把吸收的能量消耗掉，而是以磁场能量的形式储存在磁场中。所以电感元

件是一种储能元件，同时，它也不会释放出多于它吸收或储存的能量，因此它又是一种无源元件。

1.5.2　电容元件

在工程技术中，电容器的应用也极为广泛。电容器虽然品种多样、规格各异，但就其构成原理来说，电容器都是由间隔以不同介质（如云母、绝缘纸、空气等）的两块金属板作为极板组成。当在两极板间加上电源后，极板上分别积聚等量的正、负电荷，并在介质中建立电场，而具有电场能量。将电源移去后，由于介质绝缘，电荷仍然可继续积聚在极板上，电场继续存在。所以，电容器是一种能储存电荷或者说储存电场能量的部件。电容元件就是反映这种物理现象的电路模型。

线性电容元件的图形符号如图 1-21 所示，当电压参考极性与极板储存电荷的极性一致时，线性电容元件所储存的电荷的大小为

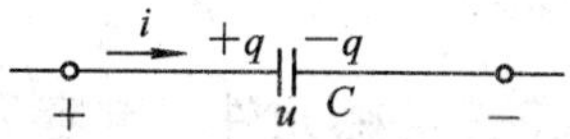

图 1-21　线性电容元件

$$q = Cu \qquad (1-35)$$

式中，比例常数 C 称为电容，是表征电容元件特性的参数。当电压的单位为 V，电量的单位为库仑 C 时，电容的（SI）单位为法［拉］，符号为 F。通常还用微法（μF）和皮法（pF）作为其单位。它们的换算关系为：

$$1\ F = 10^6\ \mu F = 10^{12}\ pF$$

1. 电容元件的 u-i 关系

当电容 u、i 的方向为关联参考方向时，如图 1-21 所示，有

$$i = \frac{dq}{dt} = \frac{d(Cu)}{dt} = C\frac{du}{dt} \qquad (1-36)$$

这就是关联参考方向下电容元件的电压、电流的约束关系或电容元件的 u-i 关系。

当电容 u、i 的方向为非关联参考方向时，有

$$i = -C\frac{du}{dt} \qquad (1-37)$$

式（1-36）和式（1-37）都表明，流过电容的电流与电容两端的电压的变化率成正比，只有当极板上的电荷量发生变化时，极板间的电压才发生变化，电容支路才形成电流。因此，电容元件也叫动态元件。电容电压变化越快，电流越大；电容电压变化越慢，电流越小。在直流电路中，如果极板间的电压不随时间变化，则电流为零，这时电容元件相当于开路，或者说，电容有隔断直流（简称隔直）的作用。

2. 电容元件的储能

如前所述，电容器的两个极板间加上电源后，极板间产生电压，介质中建立起电场，并且储存电场能量。因此，电容元件也是一种储能元件。

在电压和电流关联的参考方向下，电容元件吸收的功率为

$$p = u \cdot i = u \cdot C\frac{du}{dt} \qquad (1-38)$$

设当 $t=0$ 时，电容元件两端的电压为 $u(0)=0$，电容元件无电场能量；则在任意时刻 t，电容元件两端的电压为 $u(t)$，其储存的电场能量为

$$W_C = \int_0^t p \, \mathrm{d}t = \int_0^t uC \frac{\mathrm{d}u}{\mathrm{d}t} \mathrm{d}t = C \int_0^{u(t)} u \, \mathrm{d}u = \frac{1}{2} Cu^2(t) \qquad (1-39)$$

从时间 t_1 到 t_2 内，电容元件两端的电压分别为 $u(t_1)$、$u(t_2)$，则线性电感元件吸收的磁场能量为

$$W_C = C \int_{u(t_1)}^{u(t_2)} u \, \mathrm{d}u = \frac{1}{2} Cu^2(t_2) - \frac{1}{2} Cu^2(t_1)$$

$$= W_C(t_2) - W_C(t_1) \qquad (1-40)$$

当电压 $|u|$ 增加时，$W_C > 0$，元件吸收能量；当电压 $|u|$ 减小时，$W_C < 0$，元件释放能量。可见电容元件不是把吸收的能量消耗掉，而是以电场能量的形式储存在电场中。所以电容元件是一种储能元件，同时，它也不会释放出多于它吸收或储存的能量，因此它又是一种无源元件。

1.5.3 电感元件、电容元件的串联和并联

当电感、电容元件为串联或并联组合时，它们也可用一个等效电感或等效电容来替代。

1. 电感元件的串、并联

1) 电感元件的串联

如图 1-22(a)为 n 个电感元件的串联且彼此之间无磁场的相互作用，当流过电流值相等的电流时，有

$$u = u_1 + u_2 + \cdots + u_n = L_1 \frac{\mathrm{d}i}{\mathrm{d}t} + L_2 \frac{\mathrm{d}i}{\mathrm{d}t} + \cdots + L_n \frac{\mathrm{d}i}{\mathrm{d}t}$$

$$= (L_1 + L_2 + \cdots + L_n) \frac{\mathrm{d}i}{\mathrm{d}t} = L_{eq} \frac{\mathrm{d}i}{\mathrm{d}t}$$

由上式可知，如图 1-22(b)所示，串联电感的等效电感为：

$$L_{eq} = L_1 + L_2 + \cdots + L_n = \sum_{k=1}^n L_k \qquad (1-41)$$

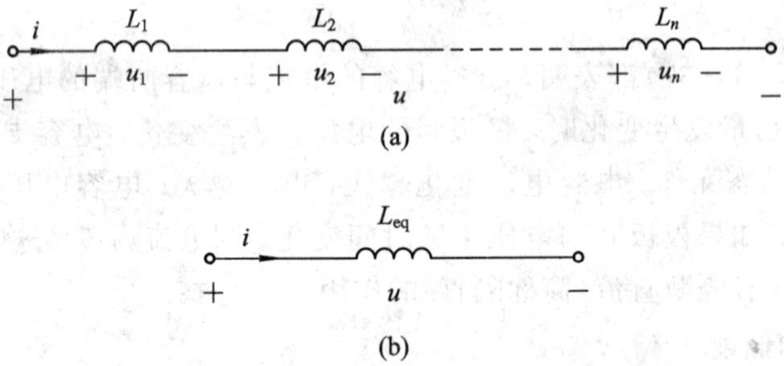

(a)

(b)

图 1-22 串联电感及等效电感

2) 电感元件的并联

如图 1-23(a)所示为 n 个电感元件的并联且彼此之间无磁场的相互作用，当电感元件两端所加同一电压，则如图 1-23(b)所示，并联电感元件的等效电感为

$$\frac{1}{L_{eq}} = \frac{1}{L_1} + \frac{1}{L_2} + \cdots + \frac{1}{L_n} \qquad (1-42)$$

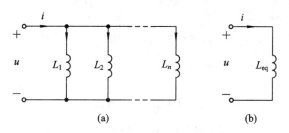

图 1-23　并联电感及等效电感

2. 电容元件的串、并联

1）电容元件的串联

如图 1-24(a)所示为 n 个电容元件的串联，因为只有最外面的两块极板与电源连接，电源对这两极板充以相等的异号电荷，中间极板上因静电感应也出现等量异号电荷。因为电容器串联，所以

$$u = u_1 + u_2 + \cdots + u_n$$

每个电容上的电压为

$$u_1 = \frac{q}{C_1}, \ u_2 = \frac{q}{C_2}, \ \cdots, \ u_n = \frac{q}{C_n}$$

故

$$u = \frac{q}{C_1} + \frac{q}{C_2} + \cdots + \frac{q}{C_n}$$

如图 1-24(b)所示，根据等效条件，等效电容上的电压为

$$u = \frac{q}{C_{eq}}$$

所以

$$\frac{q}{C_{eq}} = \frac{q}{C_1} + \frac{q}{C_2} + \cdots + \frac{q}{C_n}$$

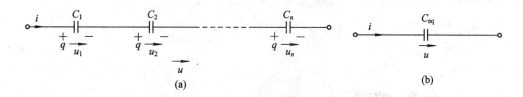

图 1-24　串联电容及等效电容

串联电容元件的等效电容为

$$\frac{1}{C_{eq}} = \frac{1}{C_1} + \frac{1}{C_2} + \cdots + \frac{1}{C_n} \qquad (1-43)$$

当 n 个电容串联时，一个电容的负极板（例如 C_1 的负极板）所带负电荷量应与所连电容的正极板（例如 C_2 的正极板）所带正电荷量相等，且该电容的正极板（例如 C_1 的正极板）所带正电荷量也应与其自身的负极板与带的负电荷量相等。所以，当 n 个电容串联时，各电容所带的电量相等。

2）电容元件的并联

如图 1-25(a)所示为 n 个电容元件的并联，根据基尔霍夫电流定律，有

$$i = i_1 + i_2 + \cdots + i_n = C_1 \frac{\mathrm{d}u}{\mathrm{d}t} + C_2 \frac{\mathrm{d}u}{\mathrm{d}t} + \cdots + C_n \frac{\mathrm{d}u}{\mathrm{d}t}$$

$$= (C_1 + C_2 + \cdots + C_n) \frac{\mathrm{d}u}{\mathrm{d}t} = C_{\mathrm{eq}} \frac{\mathrm{d}u}{\mathrm{d}t}$$

由上式可知，如图 1-25(b)所示，并联电容的等效电容为

$$C_{\mathrm{eq}} = C_1 + C_2 + \cdots + C_n = \sum_{k=1}^{n} C_k \tag{1-44}$$

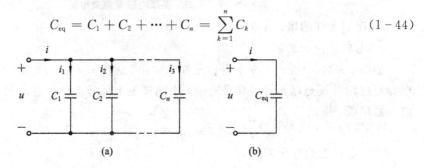

(a)   (b)

图 1-25 并联电容及等效电容

3）电容串、并联时的耐压值（工作电压）U_{M} 的确定

对于电容 C 一定的电容器，当工作电压等于其耐压值 U_{M} 时，它所带的电量为

$$q = q_{\mathrm{M}} = C U_{\mathrm{M}}$$

即为电量的限额。

根据上述关系可知，只要电量不超过这个限值，电容器的工作电压就不会超过其耐压值。由此我们推得电容串、并联时耐压值（工作电压）确定的方法如下。

（1）当电容串联时，

① 以串联各电容与其耐压值乘积的最小值为依据，确定电量的限额 q_{M}。

$$q_{\mathrm{M}} = C U_{\mathrm{M}} = \{ C_1 u_{\mathrm{M}1}, C_2 u_{\mathrm{M}2}, \cdots, C_n u_{\mathrm{M}n} \}_{\min}$$

② 根据串联电容的电量相等以及串联电路的特点，确定工作电压 U_{M}。

$$U_{\mathrm{M}} = \frac{q_{\mathrm{M}}}{C_1} + \frac{q_{\mathrm{M}}}{C_2} + \cdots + \frac{q_{\mathrm{M}}}{C_n}$$

或

$$U_{\mathrm{M}} = \frac{q_{\mathrm{M}}}{C_{\mathrm{eq}}}$$

式中，C_{eq} 是串联电容元件的等效电容。

（2）当电容并联时，电容两端所加的工作电压不能超过所有并联电容中耐压水平最低的电容的耐压值（工作电压）。即工作电压 U_{M} 应为

$$U_{\mathrm{M}} = \{ u_{\mathrm{M}1}, u_{\mathrm{M}2}, \cdots, u_{\mathrm{M}n} \}_{\min}$$

1.6 电压源、电流源和受控源

实际电源有电池、发电机、信号源等。电压源和电流源是从实际电源抽象得到的电路模型，它们是二端有源元件。

1.6.1　电压源

电压源是一个理想二端元件，其图形符号如图 1 - 26(a) 所示，$u_S(t)$ 为电压源电压，"＋"、"－"为电压的参考极性。电压 $u_S(t)$ 是某种给定的时间函数，与流过电压源的电流无关。因此电压源具有以下两个特点：

(1) 电压源对外提供的电压 $u(t)$ 是某种确定的时间函数，不会因所接的外电路不同而改变，即 $u(t)=u_S(t)$。

(2) 通过电压源的电流 $i(t)$ 随外接电路不同而不同。

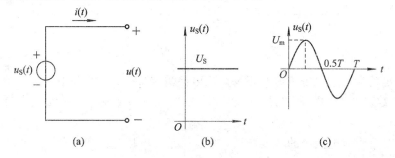

图 1 - 26　电压源及其电压波形

常见的电压源有直流电压源和正弦交流电压源。如图 1 - 26(b) 所示，直流电压源的电压 $u_S(t)$ 是常数，即 $u_S(t)=U_S$（U_S 是常数）。如图 1 - 26(c) 所示，正弦交流电压源的电压为 $u_S(t)=U_m\sin\omega t$。

图 1 - 27 是直流电压源的伏安特性，它是一条与电流轴平行且纵坐标为 U_S 的直线，表明其端电压恒等于 U_S，与电流大小无关。当电流为零，亦即电压源开路时，其端电压仍为 U_S。

如果一个电压源的电压 $U_S=0$，则此电压源的伏安特性为与电流轴重合的直线，它相当于短路。即电压为零的电压源相当于短路。由此，我们也可以发现，若使电压源 $u_S(t)$ 对外不输出电压 $u(t)$，可将其短路，即起到"置零"的作用。

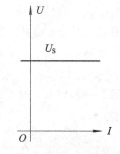

图 1 - 27　直流电压源的伏安特性

由图 1 - 26(a) 可知，电压源的电压 $u_S(t)$ 与流过它的电流 $i(t)$ 是非关联参考方向，则电压源的功率为

$$p=-u_S(t)\cdot i(t)$$

当 $p<0$ 时，电压源实际上是发出功率，电流的实际方向是从电压源的低电位流向高电位，电压源此时是作为电源存在的；当 $p>0$ 时，电压源实际上是接收功率，电流的实际方向是从电压源的高电位流向低电位，电压源此时是作为负载存在的。

1.6.2　电流源

电流源也是一个理想二端元件，其图形符号如图 1 - 28(a) 所示，$i_S(t)$ 为电流源电流，"→"为电流的参考方向。电流 $i_S(t)$ 是某种给定的时间函数，与电流源两端的电压无关。因此电流源具有以下两个特点：

（1）电流源对外提供的电压 $i(t)$ 是某种确定的时间函数，不会因所接的外电路不同而改变，即 $i(t)=i_S(t)$。

（2）电流源两端的电压 u 随外接电路不同而不同。

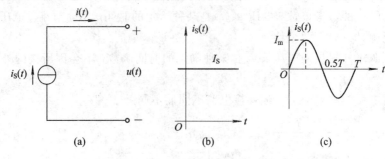

图 1-28　电流源及其电流波形

常见的电流源有直流电流源和正弦交流电流源。如图 1-28(b)所示，直流电流源的电压 $i_S(t)$ 是常数，即 $i_S(t)=I_S$（I_S 是常数）。如图 1-28(c)所示，正弦交流电流源的电压为 $i_S(t)=I_m\sin\omega t$。

图 1-29 是直流电流源的伏安特性，它是一条与电压轴平行且横坐标为 I_S 的直线，表明其电流恒等于 I_S，与电压大小无关。当电压为零，亦即电流源短路时，其电流仍为 I_S。

如果一个电流源的电流 $I_S=0$，则此电流源的伏安特性为与电压轴重合的直线，它相当于开路，即电流为零的电流源相当于开路。由此，我们也可以发现，若使电流源 $i_S(t)$ 对外不输出电流 $i(t)$，可将其开路，即起到"置零"的作用。

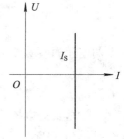

图 1-29　直流电流源的伏安特性

由图 1-28(a)知，电流源的电流 $i_S(t)$ 与其两端的电压 $u(t)$ 是非关联参考方向，则电流源的功率为

$$p=-u(t)\cdot i_S(t)$$

当 $p<0$ 时，电流源实际上是发出功率，电压的实际方向与其参考方向相同，电流源此时是作为电源存在的；当 $p>0$ 时，电流源实际上是接收功率，电压的实际方向与其参考方向相反，电流源此时是作为负载存在的。

1.6.3　实际电压源、电流源的模型及其等效变换

1. 实际电压源、电流源的模型

常见实际电源（如发电机、蓄电池等）的工作原理比较接近电压源，其电路模型是电压源与其内阻的串联组合，如图 1-30(a)所示。像光电池一类器件，工作时的特性比较接近电流源，其电路模型是电流源与其内阻的并联组合，如图 1-30(b)所示。

当负载变化时，电路中的电流 I 与电源端口电压 U 之间的变化关系，称为电源的伏安特性。假设一负载 R_L 接于图 1-30(a)、(b)端口处，构成完整电路，电路中的电流 I 与电源端电压 U 如该图中所示，则实际电压源和实际电流源模型的伏安特性方程分别为

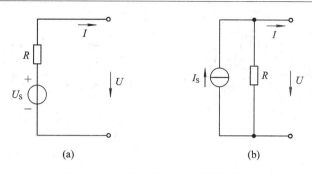

图 1-30　实际电压源与电流源的模型

$$U = -RI + U_s \tag{1-45}$$

和

$$U = -RI + I_s R \tag{1-46}$$

由式(1-45)和式(1-46)可分别作出实际电压源和实际电流源模型的伏安特性曲线，如图 1-31 所示。

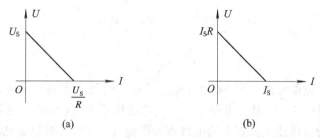

图 1-31　实际电压源与电流源的伏安特性曲线

图 1-31(a)表明，当实际电压源输出电流 I 增大时，端电压 U 随之下降。这是因为电流 I 的增大使内阻 R 上的电压降增大，导致端电压 U 的下降。

图 1-31(b)表明，当实际电流源端电压 U 增大时，输出电流 I 随之减小。这是因为电压 U 的增大使内阻 R 上的分流增多，导致输出电流 I 的减小。

2. 实际电压源、电流源模型之间的等效变换

在电路分析中，常利用实际电压源与实际电流源模型之间的等效变换，即电压源串联电阻等效变换为电流源并联电阻来化简电路的计算。

根据等效原理，对外电路而言，图 1-30 中的实际电压源与实际电流源模型端口输出的电压 U、电流 I 应大小相等，方向相同，则二者的伏安特性方程必然一致。比较式(1-45)和式(1-46)可得二者等效条件为

$$U_s = I_s R \quad 或 \quad I_s = \frac{U_s}{R} \tag{1-47}$$

且二者内阻 R 相等。

例 1-9　求图 1-32 所示电路的电流 I。

解　根据实际电压源与实际电流源等效变换的条件，图 1-32(a)所示电路可简化为图 1-32(d)所示单回路电路。简化过程如图 1-32(b)、(c)、(d)、(e)所示。由化简后的电路可求得电流为

$$I = \frac{5}{3+7} = 0.5 \text{ A}$$

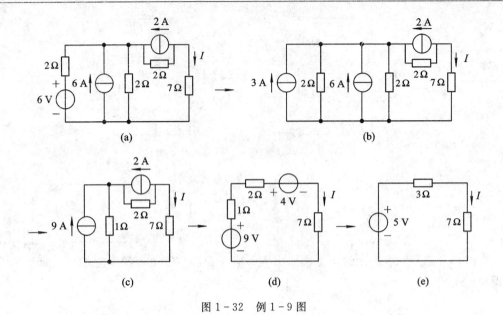

图 1-32 例 1-9 图

1.6.4 受控源

电压源和电流源称为独立源。在电子电路的模型中还常常遇到另一种电源，它们的源电压和源电流不是独立的，是受电路中另一处的电压或电流控制的。电源的电压或电流受电路中其他部分的电压或电流控制的电源称为受控源，亦称为非独立电源。当控制的电压或电流消失或等于零时，受控源的电压或电流也将为零。受控源由两个支路组成，一个叫控制支路，一个叫受控支路。

根据受控源是电压源还是电流源，以及受控源是受电压控制还是受电流控制，受控源可以分为电压控制电压源（VCVS）、电压控制电流源（VCCS）、电流控制电压源（CCVS）和电流控制电流源（CCCS）4 种类型，如图 1-33 所示。

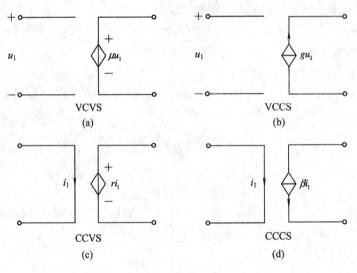

图 1-33 受控源模型

为了与独立源相区别，用菱形符号表示其电源部分。图中 u_1 和 i_1 分别表示控制电压和控制电流，μ、r、g 和 β 分别是有关的控制系数，其中 μ 和 β 是量纲为"1"的量，r 和 g 分别具有电阻和电导的量纲。这些系数为常数时，被控制量和控制量成正比，这种受控源称为线性受控源。本书只考虑线性受控源。

例 1 - 10　如图 1 - 34 所示，$i_\mathrm{S}=2$ A，VCCS 的控制系数 $g=2$ S，求 u。

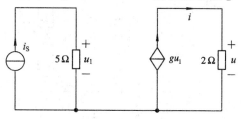

图 1 - 34　例 1 - 10 图

解　由图 1 - 34 左部先求控制电压 u_1，

$$u_1 = 5i_\mathrm{S} = 5 \times 2 = 10 \text{ V}$$

故

$$i = gu_1 = 2 \times 10 = 20 \text{ A}$$

则求得 u 为

$$u = 2i = 2 \times 20 = 40 \text{ V}$$

1.7　基尔霍夫定律

如果将电路中各个支路的电流和支路的电压（简称支路电流与支路电压）作为变量来看，则这些变量受到两类约束。一类是元件的特性造成的约束。例如，线性电阻元件的电压与电流必须满足 $u=Ri$ 的关系。这种关系称为元件的组成关系或电压电流关系（VCR），即 VCR 构成了变量的元件约束。另一类约束是由于元件的相互连接给支路电流之间或支路电压之间带来的约束关系，有时称为"几何"约束或"拓扑"约束，这类约束由基尔霍夫定律来体现。

基尔霍夫定律是集中参数电路的基本定律，它包括电流定律和电压定律。为了便于讨论，先介绍以下几个名词。

（1）支路：电路中流过同一电流的一个分支称为一条支路。如图 1 - 35 中有 6 条支路，即 aed、cfd、agc、ab、bc、bd。

（2）节点：三条或三条以上支路的联接点称为节点。如图 1 - 35 中有 4 个节点，即 a、b、c、d。

（3）回路：由若干支路组成的闭合路径，其中每个节点只经过一次，这条闭合路径称为回路。如图 1 - 35 中有 7 个回路，即 $abdea$、$bcfdb$、$abcga$、$abdfcga$、$agcbdea$、$abcfdea$、$agcfdea$。

（4）网孔：网孔是回路的一种。将电路画在平面上，在回路内部不另含有支路的回路称为网孔。如图 1 - 35 中有 3 个网孔，即 $abdea$、$bcfdb$、$abcga$。

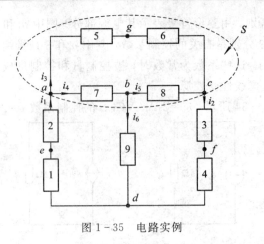

图 1-35　电路实例

1.7.1　基尔霍夫电流定律(KCL)

在集中参数电路中,任何时刻,流出(或流入)一个节点的所有支路电流的代数和恒等于零,这就是基尔霍夫电流定律,简写为 KCL。

对图 1-35 中的节点 a,应用 KCL 则有

$$-i_1 + i_3 + i_4 = 0 \qquad\qquad (1-48)$$

写出一般表达式,为

$$\sum i = 0 \qquad\qquad (1-49)$$

把式(1-48)改写成

$$i_1 = i_3 + i_4 \qquad\qquad (1-50)$$

式(1-50)表明:在集中参数电路中,任何时刻流入一个节点的电流之和等于流出该节点的电流之和。

电流是流出节点还是流入节点均按电流的参考方向来判定。我们规定,流出节点的电流前取"＋"号,流入节点的电流前取"－"号。

KCL 原是适用于节点的,也可以把它推广运用于电路的任一假设的封闭面。例如图 1-35 所示封闭面 S 所包围的电路,有三条支路与电路的其余部分连接,其电流为 i_1、i_6、i_2,则

$$i_6 + i_2 = i_1$$

因为对一个封闭面来说,电流仍然是连续的,所以通过该封闭面的电流的代数和也等于零,也就是说,流出封闭面的电流等于流入封闭面的电流。

由以上所述可得出,基尔霍夫电流定律是电荷守恒定律的体现,这是因为对于一个节点或封闭面来说,它不可能储存电荷。

1.7.2　基尔霍夫电压定律(KVL)

在集中参数电路中,任何时刻,沿着任一个回路绕行一周,所有支路电压的代数和恒等于零,这就是基尔霍夫电压定律,简写为 KVL,用数学表达式表示为

$$\sum u = 0 \qquad\qquad (1-51)$$

在写出式(1-51)时，先要任意规定回路绕行的方向，凡支路电压的参考方向与回路绕行方向一致者，此电压前面取"+"号，支路电压的参考方向与回路绕行方向相反者，则电压前面取"—"号。回路的绕行方向可用箭头表示，也可用闭合节点序列来表示。

在图1-35中，对回路 $abcga$ 应用KVL，有

$$u_{ab} + u_{bc} + u_{cg} + u_{ga} = 0 \tag{1-52}$$

如果一个闭合节点序列不构成回路，例如图1-35中的节点序列 $acga$，在节点 ac 之间没有支路，但节点 ac 之间有开路电压 u_{ac}，KVL同样适用于这样的闭合节点序列，即有

$$u_{ac} + u_{cg} + u_{ga} = 0 \tag{1-53}$$

将式(1-53)改写为

$$u_{ac} = -u_{cg} - u_{ga} = u_{gc} + u_{ag} \tag{1-54}$$

同时，对于回路 $abcfdea$ 应用KVL，可得

$$u_{ac} = -u_{cf} - u_{fd} - u_{de} - u_{ea} = u_{fc} + u_{df} + u_{ed} + u_{ae} \tag{1-55}$$

由此可见，电路中任意两点间的电压是与计算路径无关的。所以，基尔霍夫电压定律的实质是两点间电压与计算路径无关这一性质的具体表现。

同时，基尔霍夫电压定律也是能量守恒定律的体现，这是因为当电荷在电场力的作用下沿着任一个回路绕行一周后，其做功的代数和为零。

不论元件是线性的还是非线性的，电流、电压是直流的还是交流的，只要是集中参数电路，KCL和KVL总是成立的。

例1-11　图1-36所示电路中，电阻 $R_1 = 10\ \Omega$，$R_2 = 2\ \Omega$，$R_3 = 1\ \Omega$，$U_{S1} = 3$ V，$U_{S2} = 1$ V。求电阻 R_3 两端的电压 U_3。

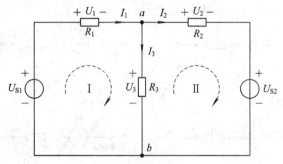

图1-36　例1-11图

解　根据假定回路绕行方向，对于网孔 I：

KVL：　　　　　$U_1 + U_3 - U_{S1} = 0$

　　　　　　　　$I_1 R_1 + I_3 R_3 - U_{S1} = 0$

　　　　　　　　$10 I_1 + I_3 = 3$　　　　　　　　　　　　　　　　①

根据假定回路绕行方向，对于网孔 II：

KVL：　　　　　$-U_3 + U_2 + U_{S2} = 0$

　　　　　　　　$-I_3 R_3 + I_2 R_2 + U_{S2} = 0$

　　　　　　　　$-I_3 + 2 I_2 = -1$　　　　　　　　　　　　　　　②

对于节点 a，

KCL：　　　　　$-I_1 + I_2 + I_3 = 0$　　　　　　　　　　　　③

联立方程①、②、③，求之得：

$$I_3 = 0.5 \text{ A}$$

对于电阻 R_3，

VCR： $U_3 = I_3 \cdot R_3 = 0.5 \times 1 = 0.5 \text{ V}$

习　题

1.1　有一闭合回路如图 1-37 所示，各支路的元件是任意的，已知 $U_{AB} = 5$ V，$U_{BC} = -4$ V，$U_{DA} = -3$ V。试求：

(1) U_{CD}；

(2) U_{CA}。

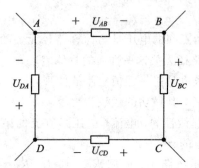

图 1-37　题 1.1 图

1.2　写出如图 1-38 所示电路中 u_{ab} 和电流 i 的关系式。

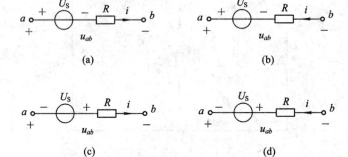

(a)　　　　　　　　　(b)

(c)　　　　　　　　　(d)

图 1-38　题 1.2 图

1.3　求如图 1-39 所示电路中 a、b 两点间的等效电阻 R_{ab}。

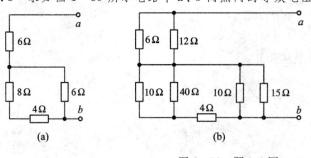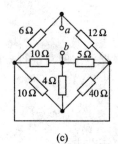

(a)　　　　　　　　　(b)　　　　　　　　　(c)

图 1-39　题 1.3 图

1.4　求如图 1-40 所示电路中的 U_{ab}。

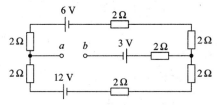

图 1-40　题 1.4 图

1.5　求如图 1-41 所示电路中的电流 I、电压 U。

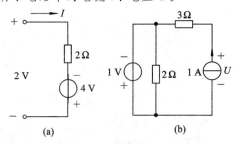

(a)　　　　　　　　(b)

图 1-41　题 1.5 图

1.6　电路如图 1-42 所示，$C_1=C_2=C_3=30\ \mu\text{F}$，测得 $U_1=100\ \text{V}$。求：

（1）等效电容 C_{ab}；

（2）外加电压 U_{ab}。

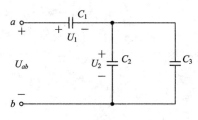

图 1-42　题 1.6 图

1.7　$L=2\ \text{H}$ 的电感中流过的电流 $i_L=2\sin100t(\text{A})$。求：

（1）电感两端的电压 u_L；

（2）电感中最大储能 $w_{L\text{max}}$。

1.8　当 $C=5\ \mu\text{F}$ 的电容器充电结束时电流 $i=0$，电容上的电压为 10 V。求此时电容储存的电场能量 w_C。

1.9　图 1-43 中 A、B、C 为电源或电阻，按图 1-43 中所示的电压和电流，试计算各元件的功率，并指出哪个产生功率，哪个消耗功率，哪个是电源，哪个是电阻，最后验证产生功率是否等于消耗功率。

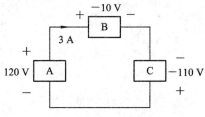

图 1-43　题 1.9 图

1.10 额定值为 1 W，100 Ω 的金属膜电阻，在使用时电流和电压不能超过多大数值？

1.11 某单位有 220 V、60 W 电灯 50 盏和 220 V、40 W 日光灯 100 支，平均每天用电 4 h，求每天用电多少度？

1.12 如图 1-44 所示电路中，电流表 A_1 的读数为 3 A，A_2 的读数为 -6 A。参考方向如图 1-44 所示，求电流表 A_3 的读数。

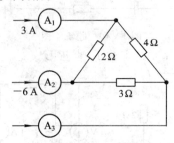

图 1-44 题 1.12 图

1.13 求如图 1-45 所示电路中的 I_1 和 I_2。

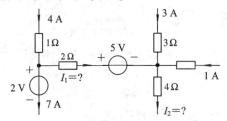

图 1-45 题 1.13 图

1.14 如图 1-46 所示为某电路的一部分，求电流 I、I_1 和 I_2。

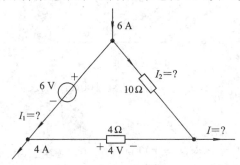

图 1-46 题 1.14 图

1.15 将图 1-47 所示各电路简化为一个电压源与电阻的串联组合。

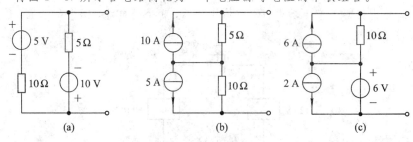

(a)   (b)   (c)

图 1-47 题 1.15 图

1.16 如图 1-48 所示电路中，化简各端口网络并求端口电压 U_{ab}。

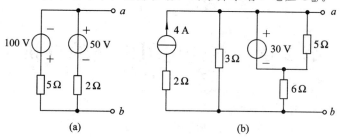

图 1-48 题 1.16 图

1.17 将如图 1-49 所示各端口网络化简为最简形式。

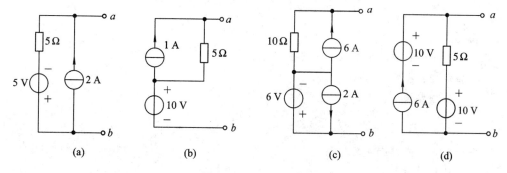

图 1-49 题 1.17 图

1.18 计算图 1-50 中电阻上的电压和两电源发出的功率。

1.19 如图 1-51 所示电路，已知 $U_{S1}=3$ V，$U_{S2}=2$ V，$U_{S3}=5$ V，$R_2=1$ Ω，$R_3=4$ Ω，试计算电流 I_1，I_2，I_3 和 a，b，d 点的电位（以 c 点为参考点）。

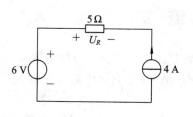

图 1-50 题 1.18 图

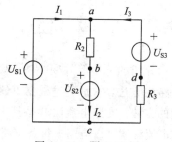

图 1-51 题 1.19 图

第2章　直流电阻电路的分析

通过本章的学习、训练，学生应熟练掌握直流电阻电路的分析、计算方法及线性电路的几个重要定理，并且能够将其应用到生产实践中去解决实际问题。

本章知识点

- 支路电流法；网孔电流法；节点电压法。
- 叠加定理；戴维南定理。
- 最大传输功率。

本章重点和难点

- 叠加定理；戴维南定理。
- 最大传输功率。

所谓电阻性电路，是指由电阻元件和电源元件组成的电路。本书所讨论的电阻性电路是指线性电路，是指含有线性电阻元件和独立电源的电路。

2.1　支　路　电　流　法

第1章介绍的一些等效变换法，只适用于分析特定结构的电路，而网络方程法则是分析一般电路的方法，它是通过根据 KCL、KVL 和元件的 VCR 列写电路的变量方程，从而解出变量的方法。支路电流法就是其中的一种。

支路电流法就是以电路中每条支路电流为未知数，根据 KCL、KVL 列出方程，联立求解的一种方法。对于一个有 b 条支路、n 个节点的电路，则需以 b 个支路电流为未知量，列写 b 个独立方程。所谓独立方程就是指其中任意一个方程都不能通过对其他方程推导而得出。

下面以图 2-1 所示的电路为例，来说明支路电流法的求解过程。

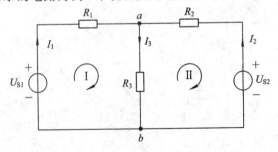

图 2-1　支路电流法的求解过程

在电路中，支路数 $b=3$ 个，节点数 $n=2$ 个。在应用支路电流法时，应该以支路电流 I_1、I_2 和 I_3 为未知量，列出三个独立方程。列方程前指定各支路电流的参考方向如图 2-1 所示。

首先，根据电流的参考方向对其中 $n-1$ 个节点($2-1=1$)列出独立的 KCL 方程：

对节点 a：　　　　　$I_1+I_2-I_3=0$ 　　　　　　　　　①

其次，选取 $b-n+1$ 个独立回路，根据回路的绕向列出 KVL 方程，对于平面电路而言，每一个网孔都是一个独立回路，且网孔的数目恰好为 $b-n+1$，故一般选取网孔作为独立回路(即回路Ⅰ和Ⅱ)：

对网孔Ⅰ：　　　　　$I_1R_1+I_3R_3=U_{S1}$ 　　　　　　②

对网孔Ⅱ：　　　　　$I_2R_2+I_3R_3=U_{S2}$ 　　　　　　③

最后，联立求解上述的 b 个独立方程，得出各个支路电流；再通过支路电流来求解其他的待求量。

用支路电流法时应注意：当电路中存在电流源时，如果是电流源与电阻的并联组合，则可以把它变换成电压源与电阻的串联组合，这样可以简化计算；如果是无伴电流源(即无并联电阻的电流源)，则可设出电流源的端电压及其参考方向，此时，电流源所在支路的电流为已知的电流源的电流，方程组中待求量的数目仍然不变。

例 2-1　在图 2-1 所示电路中，设 $U_{S1}=140$ V，$U_{S2}=90$ V，$R_1=20$ Ω，$R_2=5$ Ω，$R_3=6$ Ω。求各支路电流。

解　以各支路电流为变量，应用 KCL 和 KVL 列出方程

$$I_1+I_2-I_3=0$$
$$20I_1+6I_3=140$$
$$5I_2+6I_3=90$$

解之，得

$$I_1=4 \text{ A}, \ I_2=6 \text{ A}, \ I_3=10 \text{ A}$$

2.2　网孔电流法

网孔电流法就是以网孔电流为未知量，对电路中的所有网孔列出 KVL 方程来求解电路的一种方法。网孔电流是一种假设的电流，即假设在电路的每个网孔中流有的一个回路电流，如图 2-2 所示的 I_{m1} 和 I_{m2}。

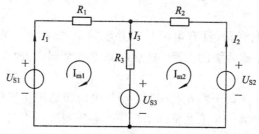

图 2-2　网孔电流法的求解过程

下面以图 2-2 所示的电路为例，介绍网孔电流和支路电流的关系：

假设 I_{m1} 和 I_{m2} 的参考方向如图所示，则 U_{S1} 所在支路中只有 I_{m1} 独立流过且流过该支路时方向与支路电流 I_1 的方向相同，所以有 $I_1=I_{m1}$，U_{S2} 所在支路的网孔电流只有 I_{m2} 独立流过且方向与支路电流 I_2 相反，故 $I_2=-I_{m2}$；但网孔电流 I_{m1} 和网孔电流 I_{m2} 同时流过 R_3 所在支路，所以支路电流 I_3 为二者的代数和，即 $I_3=I_{m1}-I_{m2}$。

现以图 2-2 所示的电路为例，说明网孔电流法的求解过程。

首先，设定各支路电流及网孔电流的参考方向（规定以瞬时针绕行方向为参考方向），如图 2-2 所示。

其次，以网孔电流的方向为回路绕向，对每个网孔列出 KVL 方程。

$$\left.\begin{array}{l} R_1 I_{m1}+R_3(I_{m1}-I_{m2})-U_{S1}+U_{S3}=0 \\ -R_3 I_{m1}+(R_2+R_3)I_{m2}-U_{S3}+U_{S2}=0 \end{array}\right\} \tag{2-1}$$

整理得：

$$\left.\begin{array}{l} (R_1+R_3)I_{m1}-R_3 I_{m2}=U_{S1}-U_{S3} \\ -R_3 I_{m1}+(R_2+R_3)I_{m2}=U_{S3}-U_{S2} \end{array}\right\} \tag{2-2}$$

其中，式（2-2）即是以网孔电流为未知量的网孔电流方程。而式（2-2）又可改写成

$$\left.\begin{array}{l} R_{11} I_{m1}+R_{12} I_{m2}=U_{S11} \\ R_{21} I_{m1}+R_{22} I_{m2}=U_{S22} \end{array}\right\} \tag{2-3}$$

其中，R_{11}、R_{22} 分别称为网孔 1、网孔 2 的自电阻，它们等于各自网孔中全部电阻之和，自电阻恒为正；$R_{12}=R_{21}$ 代表网孔 1 和网孔 2 的互电阻，即两个网孔公共支路上的电阻之和，互电阻恒为负；U_{S11} 和 U_{S22} 分别为网孔 1 和网孔 2 中所有电压源电压的代数和，当电压源电压的参考方向与网孔电流参考方向一致时写到等式右边，电压前取"－"，反之为"＋"。

对于具有 m 个网孔的电路，其网孔电流方程的一般形式为：

$$\left.\begin{array}{l} R_{11} I_{m1}+R_{12} I_{m2}+\cdots+R_{1m} I_{mm}=U_{S11} \\ R_{21} I_{m1}+R_{22} I_{m2}+\cdots+R_{2m} I_{mm}=U_{S22} \\ \vdots \\ R_{m1} I_{m1}+R_{m2} I_{m2}+\cdots+R_{mm} I_{mm}=U_{Smm} \end{array}\right\} \tag{2-4}$$

解出方程组中的网孔电流，可根据网孔电流与支路电流的关系求解出各条支路的电流。

在列写网孔电流方程时应注意以下几个问题：

（1）如果回路中有电流源与电阻的并联组合，则可以把其等效为电压源与电阻的串联组合，再列写网孔方程。

（2）如果存在无伴电流源（没有电阻与其并联的电流源）时，当电流源仅属一个网孔时，选择该网孔电流等于电流源的电流，这样可减少一个网孔方程，其余网孔方程仍按一般方法列写。

（3）当无伴电流源属于两个网孔共用时，可将电流源的电压当做一个未知电压源的电压列写到方程的右边，但多一个未知量的情况下，必须列写一个补充方程。补充方程列写的原则是：共用该电流源的两个网孔的网孔电流按照电流源的电流方向进行叠加，叠加结果应与电流源的电流的大小相等。

例 2 - 2　如图 2 - 3 所示，用网孔法计算例 2 - 1 中各支路电流。

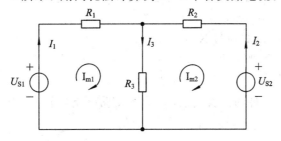

图 2 - 3　例 2 - 2 图

解　首先用网孔电流法求出网孔电流。设网孔电流 I_{m1}、I_{m2} 均为顺时针方向。计算各网孔的自电阻，两网孔的互电阻及每一网孔的总电压源电压。

$$R_{11} = R_1 + R_3 = 26\ \Omega, \ R_{12} = R_{21} = -R_3 = -6\ \Omega, \ R_{22} = R_2 + R_3 = 11\ \Omega$$

$$U_{S11} = 140\ \text{V}, \ U_{S22} = -90\ \text{V}$$

将参数代入式(2 - 3)得

$$\left. \begin{aligned} 26I_{m1} - 6I_{m2} &= 140 \\ -6I_{m1} + 11I_{m2} &= -90 \end{aligned} \right\}$$

联立求解得

$$I_{m1} = 4\ \text{A}, \ I_{m2} = -6\ \text{A}$$

根据各网孔电流与支路电流的关系，求各支路的电流为

$$I_1 = I_{m1} = 4\ \text{A}, \ I_2 = -I_{m2} = 6\ \text{A}, \ I_3 = I_{m1} - I_{m2} = 10\ \text{A}$$

2.3　节点电压法

节点电压法是以节点电压为未知量，对 $n-1$(n 为节点数)个独立节点列出 KCL 方程来求解电路的一种方法。在电路中任选一节点为参考点，则其他节点为独立节点，其他节点对参考点的电压则称为节点电压。下面以图 2 - 4 所示的电路图为例，来介绍节点电压法的应用步骤。

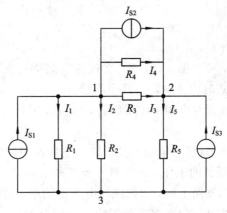

图 2 - 4　节点电压法的求解过程

首先，标定各支路电流参考方向，并选取参考节点，若以节点 3 为参考点，独立节点 1、2 的节点电压分别为 U_{n1} 和 U_{n2}。

其次，对独立节点 1、2 列写 KCL 方程。

$$\left.\begin{array}{l} I_{S1} = I_1 + I_2 + I_3 + I_4 + I_{S2} \\ I_{S2} + I_4 + I_3 + I_{S3} = I_5 \end{array}\right\} \tag{2-5}$$

根据 KVL 和电路元件的伏安关系，求出各支路电流与节点电压的关系。

$$I_1 = \frac{U_{n1}}{R_1}, \ I_2 = \frac{U_{n1}}{R_2}, \ I_3 = \frac{U_{n1} - U_{n2}}{R_3}, \ I_4 = \frac{U_{n1} - U_{n2}}{R_4}, \ I_5 = \frac{U_{n2}}{R_5}$$

将其代入式(2-5)，得

$$\left.\begin{array}{l} I_{S1} = \dfrac{U_{n1}}{R_1} + \dfrac{U_{n1}}{R_2} + \dfrac{U_{n1} - U_{n2}}{R_3} + \dfrac{U_{n1} - U_{n2}}{R_4} + I_{S2} \\[2mm] I_{S2} + \dfrac{U_{n1} - U_{n2}}{R_3} + \dfrac{U_{n1} - U_{n2}}{R_4} + I_{S3} = \dfrac{U_{n2}}{R_5} \end{array}\right\} \tag{2-6}$$

整理得

$$\left.\begin{array}{l} \left(\dfrac{1}{R_1} + \dfrac{1}{R_2} + \dfrac{1}{R_3} + \dfrac{1}{R_4}\right)U_{n1} - \left(\dfrac{1}{R_3} + \dfrac{1}{R_4}\right)U_{n2} = I_{S1} - I_{S2} \\[2mm] -\left(\dfrac{1}{R_3} + \dfrac{1}{R_4}\right)U_{n1} + \left(\dfrac{1}{R_3} + \dfrac{1}{R_4} + \dfrac{1}{R_5}\right)U_{n2} = I_{S2} + I_{S3} \end{array}\right\} \tag{2-7}$$

上式可改写成

$$\left.\begin{array}{l} G_{11}U_{n1} + G_{12}U_{n2} = I_{S11} \\ G_{21}U_{n1} + G_{22}U_{n2} = I_{S22} \end{array}\right\} \tag{2-8}$$

式(2-8)即为具有三个节点的电阻性电路的节点电压方程的一般形式。其中 G_{11}、G_{22} 分别是节点 1、节点 2 相连接的各支路电导之和，称为各节点的自电导，自电导总是正的。$G_{12} = G_{21}$ 是连接在节点 1 与节点 2 之间的公共支路的电导之和，称为两相邻节点的互电导，互电导总是负的。I_{S11}、I_{S22} 分别是流入节点 1 和节点 2 的各支路电流源电流的代数和，列写到等式的右边后，流入节点的电流源电流为正，流出的为负。

在具有 n 个节点的电路中，其节点电压方程为

$$\left.\begin{array}{l} G_{11}U_{n1} + G_{12}U_{n2} + \cdots + G_{1(n-1)}U_{n(n-1)} = I_{S11} \\ G_{21}U_{n1} + G_{22}U_{n2} + \cdots + G_{2(n-1)}U_{n(n-1)} = I_{S22} \\ \qquad\qquad\qquad\vdots \\ G_{(n-1)1}U_{n1} + G_{(n-1)2}U_{n2} + \cdots + G_{(n-1)(n-1)}U_{n(n-1)} = I_{S(n-1)(n-1)} \end{array}\right\} \tag{2-9}$$

解出方程组中的节点电压，可根据 VCR 求出各支路电流及其他。

在列写节点电压方程式时应注意以下几个问题：

(1) 如果电路中有电压源与电阻的串联组合，则可以把其等效为电流源与电阻的并联组合，以便简化计算。

(2) 如果存在无伴电压源(没有电阻与其串联的电压源)且在独立支路上，与之相连的节点的节点电压即为该电压源的电压，可少列一个方程。

(3) 无伴电压源在共用支路上时，可把流经电压源的电流作为一个未知电流源的电流变量列入节点电压方程的右边，但在多一个未知量的情况下，必须列写一个补充方程。补充方程列写的原则是：共用该电压源的两个节点的节点电压按照电压源的电压方向进行叠

加，叠加结果应与电压源电压的大小相等。

对于只有一个独立节点的电路，如图 2-5(a)所示，可用节点电压法直接求出独立节点的电压。先把图 2-5(a)中电压源和电阻串联组合等效为电压源和电阻并联组合，如图 2-5(b)所示，则

$$U_{10} = \frac{\dfrac{U_{S1}}{R_1} - \dfrac{U_{S2}}{R_2} + \dfrac{U_{S3}}{R_3}}{\dfrac{1}{R_1} + \dfrac{1}{R_2} + \dfrac{1}{R_3} + \dfrac{1}{R_4}} = \frac{G_1 U_{S1} - G_2 U_{S2} + G_3 U_{S3}}{G_1 + G_2 + G_3 + G_4}$$

写成一般形式为

$$U_{10} = \frac{\sum (G_k U_{Sk})}{\sum G_k} \tag{2-10}$$

式(2-10)称为弥尔曼定理。代数和 $\sum (G_k U_{Sk})$ 中，当电压源的正极性端接到节点 1 时，$G_k U_{Sk}$ 前取"+"号，反之取"-"号。

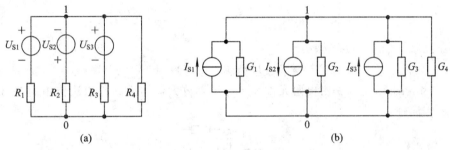

图 2-5 弥尔曼定理举例

例 2-3 如图 2-6 所示电路中，$R_2 = 4\ \Omega$，$R_4 = 2\ \Omega$，$R_5 = 6\ \Omega$，$R_6 = 3\ \Omega$，$I_{S1} = 5\ \mathrm{A}$，$I_{S3} = 10\ \mathrm{A}$，$U_{S4} = 6\ \mathrm{V}$，$U_{S6} = 15\ \mathrm{V}$，用节点电压法求电压源 U_{S4} 发出的功率。

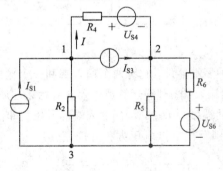

图 2-6 例 2-3 图

解 选定节点 3 为参考点，设定各节点电压和支路电流，选定各支路电流的参考方向并标于电路图中。

计算各独立节点的自电导，两独立节点之间的互电导及流入各独立节点的电流源电流的代数和。

$$G_{11} = \frac{1}{R_2} + \frac{1}{R_4} = \frac{1}{4} + \frac{1}{2} = 0.75\ \mathrm{S}$$

$$G_{22} = \frac{1}{R_4} + \frac{1}{R_5} + \frac{1}{R_6} = \frac{1}{2} + \frac{1}{6} + \frac{1}{3} = 1 \text{ S}$$

$$G_{12} = G_{21} = -\frac{1}{R_4} = -\frac{1}{2} = -0.5 \text{ S}$$

$$I_{S11} = I_{S1} - I_{S3} + \frac{U_{S4}}{R_4} = 5 - 10 + \frac{6}{2} = -2 \text{ A}$$

$$I_{S22} = I_{S3} - \frac{U_{S4}}{R_4} + \frac{U_{S6}}{R_6} = 10 - \frac{6}{2} + \frac{15}{3} = 12 \text{ A}$$

将参数代入式(2-8)得

$$\left.\begin{array}{r} 0.75U_{n1} - 0.5U_{n2} = -2 \\ -0.5U_{n1} + U_{n2} = 12 \end{array}\right\}$$

联立求解得

$$U_{n1} = 8 \text{ V}, \ U_{n2} = 16 \text{ V}$$

根据 KVL 和元件的伏安关系，得

$$I = \frac{U_{n1} - U_{n2} - U_{S4}}{R_4} = \frac{8 - 16 - 6}{2} = -7 \text{ A}$$

所以电压源 U_{S4} 发出的功率为

$$P = -U_{S4}I = -6 \times (-7) = 42 \text{ W}$$

例 2-4 图 2-7 为一由电阻元件和理想运算放大器构成的起减法作用的电路图。试说明其工作原理。

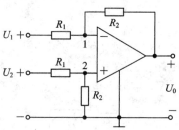

图 2-7 例 2-4 图

解 运算放大器是一种多端器件，它有两个输入端和一个输出端，输入端 1 称为倒向输入端，输入端 2 称为非倒向输入端。理想运算放大器具有两条性质：① 倒向端和非倒向端的输入电流均为零；② 对公共端(地)来说，倒向输入端的电压与非倒向输入端的电压相等。

首先：对节点 1、2 分别写出节点电压方程并应用性质①，有

$$\left(\frac{1}{R_1} + \frac{1}{R_2}\right)U_{n1} - \frac{U_1}{R_1} - \frac{U_0}{R_2} = 0$$

$$\left(\frac{1}{R_1} + \frac{1}{R_2}\right)U_{n2} - \frac{U_2}{R_1} = 0$$

注意到性质②，有 $U_{n1} = U_{n2}$，代入上式，得

$$-\frac{U_1}{R_1} - \frac{U_0}{R_2} = -\frac{U_2}{R_1}$$

或

$$U_0 = \frac{R_2}{R_1}(U_2 - U_1)$$

2.4　叠　加　定　理

叠加定理是分析多源线性电路的重要定理，可表述如下：线性电阻电路中，任一电压或电流都是电路中各个独立电源单独作用时，在该处产生的电压或电流的叠加。在应用叠加定理考虑某个电源的单独作用时，应保持电路结构不变，将电路中的其他独立电源视为零值，亦即电压源短路，电动势为零；电流源开路，电流为零。

下面以图 2-8 中的 U_1、I_2 的求解为例，来说明叠加定理。

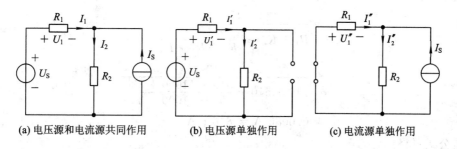

(a) 电压源和电流源共同作用　　　(b) 电压源单独作用　　　(c) 电流源单独作用

图 2-8　叠加定律

在图 2-8(a)所示的电路中共有两个电源，先考虑电压源单独作用，电流源"置零"视为断路，可得电压源单独作用时的电路，如图 2-8(b)所示，由图 2-8(b)可知

$$I_2' = I_1' = \frac{U_S}{R_1 + R_2}$$

$$U_1' = I_1'R_1 = \frac{U_S R_1}{R_1 + R_2}$$

再考虑电流源单独作用，电压源"置零"视为短路，可得电流源单独作用时的电路图，如图 2-8(c)所示，由图 2-8(c)可知

$$I_2'' = \frac{I_S R_1}{R_1 + R_2}$$

$$U_1'' = I_1''R_1 = -\frac{R_2 I_S}{R_1 + R_2}R_1 = -\frac{R_1 R_2 I_S}{R_1 + R_2}$$

根据叠加定律得

$$U_1 = U_1' + U_1''$$

$$I_2 = I_2' + I_2''$$

使用叠加定理时，应注意以下几个问题：

（1）叠加定理只适用于线性电路的分析计算。

（2）不能用叠加定理来直接分析计算功率。

（3）叠加时，应根据电流和电压的参考方向确定各量前面的正、负号。当分电压和分电流的参考方向与原电路一致时取正号，不一致时取负号。

例 2-5　在图 2-9(a)所示电路中，$U_{S1} = 12$ V，$U_{S2} = 6$ V，$R_1 = R_3 = R_4 = 510$ Ω，$R_2 = 1$ kΩ，$R_5 = 330$ Ω，应用叠加定理求解电路中的电流 I_3。

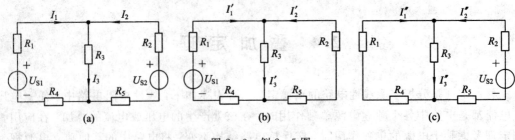

图 2 - 9　例 2 - 5 图

解　(1)当电压源 U_{S1} 单独作用时,电路图如图 2 - 9(b)所示。根据电路中各元件的串并联关系可得:

$$I_1' = \cfrac{U_{S1}}{R_1 + R_4 + \cfrac{R_3 \times (R_2 + R_5)}{R_3 + R_2 + R_5}}$$

$$= \cfrac{12}{510 + 510 + \cfrac{510 \times (1000 + 330)}{510 + 1000 + 330}}$$

$$= 0.0086 \text{ A} = 8.6 \text{ mA}$$

由分流公式可得:

$$I_3' = \frac{R_2 + R_5}{R_2 + R_3 + R_5} I_1' = \frac{1000 + 330}{1000 + 510 + 330} \times 8.6 = 6.1 \text{ mA}$$

(2)当电压源 U_{S2} 单独作用时,电路如图 2 - 9(c)所示,可得

$$I_2'' = \cfrac{U_{S2}}{R_2 + R_5 + \cfrac{R_3 \times (R_1 + R_4)}{R_1 + R_3 + R_4}}$$

$$= \cfrac{6}{1000 + 330 + \cfrac{510 \times (510 + 510)}{510 + 510 + 510}}$$

$$= 0.0036 \text{ A} = 3.6 \text{ mA}$$

$$I_3'' = \frac{R_1 + R_4}{R_1 + R_3 + R_4} I_2'' = \frac{510 + 510}{510 + 510 + 510} \times 3.6 = 1.8 \text{ mA}$$

(3)电压源 U_{S1} 和 U_{S2} 共同作用时,

$$I_3 = I_3' + I_3'' = 6.1 + 1.8 = 7.9 \text{ mA}$$

2.5　戴 维 南 定 理

首先,我们分析图 2 - 10(a)所示电路,经计算可知, $I_1 = I_2 = 0.2$ A, $U_{ab} = 18$ V。当分别用 18 V 的电压源和 0.2 A 的电流源代替图中 20 V 与 10 Ω 电阻的串联支路时,如图 2 - 10(b)、(c)所示,电路中的电流 I_1、I_3 没有发生变化。

因此,我们可得到:当电路中某条支路的电压 U 或电流 I 已知时,那么此支路就可以用电压为 U 的电压源或电流为 I 的电流源来代替,代替后电路中的所有电压和电流均保持不变,这就是替代定理。

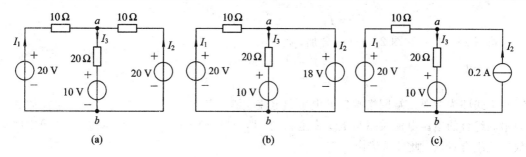

图 2-10　替代定理说明图

替代定理应用广泛，既可以用于分析线性电路，也可以用于分析非线性电路。但是如果待换支路中含有受控源的控制量在替换后控制量消失了，则该支路将不能被替换。

2.5.1　戴维南定理概述

在分析一些复杂电路时，有时仅仅要分析某一条支路上的电压或电流。若用前面的支路电流法、网孔分析法等方法来分析的话，必然要引出一些不必要的物理量，而戴维南定理在解决这方面的问题上具有独特的优越性。

在图 2-11(a)所示电路中，a、b 两端的左边是任意一个线性有源二端网络，右边是一个二端元件。设端口处的电压、电流为 U、I。根据替代定理，将二端元件用电流为 I 的电流源代替，如图 2-11(b)所示。

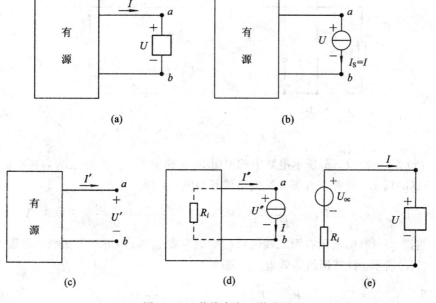

图 2-11　戴维南定理说明图

对图 2-11(b)应用叠加定理，当电流源 I_S 不作用，而有源二端网络内的全部独立电源作用时，如图 2-11(c)所示，有

$$I' = 0, \qquad U' = U_{OC}$$

当有源二端网络内的全部独立电源不作用，而电流源 I_S 单独作用时，如图 2-11(d)所示，有

$$I'' = I, \qquad U'' = -R_i I'' = -R_i I$$

将图 2-11(c)和图 2-11(d)叠加,得

$$\left. \begin{array}{c} I = I' + I'' = I \\ U = U' + U'' = U_{OC} - R_i I \end{array} \right\}$$

上式即为有源二端网络端口处电压和电流应满足的关系。图 2-11(e)所示电压源和电阻串联组合的电压电流关系与上式完全相同。所以图(a)中的二端网络可以用图(e)中的等效串联组合置换。此即戴维南定理。

戴维南定理可表述如下:任何一个含独立源的线性二端电阻网络,对其外部而言,都可以用一个理想电压源与电阻的串联组合来替代。其中,理想电压源的电压等于二端网络的开路电压 U_{OC},电阻等于网络内部所有独立源置零后网络的等效电阻 R_i。

例 2-6　已知 $R_1 = 5\ \Omega$,$R_2 = R_3 = 10\ \Omega$,$U_S = 60\ V$,$I_S = 15\ A$。用戴维南定理求图 2-12(a)中的电流 I_2。

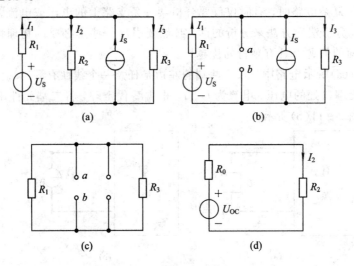

图 2-12　例 2-6 图(一)

解　(1) 将图 2-12(a)所示电路中的电阻 R_2 支路移去,余下的电路为有源二端网络,如图 2-11(b)所示。计算该有源二端网络的开路电压,即

$$U_{OC} = U_{ab} = U_S - \frac{U_S - R_3 I_S}{R_1 + R_3} R_1 = 60 - \frac{60 - 15 \times 10}{5 + 10} \times 5 = 90\ V$$

(2) 将图 2-12(b)所示有源二端网络中的独立源置零(即电压源短路,电流源开路),如图 2-12(c)所示。计算网络等效电阻,即

$$R_0 = R_{ab} = \frac{R_1 R_3}{R_1 + R_3} = \frac{10}{3}\ \Omega$$

(3) 用戴维南等效电路代替图 2-12(b)所示有源二端网络,并加上去掉的支路,如图 2-12(d)所示。

这样,通过电阻 R_2 的电流

$$I_2 = \frac{U_{OC}}{R_0 + R_2} = \frac{90}{\frac{10}{3} + 10} = 6.75\ A$$

如图 2-13 所示为另一种求戴维南等效电阻的方法。求出给定有源二端网络的开路电压 U_{OC} 和短路电流 I_{SC}。按图可求出

$$R_0 = \frac{U_{\text{OC}}}{I_{\text{SC}}} \tag{2-11}$$

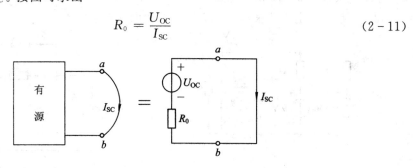

图 2-13 例 2-6 图(二)

2.5.2 最大功率传输

对于线性含源二端网络，当在网络两端接上不同的负载之后，负载获得的功率不同，下面我们讨论一下负载为多大时，能获得最大功率，获得的最大功率值是多少？

设电阻 R_{L} 所接网络的开路电压为 U_{S}，除源后的等效电阻为 R_0。则负载上消耗的功率为

$$P = I^2 R_{\text{L}} = \left(\frac{U_{\text{S}}}{R_0 + R_{\text{L}}} \right)^2 R_{\text{L}}$$

当 $\mathrm{d}P/\mathrm{d}R_{\text{L}} = 0$ 时，功率 P 达到最大值，由此得到负载获得最大功率的条件是：

$$R_{\text{L}} = R_0 \tag{2-12}$$

此时，负载上获得的最大功率为

$$P_{\max} = \frac{U_{\text{S}}^2}{4R_0} \tag{2-13}$$

由于负载获得最大功率的条件是负载与电源内阻相同，但是此时内阻上消耗的功率与负载相同，电源的供电效率很低，因此在电力系统中必须要避免这种匹配现象的发生。

在电子电路中，由于信号很弱，常常要求从信号源获得最大功率，因此要尽量满足匹配条件。

习　　题

2.1　用支路电流法求图 2-14 所示电路中各支路的电流。

2.2　用支路电流法求图 2-15 所示电路中各支路的电流及电流源的电压 U。

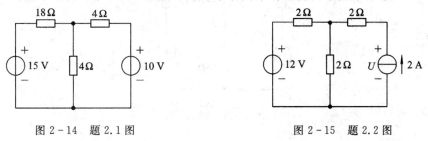

图 2-14 题 2.1 图　　　　　　　　　　图 2-15 题 2.2 图

2.3　用网孔电流法求2.1题中各支路电流。

2.4　试求图2-16所示电路中的U和I。

2.5　用节点电压法求图2-17所示电路中各支路电流。

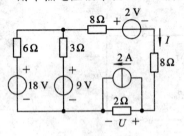

图2-16　题2.4图　　　　　　　　图2-17　题2.5图

2.6　用节点电压法求图2-18所示电路中的节点电压。

2.7　用叠加定理求图2-19所示电路中的I和U。

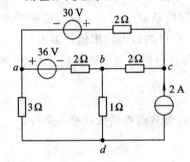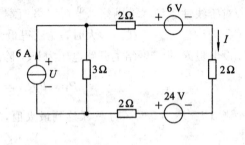

图2-18　题2.6图　　　　　　　　图2-19　题2.7图

2.8　用戴维南定理求图2-20所示电路中10Ω电阻的电流I。

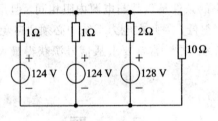

图2-20　题2.8图

2.9　用戴维南定理求图2-21所示二端网络的等效电路。

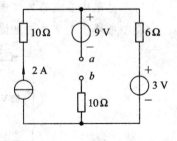

图2-21　题2.9图

2.10　在图 2-22 所示电路中，R_L 等于多大时能获得最大功率？计算此时的电流 I_L 及 R_L 获得的最大功率。

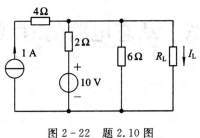

图 2-22　题 2.10 图

第3章 动态电路的时域分析

通过本章的学习、训练，学生应了解动态电路宏观的过渡过程；理解过渡过程的本质；掌握动态电路中的换路定律、时间常数及其在各种响应电路中的应用。

- 过渡过程、换路定律、时间常数。
- 一阶电路的零输入响应、零状态响应、全响应。
- 利用三要素法求解一阶电路各种响应。

- 换路定律、时间常数。
- 一阶电路的零输入响应、零状态响应。
- 一阶电路的全响应。

3.1 动态电路的方程及其初始条件

3.1.1 动态电路的过渡过程

含有动态元件的电路称之为动态电路。动态元件则是指描述其端口上电压、电流的关系的方程是微分方程或积分方程的元件，前面学过的电容元件和电感元件及后面将学的耦合电感元件等都是动态元件。

动态元件的一个典型特征就是当电路的结构或元件的参数发生变化时（例如电路中电源或无源元件的断开或接入，信号的突然注入等），可能使电路改变原来的工作状态，转变到另一个工作状态，这种转变往往需要经历一个过程，在工程上称为过渡过程。上述电路结构或参数变化引起的电路变化统称为换路。

动态电路与电阻电路的重要区别在于：电阻电路不存在过渡过程而动态电路存在过渡过程。如图 3-1 所示，当闭合开关 S 时，会发现电阻支路的灯泡 L_1 立即发光，且亮度不再变化，说明这一支路没有经历过渡过程，立即进入了新的稳态；电感支路的灯泡 L_2 由暗渐渐变亮，最后达到稳定，说明电感支路经历了过渡过程；电容支路的灯泡 L_3 由亮变暗直到熄灭，说明电容支路也经历了过渡过程。

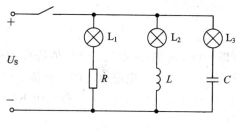

图 3-1 过渡过程

这是因为动态(储能)元件换路时能量的储存和释放需要一定时间来完成。表现在以下两方面：

(1) 要满足电荷守恒，即换路瞬间，若电容电流保持为有限值，则电容电压(电荷)在换路前后保持不变。

(2) 要满足磁链守恒，即换路瞬间，若电感电压保持有限值，则电感电流(磁链)在换路前后保持不变。

3.1.2 换路定则

通常我们认为换路是在 $t=0$ 时刻进行的。为了叙述方便，把换路前的最终时刻记为 $t=0_-$，把换路后的最初时刻记为 $t=0_+$，换路经历的时间为 0_- 到 0_+。

1. 具有电感的电路

从能量的角度出发，由于电感电路换路的瞬间，能量不能发生跃变，即 $t=0_+$ 时刻，电感元件所储存的能量为 $\frac{1}{2}Li_L^2(0_+)$ 与 $t=0_-$ 时刻电感元件所储存的能量 $\frac{1}{2}Li_L^2(0_-)$ 相等。则有

$$i_L(0_+) = i_L(0_-) \qquad (3-1)$$

结论：在换路的一瞬间，电感中的电流应保持换路前一瞬间的原有值，不能跃变。

等效原则：在换路的一瞬间，流过电感的电流 $i_L(0_+)=i_L(0_-)=0$，电感相当于开路；$i_L(0_+)=i_L(0_-)\neq0$，电感相当于直流电流源，其电流大小和方向与电感换路瞬间的电流一致。

2. 具有电容的电路

从能量的角度出发，由于电容电路换路的瞬间，能量不能发生跃变，即 $t=0_+$ 时刻，电容元件所储存的能量 $\frac{1}{2}Cu_C^2(0_+)$ 与 $t=0_-$ 时刻电容元件所储存的能量 $\frac{1}{2}Cu_C^2(0_-)$ 相等。则有

$$u_C(0_+) = u_C(0_-) \qquad (3-2)$$

结论：在换路的一瞬间，电容的两端电压应保持换路前一瞬间的原有值而不能跃变。

等效原则：在换路的一瞬间，电容两端电压 $u_C(0_+)=u_C(0_-)=0$，电容相当于短路；$u_C(0_+)=u_C(0_-)\neq0$，电容相当于直流电压源，其电压大小和方向与电容换路瞬间的电压一致。

3.1.3　初始值的计算

换路后的最初一瞬间（即 $t=0_+$ 时刻）的电流、电压值统称为初始值。研究线性电路的过渡过程时，电容电压的初始值 $u_C(0_+)$ 及电感电流的初始值 $i_L(0_+)$ 可按换路定律来确定。其他可以跃变的量的初始值要根据 $u_C(0_+)$、$i_L(0_+)$ 和应用 KVL、KCL 及欧姆定律来确定。其确定初始值的步骤为：

（1）根据换路前的电路，确定 $u_C(0_-)$、$i_L(0_-)$。

（2）依据换路定则确定 $u_C(0_+)$、$i_L(0_+)$。

（3）根据已求得的 $u_C(0_+)$ 和 $i_L(0_+)$，依据前述的等效原则，画出 $t=0_+$ 时刻的等效电路图。

（4）再根据等效电路，运用 KVL、KCL 及欧姆定律来确定其他跃变的量的初始条件。

例 3-1　如图 3-2(a)所示电路，在开关闭合前 $t=0_-$ 时刻处于稳态，$t=0$ 时刻开关闭合。求初始值 $i_L(0_+)$、$u_C(0_+)$、$u_1(0_+)$、$u_L(0_+)$、$i_C(0_+)$。

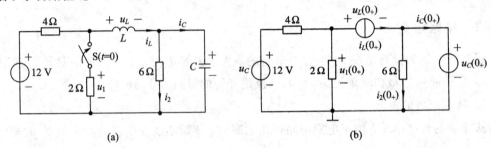

图 3-2　例 3-1 图

解　（1）开关闭合前 $t=0_-$ 时刻，电路是直流稳态，于是求得

$$i_L(0_-) = \frac{12}{4+6} = 1.2 \text{ A}, \quad u_C(0_-) = 6 \times i_L(0_-) = 7.2 \text{ V}$$

（2）开关闭合时 $t=0_-$ 时刻，由换路定则得

$$i_L(0_+) = i_L(0_-) = 1.2 \text{ A}, \quad u_C(0_+) = u_C(0_-) = 7.2 \text{ V}$$

（3）根据上述结果，画出 $t=0_+$ 时的等效电路图，如图 3-2(b)所示，对其列节点电压方程为

$$\left(\frac{1}{4} + \frac{1}{2}\right) u_1(0_+) = \frac{12}{4} - i_L(0_+)$$

将 $i_L(0_+)=1.2$ A 代入上式，求得：$u_1(0_+)=2.4$ V。

根据 KVL、KCL 求得

$$u_L(0_+) = u_1(0_+) - u_C(0_+) = 2.4 - 7.2 = -4.8 \text{ V}$$

$$i_C(0_+) = i_L(0_+) - i_2(0_+) = i_L(0_+) - \frac{u_C(0_+)}{6} = 1.2 - \frac{7.2}{6} = 1.2 - 1.2 = 0$$

3.2　一阶电路的零输入响应

只含有一个动态(储能)元件的电路称为一阶动态电路。动态电路中无外施激励电源，仅由动态(储能)元件初始储能的释放所产生的响应，称为动态电路的零输入响应。

3.2.1　RC 电路的零输入响应

在图 3-3 所示电路中，开关 S 闭合前，电容 C 已充电，其电压 $u_C = u_C(0_-)$。开关闭合后，电容储存的能量将通过电阻以热能形式释放出来。现把开关动作时刻取为计时起点（$t=0$）。开关闭合后，即当 $t \geqslant 0_+$ 时，根据 KVL 可得：

$$u_R - u_C = 0 \qquad (3-3)$$

由于电流 i_C 与 u_C 参考方向为非关联参考方向，则

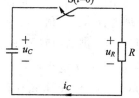

图 3-3　RC 电路的零输入响应

$i_C = -C \dfrac{\mathrm{d}u_C(t)}{\mathrm{d}t}$，又 $u_R = Ri_C$，代入上述方程，有

$$RC \frac{\mathrm{d}u_C(t)}{\mathrm{d}t} + u_C = 0 \qquad (3-4)$$

这是一阶齐次微分方程，当 $t=0_+$ 时，$u_C = u_C(0_+) = u_C(0_-)$，求得满足初始值的微分方程的解为

$$u_C(t) = u_C(0_+) \mathrm{e}^{-\frac{t}{RC}} \qquad (3-5)$$

这就是放电过程中电容电压 u_C 的表达式。

电容电流为

$$
\begin{aligned}
i_C(t) &= -C \frac{\mathrm{d}u_C(t)}{\mathrm{d}t} = -C \frac{\mathrm{d}}{\mathrm{d}t}\left[u_C(0_+) \mathrm{e}^{-\frac{t}{RC}} \right] \\
&= -C\left(-\frac{1}{RC} \right) u_C(0_+) \mathrm{e}^{-\frac{t}{RC}} \\
&= \frac{u_C(0_+)}{R} \mathrm{e}^{-\frac{t}{RC}} \qquad (3-6)
\end{aligned}
$$

从以上表达式可以看出，电容电压 u_C、电流 i_C 都是按照同样的指数规律衰减的。它们衰减的快慢取决于指数中 $\dfrac{1}{RC}$ 的大小。

令

$$\tau = RC \qquad (3-7)$$

式中，τ 称为 RC 电路的时间常数，当电阻的单位为欧姆（Ω），电容的单位为法（F）时，τ 的单位为秒（s）。

引入时间常数 τ 后，电容电压 u_C 和电流 i_C 可以分别表示为

$$u_C(t) = u_C(0_+) \mathrm{e}^{-\frac{t}{\tau}} \qquad (3-8)$$

$$i_C(t) = \frac{u_C(0_+)}{R} \mathrm{e}^{-\frac{t}{\tau}} \qquad (3-9)$$

时间常数 τ 的大小反映了一阶电路过渡过程的进展速度，它是反映过渡过程特征的一个重要的量。通过计算得表 3-1。

表 3-1　电容电压随时间变化的规律

t	0	τ	3τ	5τ	$\cdots$	∞
$u_C(t)$	$u_C(0_+)$	$0.368u_C(0_+)$	$0.05u_C(0_+)$	$0.0067u_C(0_+)$	$\cdots$	0

从表 3-1 可见，经过一个时间常数 τ 后，电容电压 u_C 衰减了 63.2%，或为原值的 36.8%。在理论上要经历无限长的时间 u_C 才能衰减到零值。但工程上一般认为换路后，经过 $3\tau \sim 5\tau$ 时间过渡过程基本结束。

时间常数 $\tau = RC$ 仅由电路的参数决定。在一定的 $u_C(0_+)$ 下，当 R 越大时，电路放电电流就越小，放电时间就越长；当 C 越大时，储存的电荷就越多，放电时间就越长。实际应用中合理选择 RC 的值，可控制放电时间的长短。

例 3-2 供电局向某一企业供电电压为 10 kV，在切断电源瞬间，电网上遗留电压有 $10\sqrt{2}$ kV。已知送电线路长 $L = 30$ km，电网对地绝缘电阻为 500 MΩ，电网的分布每千米电容为 $C_0 = 0.08$ μF/km。问：

(1) 拉闸后 1 min，电网对地的残余电压为多少？

(2) 拉闸后 10 min，电网对地的残余电压为多少？

解 电网拉闸后，储存在电网电容上的电能逐渐通过对地绝缘电阻放电，这是一个 RC 串联电路零输入响应问题。

由题意可知，长 30 km 的电网总电容量为

$$C = C_0 L = 0.08 \times 30 = 2.4 \ \mu F = 2.4 \times 10^{-6} \ F$$

放电电阻为：
$$R = 500 \ M\Omega = 5 \times 10^8 \ \Omega$$

时间常数为：
$$\tau = RC = 5 \times 10^8 \times 2.4 \times 10^{-6} = 1200 \ s$$

电容上初始电压为：
$$u_C(0_+) = 10\sqrt{2} \ kV = 10\sqrt{2} \times 10^3 \ V$$

在电容放电过程中，电容电压（即电网电压）的变化规律为

$$u_C(t) = u_C(0_+) e^{-\frac{t}{\tau}}$$

故

$$u_C(60 \ s) = 10\sqrt{2} \times 10^3 \times e^{-\frac{60}{1200}} \approx 13.5 \ kV$$

$$u_C(600 \ s) = 10\sqrt{2} \times 10^3 \times e^{-\frac{600}{1200}} \approx 8.6 \ kV$$

由此可见，电网断电，电压并不是立即消失。此电网断电了 1 min 时，仍有 13.5 kV 的高压；在断电 10 min 时电网上仍有 8.6 kV 的电压。

3.2.2 *RL* 电路的零输入响应

在图 3-4 所示电路中，开关 S 闭合前，电感中的电流已经恒定不变，其电流 $i_L = i_L(0_-)$。开关闭合后，电感储存的能量将通过电阻以热能形式释放出来。现把开关动作时刻取为计时起点（$t = 0$）。开关闭合后，即 $t \geqslant 0_+$ 时，根据 KVL 可得：

$$u_R + u_L = 0 \tag{3-10}$$

由于电流 i_L 与 u_L 参考方向为关联参考方向，则

$u_L = L \dfrac{di_L(t)}{dt}$，又 $u_R = Ri_L$，代入上述方程，有：

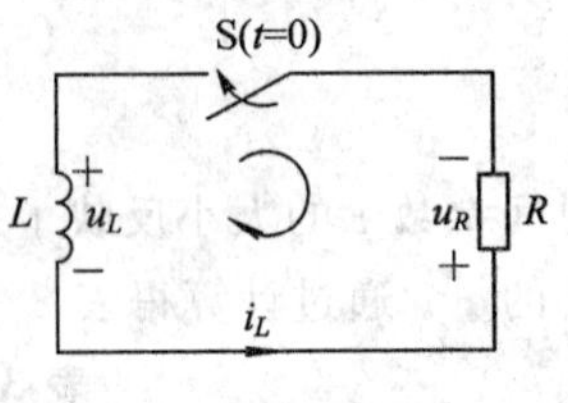

图 3-4 *RL* 电路的零输入响应

$$L \frac{di_L(t)}{dt} + Ri = 0 \tag{3-11}$$

这是一阶齐次微分方程，$t = 0_+$ 时，$i_L = i_L(0_+) = i_L(0_-)$，求得满足初始值的微分方程

的解为

$$i_L(t) = i_L(0_+)e^{-\frac{R}{L}t} \tag{3-12}$$

这就是放电过程中电感电流 i_L 的表达式。

电感电压为

$$\begin{aligned} u_L(t) &= L\frac{di_L(t)}{dt} = L\frac{d}{dt}[i_L(0_+)e^{-\frac{R}{L}t}] \\ &= L\left(-\frac{R}{L}\right)i_L(0_+)e^{-\frac{R}{L}t} \\ &= -Ri_L(0_+)e^{-\frac{R}{L}t} \end{aligned} \tag{3-13}$$

从以上表达式可以看出，电感电压 u_L、电感电流 i_L 都是按照同样的指数规律衰减的。它们衰减的快慢取决于指数中 $\frac{R}{L}$ 的大小。

令

$$\tau = \frac{L}{R} \tag{3-14}$$

式(3-14)称为 RL 电路的时间常数，则上述各式可以写为

$$i_L(t) = i_L(0_+)e^{-\frac{t}{\tau}} \tag{3-15}$$

$$u_L(t) = -Ri_L(0_+)e^{-\frac{t}{\tau}} \tag{3-16}$$

例 3-3　图 3-5 所示是一台 300 kW 汽轮发电机的励磁回路。已知励磁绕组的电阻 $R=0.189\ \Omega$，电感 $L=0.398$ H，直流电压 $U=35$ V。电压表的量程为 50 V，内阻 $R_V=5\ k\Omega$。开关未断开时，电路中电流已经恒定不变。在 $t=0$ 时，断开开关。求：

(1) 电阻、电感回路的时间常数。

(2) 电流 i 的初始值和开关断开后电流 i 的最终值。

(3) 电流 i 和电压表处的电压 U_V。

(4) 当开关断开时，电压表处的电压。

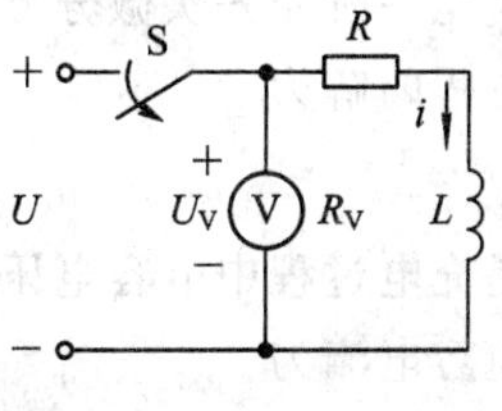

图 3-5　例 3-3 图

解　(1) 时间常数为

$$\tau = \frac{L}{R+R_V} = \frac{0.398}{0.189+5\times10^3} = 79.6\ \mu s$$

(2) 开关断开前，由于电流已恒定不变，电感 L 两端电压为零，故

$$i = \frac{U}{R} = \frac{35}{0.189} = 185.2\ A$$

由于电感中电流不能跃变，因此电流的初始值

$$i_L(0_+) = i_L(0_-) = 185.2\ A$$

(3) 按 $i_L(t) = i_L(0_+)e^{-\frac{t}{\tau}}$ 可得：

$$i = 185.2e^{-12560t}\ A$$

电压表处的电压为

$$U_V = -R_V i = -5\times10^3\times185.2e^{-12560t} = -926e^{-12560t}\ kV$$

(4) 开关断开时，电压表处的电压为

$$U_V(0_+) = -926\ kV$$

在这个时刻电压表要承受很高的电压，其绝对值将远大于直流电源的电压 U，而且初始瞬间的电流也很大，可能损坏电压表。由此可见，切断电感电流时必须考虑磁场能量的释放。如果磁场能量较大，而又必须在短时间内完成电流的切断，则必须考虑如何熄灭因此而出现的电弧(一般出现在开关处)的问题。

3.3 一阶电路的零状态响应

零状态响应就是电路在零初始状态下(动态元件初始储能为零)由外施激励引起的响应。

3.3.1 *RC* 电路的零状态响应

在图 3-6 所示电路中，开关 S 闭合前，电路处于零初始状态，其电压 $u_C=u_C(0_-)=0$。开关 S 闭合后，电路接入直流电压源 U_S。现把开关动作时刻取为计时起点($t=0$)。开关闭合后，即当 $t\geqslant 0_+$ 时，根据 KVL 可得：

$$u_R+u_C=U_S \qquad (3-17)$$

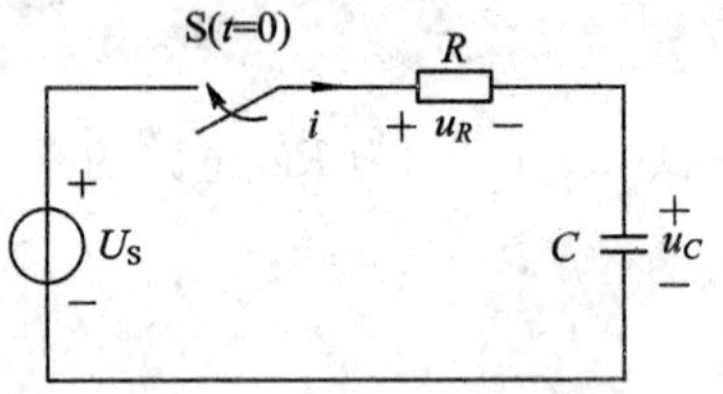

图 3-6 *RC* 电路的零状态响应

由于电流 i_C 与电压 u_C 参考方向为关联参考方向，则 $i_C=C\dfrac{du_C(t)}{dt}$，又 $u_R=Ri_C$，代入上述方程，有

$$RC\frac{du_C(t)}{dt}+u_C=U_S \qquad (3-18)$$

这是一阶非齐次微分方程，U_S其实也是电容充满电后的稳态电压的 $U_C(\infty)$，求得的微分方程的解为

$$u_C(t)=U_S(1-e^{-\frac{t}{\tau}})=U_C(\infty)(1-e^{-\frac{t}{\tau}}) \qquad (3-19)$$

这就是充电过程中电容电压 u_C 的表达式，其中，$\tau=RC$。

电容电流为

$$\begin{aligned} i_C(t)&=C\frac{du_C(t)}{dt}=C\frac{d}{dt}[U_C(\infty)(1-e^{-\frac{t}{\tau}})] \\ &=C\left(\frac{1}{RC}\right)U_C(\infty)e^{-\frac{t}{\tau}}=\frac{U_C(\infty)}{R}e^{-\frac{t}{\tau}} \end{aligned} \qquad (3-20)$$

RC 电路接通直流电压源的过程即是电源通过电阻对电容充电的过程。在充电过程中，电源供给的能量一部分转换成电场能量储存于电容中，一部分被电阻转变为热能消耗，电阻消耗的电能为

$$\begin{aligned} W_R&=\int_0^\infty i^2R\,dt=\int_0^\infty\left(\frac{U_C(\infty)}{R}e^{-\frac{t}{\tau}}\right)^2R\,dt \\ &=\frac{U_C(\infty)}{R}\left(-\frac{RC}{2}\right)e^{-\frac{2}{RC}t}\bigg|_0^\infty=\frac{1}{2}CU_C^2(\infty) \end{aligned}$$

从上式可见，不论电路中电容 C 和电阻 R 的数值为多少，在充电过程中，电源提供的能量只有一半转变成电场能量储存于电容中，另一半则为电阻所消耗，也就是说，充电效率只有 50%。

例 3 - 4　在图 3 - 6 所示电路中，已知 $U_s = 220$ V，$R = 200$ Ω，$C = 1$ μF，电容事先未充电，在 $t = 0$ 时合上开关 S。

（1）求时间常数、最大充电电流；

（2）求 u_C、u_R、i 的表达式及各自 1 ms 时的值。

解　（1）时间常数为：

$$\tau = RC = 200 \times 1 \times 10^{-6} = 200 \ \mu s$$

最大充电电流为：

$$i_{max} = \frac{U_s}{R} = \frac{220}{200} = 1.1 \text{ A}; \quad U_C(\infty) = U_s = 220 \text{ V}$$

（2）u_C、u_R、i 的表达式：

$$u_C(t) = u_C(\infty)(1 - e^{-\frac{t}{\tau}}) = 220(1 - e^{-\frac{t}{2 \times 10^{-4}}}) = 220(1 - e^{-5 \times 10^3 t}) \text{ V}$$

$$u_C(10^{-3} \text{ s}) = 220(1 - e^{-5 \times 10^3 \times 10^{-3}}) = 218.5 \text{ V}$$

$$i(t) = \frac{U_C(\infty)}{R} e^{-\frac{t}{\tau}} = \frac{220}{200} e^{-\frac{t}{2 \times 10^{-4}}} = 1.1 e^{-5 \times 10^3 t} \text{ A}$$

$$i(10^{-3} \text{ s}) = 1.1 e^{-5 \times 10^3 \times 10^{-3}} = 0.0074 \text{ A}$$

$$u_R(t) = iR = \frac{U_C(\infty)}{R} e^{-\frac{t}{\tau}} \cdot R = U_C(\infty) e^{-\frac{t}{\tau}} = 220 e^{-\frac{t}{2 \times 10^{-4}}} = 220 e^{-5 \times 10^3 t} \text{ V}$$

$$u_R(10^{-3} \text{ s}) = 220 e^{-5 \times 10^3 \times 10^{-3}} \approx 1.5 \text{ V}$$

3.3.2　RL 电路的零状态响应

在图 3 - 7 所示电路中，开关 S 闭合前，电感中没有电流通过，其电流 $i_L = i_L(0_-) = 0$。开关闭合后，电感中的电流逐渐增大到一个恒定值。现把开关动作时刻取为计时起点（$t = 0$）。开关闭合后，即当 $t \geqslant 0_+$ 时，根据 KVL 可得：

$$u_R + u_L = U_s \qquad (3 - 21)$$

由于电流 i_L 与 u_L 参考方向为关联参考方向，则

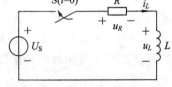

$u_L = L \dfrac{di_L(t)}{dt}$，又 $u_R = Ri_L$，代入上述方程，有

$$L \frac{di_L(t)}{dt} + Ri_L = U_s \qquad (3 - 22)$$

图 3 - 7　RL 电路的零状态响应

这是一阶非齐次微分方程，$\dfrac{U_s}{R}$ 其实也是电感充满电后的稳态电流的 $I_L(\infty)$，求得的微分方程的解为

$$i_L(t) = \frac{U_s}{R}(1 - e^{-\frac{t}{\tau}}) = I_L(\infty)(1 - e^{-\frac{t}{\tau}}) \qquad (3 - 23)$$

这就是充电过程中电感电流 i_L 的表达式，其中 $\tau = \dfrac{L}{R}$。

电感电压为

$$u_L = L \frac{di_L(t)}{dt} = L \frac{d}{dt}\left[I_L(\infty) e^{-\frac{t}{\tau}} \right]$$

$$= L\left(\frac{R}{L}\right) I_L(\infty) e^{-\frac{t}{\tau}} = RI_L(\infty) e^{-\frac{t}{\tau}} \qquad (3 - 24)$$

例 3-5 图 3-8 所示电路为一直流发电机电路简图，已知励磁绕组 $R=20\ \Omega$，励磁电感 $L=20$ H，外加电压为 $U_S=200$ V。

（1）试求当 S 闭合后，励磁电流的变化规律和达到稳态值所需要的时间；

（2）如果将电源电压提高到 250 V，求励磁电流达到额定值所需要的时间。

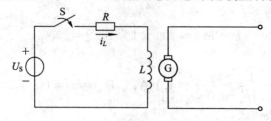

图 3-8　例 3-5 图

解　（1）这是一个 RL 串联零状态响应的问题，可求得 $\tau=\dfrac{L}{R}=\dfrac{20}{20}=1$ s，则

$$i_L(t)=\frac{U_S}{R}(1-\mathrm{e}^{-\frac{t}{\tau}})=\frac{200}{20}(1-\mathrm{e}^{-\frac{t}{\tau}})=10(1-\mathrm{e}^{-t})\ \text{A}$$

一般认为，当 $t=(3\sim5)\tau$ 时，过渡过程基本结束，取 $t=5\tau=5$ s，则合上开关 S 后，电流达到稳态所需要的时间为 5 s，励磁绕组的额定电流就认为等于其稳态值 10 A。

（2）由上述计算知是励磁电流达到稳态需要 5 s。为缩短励磁时间常采用"强迫励磁法"，就是在励磁开始时提高电源电压，当电流达到额定值后，再将电压调回到额定值。这种强迫励磁所需要的时间 t 计算如下：

$$i_L(t)=\frac{250}{20}(1-\mathrm{e}^{-\frac{t}{\tau}})=12.5(1-\mathrm{e}^{-t})\ \text{A}$$

由额定电流值相等，得：

$$10=12.5(1-\mathrm{e}^{-t})$$

解上式得：$t=1.6$ s。

由此可见，采用电压 250 V 对励磁绕组进行励磁要比采用电压 200 V 时所需的时间短，这样就缩短了起励时间，有利于发电机尽快进入正常工作状态。

3.3.3　响应函数的参考波形

在本章第二节、第三节及后续节次，讲述了有关电路的各种响应函数，其波形参考图如图 3-9 所示。

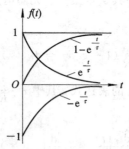

图 3-9　函数波形

图 3-9 中共列出 $e^{-\frac{t}{\tau}}$、$-e^{-\frac{t}{\tau}}$、$1-e^{-\frac{t}{\tau}}$ 三个函数的波形。本章中各种响应函数的波形都是这三个函数的波形或波形之间的叠加。可根据数学中的函数性质具体运用。

3.4 一阶电路的全响应

当一个非零初始状态的一阶电路受到激励时,电路的响应称为一阶电路的全响应。

在图 3-10 所示电路中,开关 S 闭合前,电容已充电,其电压 $u_C = u_C(0_-) \neq 0$。开关 S 闭合后,电路接入直流电压源 U_S。现把开关动作时刻取为计时起点($t=0$)。开关闭合后,即当 $t \geqslant 0_+$ 时,根据 KVL 可得

$$u_R + u_C = U_S \qquad (3-25)$$

由于电流 i_C 与 u_C 参考方向为关联参考方向,则 $i_C = C\dfrac{\mathrm{d}u_C(t)}{\mathrm{d}t}$,又 $u_R = Ri_C$,代入上述方程,有

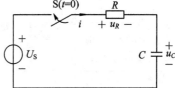

图 3-10 一阶电路的全响应

$$RC\frac{\mathrm{d}u_C(t)}{\mathrm{d}t} + u_C = U_S \qquad (3-26)$$

这是一阶非齐次微分方程,U_S 其实也是电容达到稳态后的电压 $U_C(\infty)$,求得的微分方程的解为

$$u_C(t) = U_C(0_+)e^{-\frac{t}{\tau}} + U_S(1-e^{-\frac{t}{\tau}}) = U_C(0_+)e^{-\frac{t}{\tau}} + U_C(\infty)(1-e^{-\frac{t}{\tau}}) \quad (3-27)$$

这就是电容电压在 $t \geqslant 0_+$ 时的全响应,其中,$\tau = RC$。

可以看出,式(3-27)右边的第一项是电路的零输入响应,右边的第二项则是电路的零状态响应,这说明全响应是零输入响应和零状态响应的叠加。即

全响应 =(零输入响应)+(零状态响应)

将图 3-10 一阶电路全响应分解成零输入响应和零状态响应,如图 3-11 所示。

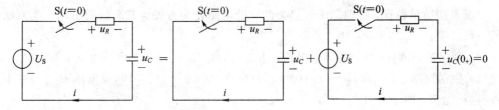

图 3-11 一阶电路全响应的分解

对式(3-27)稍作变形,还可进一步简化为:

$$u_C(t) = U_S + [U_C(0_+) - U_S]e^{-\frac{t}{\tau}} \qquad (3-28)$$

可以看出,式(3-28)右边的第一项是恒定值,大小等于直流电压源电压,是换路后电容电压达到稳态后的量,右边的第二项则是仅取决于电路参数 τ,会随着时间的增长按指数规律逐渐衰减到零,是电容电压瞬态的量,所以又常将全响应看做是稳态分量和瞬态分量的叠加,即

全响应 =(稳态分量)+(瞬态分量)

无论是把全响应分解为零状态响应和零输入响应，还是分解为稳态分量和瞬态分量，都不过是从不同的角度去分析全响应的。而全响应总是由初始值 $f(0_+)$、稳态分量 $f(\infty)$、时间常数 τ 三个要素决定的。在直流电源激励下，仿式(3-28)，则全响应 $f(t)$ 可写为：

$$f(t) = f(\infty) + [f(0_+) - f(\infty)]e^{-\frac{t}{\tau}} \tag{3-29}$$

由式(3-29)可以看出，若已知初始值 $f(0_+)$、稳态分量 $f(\infty)$，时间常数 τ 三个要素，就可以根据式(3-29)直接写出直流激励下一阶电路的全响应，这种方法称为三要素法。而前面讲述的通过微分方程求解的方式求得储能元件响应函数的方法称为经典法。

表3-2　经典法与三要素法求解一阶电路比较表

名　称	微分方程求解	三要素表示法
RC 电路的零输入响应	$u_C(t) = U_C(0_+)e^{-\frac{t}{\tau}}$ $i_C(t) = \dfrac{U_C(0_+)}{R}e^{-\frac{t}{\tau}}$	$f(t) = f(0_+)e^{-\frac{t}{\tau}}$
RC 电路的零状态响应	$u_C(t) = U(\infty)(1 - e^{-\frac{t}{\tau}})$ $i_C(t) = I_C(0_+)e^{-\frac{t}{\tau}}$	$f(t) = f(\infty)(1 - e^{-\frac{t}{\tau}})$ $f(t) = f(0_+)e^{-\frac{t}{\tau}}$
RL 电路的零输入响应	$i_L(t) = I_L(0_+)e^{-\frac{t}{\tau}}$ $u_L(t) = -RI_L(0_+)e^{-\frac{t}{\tau}}$	$f(t) = f(0_+)e^{-\frac{t}{\tau}}$
RL 电路的零状态响应	$i_L(t) = I_L(\infty)(1 - e^{-\frac{t}{\tau}})$ $u_L(t) = U_L(0_+)e^{-\frac{t}{\tau}}$	$f(t) = f(\infty)(1 - e^{-\frac{t}{\tau}})$ $f(t) = f(0_+)e^{-\frac{t}{\tau}}$
一阶 RC 电路的全响应	$u_C(t) = U_S + [U_C(0_+) - U_S]e^{-\frac{t}{\tau}}$ $i_C(t) = \dfrac{U_S - U_C(0_+)}{R}e^{-\frac{t}{\tau}}$	$f(t) = f(\infty) + [f(0_+) - f(\infty)]e^{-\frac{t}{\tau}}$ $f(t) = f(0_+)e^{-\frac{t}{\tau}}$

三要素法简单易算，特别是求解复杂的一阶电路尤为方便。下面归纳出用三要素法解题的一般步骤：

(1) 画出换路前 $(t=0_-)$ 的等效电路，求出电容电压 $u_C(0_-)$ 或电感电流 $i_L(0_-)$。

(2) 根据换路定律 $u_C(0_+) = u_C(0_-)$，$i_L(0_+) = i_L(0_-)$，求出响应电压 $u(0_+)$ 或电流 $i(0_+)$ 的初始值，即 $f(0_+)$。

(3) 画出 $t=\infty$ 时的稳态电路(稳态时电容相当于开路，电感元件相当于短路)，求出稳态下电压响应 $u(\infty)$ 或电流 $i(\infty)$，即 $f(\infty)$。

(4) 求出电路的时间常数 τ。$\tau = RC$ 或 $\dfrac{L}{R}$，其中 R 值是换路后断开储能元件 C 或 L，直流电压源相当于短路，直流电流源相当于断路，由储能元件两端看进去，用戴维南等效电路求得的等效内阻。

例3-6　如图3-12所示的电路中，开关 S 断开前电路处于稳态。已知 $U_S = 20$ V，$R_1 = R_2 = 1$ kΩ，$C = 1$ μF。求开关打开后 u_C 和 i_C 的解析式，并画出其曲线图。

解　选定各电流电压的参考方向，如图3-12所示。

因为换路前电容上电流 $i_C(0_-) = 0$，故有

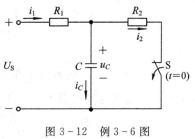

$$i_1(0_-) = i_2(0_-) = \frac{U_S}{R_1 + R_2} = \frac{20}{10^3 + 10^3}$$

$$= 10 \times 10^{-3} \text{ A} = 10 \text{ mA}$$

换路前电容上电压为

$$u_C(0_-) = i_2(0_-)R_2 = 10 \times 10^{-3} \times 1 \times 10^3 = 10 \text{ V}$$

图 3-12　例 3-6 图

由于 $u_C(0_+) = u_C(0_-) < U_S$，因此换路后电容将继续充电，其充电时间常数为

$$\tau = R_1 C = 1 \times 10^3 \times 1 \times 10^{-6} = 10^{-3} \text{ s} = 1 \text{ ms}$$

电容充满电后的稳态电压 $U(\infty) = U_S = 20$ V，将上述数据代入式(3-28)，得

$$u_C = U(\infty) + (U_C(0_+) - U(\infty))e^{-\frac{t}{\tau}} = 20 + (10 - 20)e^{-\frac{t}{10^{-3}}} = 20 - 10e^{-1000t} \text{ V}$$

$$i_C = C\frac{du_C}{dt} = \frac{U(\infty) - U_C(0_+)}{R}e^{-\frac{t}{\tau}} = \frac{20 - 10}{1000}e^{-\frac{t}{10^{-3}}} = 0.01e^{-1000t} \text{ A} = 10e^{-1000t} \text{ mA}$$

u_C、i_C 随时间变化的曲线图如图 3-13 所示。

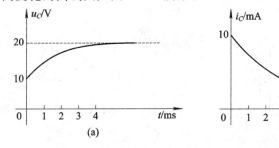

(a)　　　　　　　　　　　　(b)

图 3-13　u_C、i_C 随时间变化曲线图

例 3-7　如图 3-14(a)所示电路中，$t = 0_-$ 时处于稳态，设 $U_{S1} = 38$ V，$U_{S2} = 12$ V，$R_1 = 20 \ \Omega$，$R_2 = 5 \ \Omega$，$R_3 = 6 \ \Omega$，$L = 0.2$ H。当 $t \geq 0$ 时，求电流 i_L。

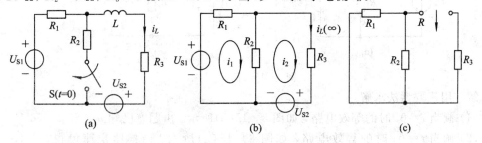

(a)　　　　　　　　　　(b)　　　　　　　　　　(c)

图 3-14　例 3-7 图

解　由图 3-14(a)计算换路前的电感电流：

$$i_L(0_-) = \frac{U_{S1} - U_{S2}}{R_1 + R_3} = 1 \text{ A}$$

由换路定律得：

$$i_L(0_+) = i_L(0_-) = 1 \text{ A}$$

计算直流稳态电流的电路如图 3-14(b)所示。

列网孔电流方程：

$$\begin{cases} (R_1 + R_2)i_1 - R_2 i_2 = U_{S1} \\ -R_2 i_1 + (R_2 + R_3)i_2 = -U_{S2} \end{cases}$$

求得：
$$i_2 = i_L(\infty) = -0.44 \text{ A}$$

令 $U_{S1} = U_{S2} = 0$，即直流电压源等效为短路，而电感元件相当于短路，根据戴维南等效电路的原则画出等效电阻 R_{eq} 的电路图如图 3-14(c) 所示。

$$R_{eq} = \frac{R_1 R_2}{R_1 + R_2} + R_3 = \frac{20 \times 5}{20 + 5} + 6 = 10 \ \Omega$$

则

$$\tau = \frac{L}{R_{eq}} = \frac{0.2}{10} = 0.02 \text{ s}$$

由三要素法公式得

$$i_L(t) = i_L(\infty) + [i_L(0_+) - i_L(\infty)]e^{-\frac{t}{\tau}} = (-0.44 + 1.44e^{-50t}) \text{ A}$$

例 3-8　如图 3-15(a) 所示电路中，已知 $R_1 = 100 \ \Omega$，$R_2 = 400 \ \Omega$，$C = 125 \ \mu\text{F}$，$U_s = 200 \text{ V}$，在换路前电容上有电压 $u_C(0-) = 50 \text{ V}$。求当 S 闭合后电容电压和电流的变化规律。

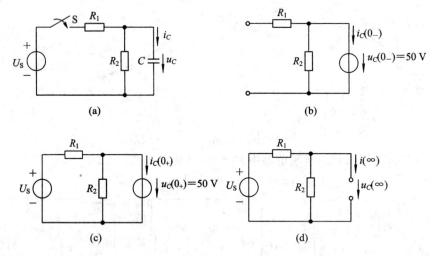

图 3-15　例 3-8 图

解　用三要素法求解。

(1) 画当 $t = 0_-$ 时的等效电路，如图 3-15(b) 所示。由题意已知 $u_C(0-) = 50 \text{ V}$。

(2) 画当 $t = 0_+$ 时的等效电路，如图 3-15(c) 所示。由换路定律可得，$u_C(0_+) = u_C(0_-) = 50 \text{ V}$。

(3) 画当 $t = \infty$ 时的等效电路，如图 3-15(d) 所示。

$$u_C(\infty) = \frac{U_s}{R_1 + R_2} R_2 = \frac{200}{100 + 400} \times 400 = 160 \text{ V}$$

(4) 求电路时间常数 τ。从图 3-15(d) 电路可知，从电容两端看进去的等效电阻为

$$R_0 = \frac{R_1 R_2}{R_1 + R_2} = \frac{100 \times 400}{100 + 400} = 80 \ \Omega$$

于是

$$\tau = R_0 C = 80 \times 125 \times 10^{-6} = 0.01 \text{ s}$$

(5) 由公式(3-29)得

$$u_C(t) = u_C(\infty) + [u_C(0_+) - u_C(\infty)]e^{-\frac{t}{\tau}}$$

$$= 160 + (50 - 160)e^{-\frac{t}{0.01}} = 160 - 110e^{-100t} \text{ V}$$

$$i_C(t) = C\frac{du_C(t)}{dt} = 1.375e^{-100t} \text{ A}$$

画出 $u_C(t)$ 和 $i_C(t)$ 的变化规律波形图,如图 3-16 所示。

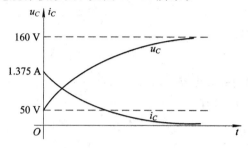

图 3-16 例 3-8 波形图

例 3-9 如图 3-17(a)所示电路中,已知 $R_1 = 1 \ \Omega$, $R_2 = 1 \ \Omega$, $R_3 = 2 \ \Omega$, $L = 3$ H, $t=0$ 时开关由 a 拨向 b,试求 i_L 和 i 的表达式,并绘出波形图。(假设换路前电路已处于稳态)

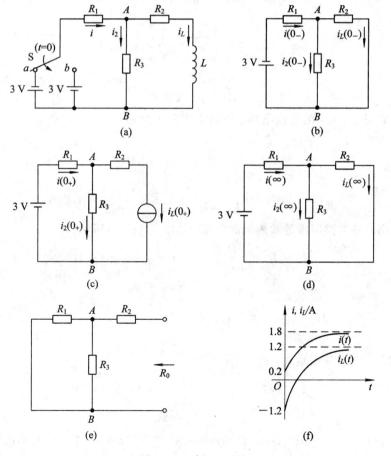

图 3-17 例 3-9图

解 (1) 画出当 $t=0_-$ 时的等效电路，如图 3-17(b)所示。因换路前电路已处于稳态，故电感 L 相当于短路，于是 $i_L(0_-)=U_{AB}/R_2$。

$$U_{AB} = (-3) \times \frac{\dfrac{R_2 R_3}{R_2 + R_3}}{R_1 + \dfrac{R_2 R_3}{R_2 + R_3}} = -3 \times \frac{\dfrac{1 \times 2}{1+2}}{1 + \dfrac{1 \times 2}{1+2}} = -\frac{6}{5} \text{ V}$$

$$i_L(0_-) = \frac{U_{AB}}{R_2} = \frac{-\dfrac{6}{5}}{1} = -\frac{6}{5} \text{ A}$$

(2) 由换路定律 $i_L(0_+) = i_L(0_-)$ 得 $i_L(0_+) = -\dfrac{6}{5}$ A。

(3) 画出当 $t=0_+$ 时的等效电路，如图 3-17(c)所示，求 $i(0_+)$。

对 3 V 电源，R_1、R_3 回路有

$$3 = i(0_+)R_1 + i_2(0_+)R_3$$

对节点 A 有

$$i(0_+) = i_2(0_+) + i_L(0_+)$$

将上式代入回路方程，得

$$3 = i(0_+)R_1 + [i(0_+) - i_L(0_+)]R_3$$

即

$$3 = i(0_+) \times 1 + \left[i(0_+) - \frac{-6}{5}\right] \times 2$$

解得

$$i(0_+) = 0.2 \text{ A}$$

(4) 画出当 $t=\infty$ 时的等效电路，如图 3-17(d)所示，求 $i(\infty)$ 和 $i_L(\infty)$。

$$i(\infty) = \frac{3}{R_1 + \dfrac{R_2 R_3}{R_2 + R_3}} = \frac{3}{1 + \dfrac{1 \times 2}{1+2}} = 1.8 \text{ A}$$

$$i_L(\infty) = i(\infty) \frac{R_3}{R_2 + R_3} = 1.8 \times \frac{2}{1+2} = 1.2 \text{ A}$$

(5) 画出电感开路时求等效内阻的电路，如图 3-17(e)所示。

$$R_0 = R_2 + \frac{R_1 R_3}{R_1 + R_3} = 1 + \frac{1 \times 2}{1+2} = \frac{5}{3} \text{ Ω}$$

于是有

$$\tau = \frac{L}{R_0} = \frac{3}{\dfrac{5}{3}} = 1.8 \text{ s}$$

(6) 代入三要素法表达式，得

$$i(t) = i(\infty) + [i(0_+) - i(\infty)]e^{-\frac{t}{\tau}} = 1.8 + (0.2 - 1.8)e^{-\frac{t}{1.8}}$$

$$= 1.8 - 1.6e^{-\frac{t}{1.8}} \text{ A}$$

$$i_L(t) = i_L(\infty) + [i_L(0_+) - i_L(\infty)]e^{-\frac{t}{\tau}} = 1.2 + (-1.2 - 1.2)e^{-\frac{t}{1.8}}$$

$$= 1.2 - 2.4e^{-\frac{t}{1.8}} \text{ A}$$

画出 $i(t)$ 和 $i_L(t)$ 的波形图，如图 3-17(f) 所示。

习　　题

3.1　在如图 3-18 所示电路中，已知 $U_S=12$ V，$R_1=4$ kΩ，$R_2=8$ kΩ，$C=1$ μF，当 $t=0$ 时，闭合开关 S。试求：初始值 $i_C(0_+)$，$i_1(0_+)$，$i_2(0_+)$ 和 $u_C(0_+)$。

3.2　在如图 3-19 所示电路中，已知 $U_S=60$ V，$R_1=20$ Ω，$R_2=30$ Ω，电路原先已达稳态。当 $t=0$ 时，闭合开关 S。试求：初始值 $i_C(0_+)$，$i_1(0_+)$，$i(0_+)$。

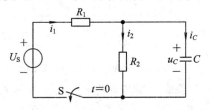 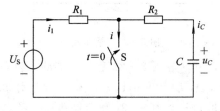

图 3-18　题 3.1 图　　　　　　　　　　　　　图 3-19　题 3.2 图

3.3　一个 $C=2$ μF 的电容元件和 $R=5$ Ω 的电阻元件串联组成无分支电路，在当 $t=0$ 时与一个 $U_S=100$ V 的直流电压源接通。求当 $t \geqslant 0$ 时 i 的表达式。

3.4　在图 3-20 所示电路中，电路原先已达稳态，当 $t=0$ 时闭合开关 S。试求：初始值 $i_L(0_+)$，$u_L(0_+)$ 及稳态值 $u_L(\infty)$，$i_L(\infty)$。

3.5　在图 3-21 所示电路中，已知 $U_S=10$ V，$R_1=R_2=10$ Ω，电路原先已达稳态，当 $t=0$ 时闭合开关 S。试求：初始值 $i_L(0_+)$，$u_L(0_+)$ 及稳态值 $u_L(\infty)$，$i_L(\infty)$。

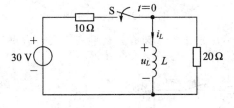 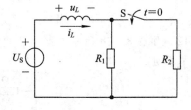

图 3-20　题 3.4 图　　　　　　　　　　　　　图 3-21　题 3.5 图

3.6　在图 3-22 所示电路中，电路原先已达稳态，当 $t=0$ 时打开开关 S。试求：初始值 $i_C(0_+)$，$u_C(0_+)$ 及稳态值 $u_C(\infty)$，$i_C(\infty)$ 及时间常数 τ。

3.7　在图 3-23 所示电路中，开关 S 闭合前，电路原先已达稳态，当 $t=0$ 时闭合开关 S。求当 $t \geqslant 0$ 时电感电流 i_L、电感电压 u_L 的表达式。

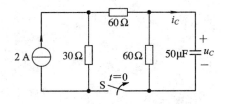 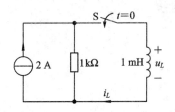

图 3-22　题 3.6 图　　　　　　　　　　　　　图 3-23　题 3.7 图

3.8 在图 3-24 所示电路中,开关 S 闭合前,电路原先已达稳态,当 $t=0$ 时闭合开关 S。求当 $t \geq 0$ 时 i 的表达式。

3.9 在图 3-25 所示电路中,已知 $U_S=6\text{ V}$,$R_1=10\ \Omega$,$R_2=20\ \Omega$,$C=1000\text{ pF}$ 且原先未储能,试用三要素法求开关闭合后 R_2 两端的电压 u_{R2}。

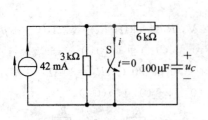 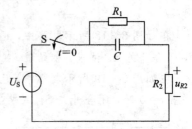

图 3-24　题 3.8 图　　　　　　　　图 3-25　题 3.9 图

3.10 在图 3-26 所示电路中,换路前电路已达稳态,已知 $U_S=100\text{ V}$,$R_1=6\ \Omega$,$R_2=4\ \Omega$,$L=20\text{ mH}$,$t=0$ 时闭合开关 S。试用三要素法求换路后的 i 和 u_L 的表达式。

3.11 如图 3-27 所示电路原已稳定,当 $t=0$ 时开关 S 由位置 1 扳向位置 2,求经过多长时间 u_C 等于零?

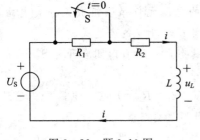 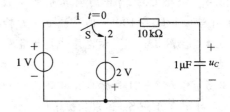

图 3-26　题 3.10 图　　　　　　　　图 3-27　题 3.11 图

3.12 如图 3-28 所示电路原已稳定,当 $t=0$ 时开关 S 闭合,试用三要素法求电路的全响应 i_L 和 u_L。

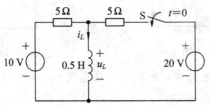

图 3-28　题 3.12 图

第 4 章　正弦交流电路

学习目标

　　通过本章的学习、训练，学生应了解正弦量的三要素；掌握正弦量的相量表示法及正弦交流电路中不含独立源的二端网络的基本性质和功率的计算。

本章知识点

- 正弦量的三要素、正弦量的相量表示法。
- 正弦交流电路中的相量分析法。
- 正弦交流电路中的功率及功率因数的提高。

本章重点和难点

- 正弦量的相量表示法。
- 不含独立源的二端网络的基本性质。
- 正弦交流电路中的相量分析法。

　　前面已介绍了直流电路，直流电路中电流的大小和方向都不随时间变化。但在工农业生产及日常生活中更广泛地使用着正弦交流电。通常把电压、电流均随时间按正弦函数规律变化的电路称为正弦交流电路。

　　本章将着重介绍正弦交流电路的基本概念和分析计算方法。

4.1　正弦量的基本概念及其相量表示法

　　在一个周期内平均值为零的周期电流（或电压）叫做交变电流（或电压）。交变电流（或电压）中，被广泛应用的是随时间按正弦规律变化的，叫做正弦电流（或电压），统称正弦量。一般所说的交流电都是指正弦交流电。

　　具有动态元件的电路叫动态电路。如果线性动态电路中所有电压源的电压 $u_S(t)$ 和电流源的电流 $i_S(t)$ 都是同频率的正弦量，电路中的所有响应终将成为与激励同频率的正弦量，这种情况下的电路就是通常说的正弦交流电路。

4.1.1　正弦量的三要素

　　图 4-1(a)表示一段正弦交流电路。电流 i 在所指定的参考方向下，其一般解析式为

$$i(t) = I_m \sin(\omega t + \varphi) \tag{4-1}$$

波形图如图 4-1(b)所示(设 $\varphi>0$)。正弦量的大小、方向随时间变化,若瞬时值为正,表示其方向与所选参考方向一致;若瞬时值为负,则表示其方向与所选参考方向相反。

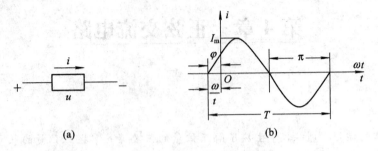

(a)　　　　　(b)

图 4-1　正弦量的波形图

式(4-1)中,I_m 为正弦电流的幅值,它是正弦电流在整个变化过程中所能达到的最大值;$(\omega t+\varphi)$ 叫做正弦量的相位角,简称相位。相位反映了正弦量每一瞬间的状态。随着时间的推移,相位逐渐增大。相位每增加 2π,正弦量就经历了一个周期。ω 是正弦电流的角频率,它是相位随时间变化的速率,单位是 rad/s,与正弦量的周期和频率有如下关系。

$$\omega=\frac{2\pi}{T}=2\pi f \qquad (4-2)$$

ω、T、f 都是反映正弦量变化快慢的量,ω 越大,即 f 越大或 T 越小,正弦量变化就越快。直流量可以看成 $f=0$($T=\infty$)时的正弦量。

我国和世界上大多数国家,电力工业的标准频率,即所谓的"工频"都是 50 Hz。

当 $t=0$ 时,相位为 φ,称其为正弦量的初相。初相反映了正弦量在计时起点的状态。规定 $|\varphi|\leqslant180°$。

正弦量的初相与计时起点的选择有关。当 $t=0$ 时,函数值的正、负与对应 φ 的正、负号相同。如图 4-2 所示。

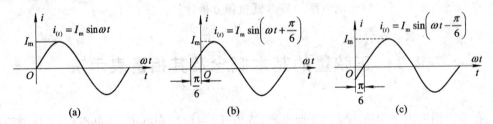

(a)　　　　　(b)　　　　　(c)

图 4-2　计时起点的选择

当 $\varphi=0$ 时,正弦量达到零值(正弦量一个周期内瞬时值两次为零,规定瞬时值由负向正变化之间的一个零值叫做它的零值)的瞬间为计时起点,如图 4-2(a)所示;当 $\varphi>0$ 时,正弦波零点在计时起点之左,如图 4-2(b)所示;当 $\varphi<0$ 时,正弦波零点在计时起点之右,如图 4-2(c)所示。

I_m 反映了正弦量的幅度,ω 反映了正弦量变化的快慢,φ 反映了正弦量在 $t=0$ 时的状态。一个正弦量的 I_m、ω、φ 确定了,这个正弦量才是确定的。故 I_m、ω、φ 合起来称为正弦量的三要素。

例 4-1　已知选定参考方向下的波形如图 4-3 所示,试写出正弦量的解析式。

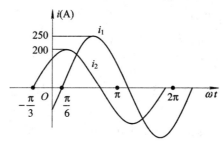

图 4 - 3　例 4 - 1 图

解　$i_1 = 250 \sin\left(\omega t - \dfrac{\pi}{6}\right)$ A

$\quad\quad i_2 = 200 \sin\left(\omega t + \dfrac{\pi}{3}\right)$ A

4.1.2　相位差

设有两个同频率的正弦量为

$$u_1(t) = U_{1m} \sin(\omega t + \varphi_1)$$
$$u_2(t) = U_{2m} \sin(\omega t + \varphi_2)$$

它们的相位之差称为相位差，用 φ_{12} 表示，即

$$\varphi_{12} = (\omega t + \varphi_1) - (\omega t + \varphi_2) = \varphi_1 - \varphi_2$$

可见，同频率正弦量的相位差等于它们的初相之差。

若 $\varphi_{12} > 0$，表示 u_1 超前 u_2，或者说 u_2 滞后 u_1，如图 4 - 4(a)所示。

若 $\varphi_{12} = 0$，表明 u_1 与 u_2 同时达到零值和最大值，称之为同相，如图 4 - 4(b)所示。

若 $\varphi_{12} = \pm 180°$，称之为反相，如图 4 - 4(c)所示。

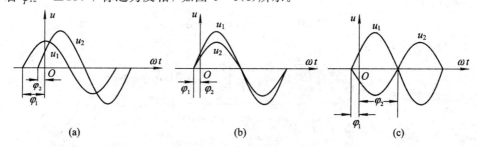

图 4 - 4　相位差的几种情况

在正弦电路的分析计算中，为了比较同一电路中同频率的各正弦量之间的相位关系，可选其中一个为参考正弦量，取其初相为零，这样，其他正弦量的初相便可以由它们与参考正弦量之间的相位差来确定了。

例 4 - 2　三个正弦电压 $u_A(t) = 310 \sin 314t$ V，$u_B(t) = 14.1 \sin(314t - 30°)$ V，$u_C(t) = 220 \sin(314t + 45°)$V，若以 $u_B(t)$ 为参考正弦量，写出三个正弦电压的解析式。

解　以 $u_B(t)$ 为参考正弦量，则 $u_B(t)$ 的表达式为

$$u_B(t) = 14.1 \sin 314t \text{ V}$$

由于 $u_A(t)$ 与 $u_B(t)$ 的相位差为

$$\varphi_{AB} = \varphi_A - \varphi_B = 0° - (-30°) = 30°$$

故 $u_A(t)$ 的瞬时值表达式为

$$u_A(t) = 310 \sin(314t + 30°) \, \text{V}$$

$u_C(t)$ 与 $u_B(t)$ 的相位差为

$$\varphi_{CB} = \varphi_C - \varphi_B = 45° - (-30°) = 75°$$

故 $u_C(t)$ 的瞬时值表达式为

$$u_C(t) = 220 \sin(314t + 75°) \, \text{V}$$

4.1.3　有效值

周期电压和电流的瞬时值是随时间变化的，无论是测量还是计算都不方便，因此在实际工程中，引入了有效值。周期量的有效值用大写字母表示，如 I, U 等。

交流量的有效值是根据电流的热效应原理来规定的。如某一交流电流和一直流电流分别通过同一电阻 R，若在一个周期 T 内所产生的热量相等，那这个直流电流 I 的数值叫做交流电流 i 的有效值。由此得出

$$I^2 RT = \int_0^T i^2 R \, \mathrm{d}t$$

所以交流电流的有效值为

$$I = \sqrt{\frac{1}{T} \int_0^T i^2 \, \mathrm{d}t} \qquad (4-3)$$

同理，交流电压的有效值为

$$U = \sqrt{\frac{1}{T} \int_0^T u^2 \, \mathrm{d}t}$$

对于正弦量，设

$$i(t) = I_\mathrm{m} \sin(\omega t + \varphi)$$

由式(4-3)，它的有效值

$$
\begin{aligned}
I &= \sqrt{\frac{1}{T} \int_0^T i^2 \, \mathrm{d}t} = \sqrt{\frac{1}{T} \int_0^T I_\mathrm{m}^2 \sin^2(\omega t + \varphi) \, \mathrm{d}t} \\
&= \sqrt{\frac{I_\mathrm{m}^2}{2} \frac{1}{T} \int_0^T \left[1 - \cos 2(\omega t + \varphi) \right] \, \mathrm{d}t} \\
&= \frac{I_\mathrm{m}}{\sqrt{2}} \qquad (4-4)
\end{aligned}
$$

可见，正弦量的有效值等于它的最大值除以 $\sqrt{2}$。

同理，交流电压的有效值与其最大值之间的关系为

$$U = \frac{U_\mathrm{m}}{\sqrt{2}} \qquad (4-5)$$

交流电器设备铭牌上所标的电压值和电流值都是指有效值。一般交流电压表、电流表的标尺都是按有效值刻度的。如不加说明，交流量的大小都是指有效值。

所以，正弦量的解析式也可以表示为

$$i(t) = \sqrt{2} I \sin(\omega t + \varphi)$$

4.1.4 复数

设 A 为复数，则复数的代数形式为

$$A = a + jb \qquad (4-6)$$

式中，a、b 分别为复数的实部和虚部，可分别用 $\text{Re}[A]$、$\text{Im}[A]$ 来表示，$j = \sqrt{-1}$ 为虚单位。复数 A 可以用复平面上的复矢量 $\overrightarrow{OA}$ 来表示，如图 4-5 所示。

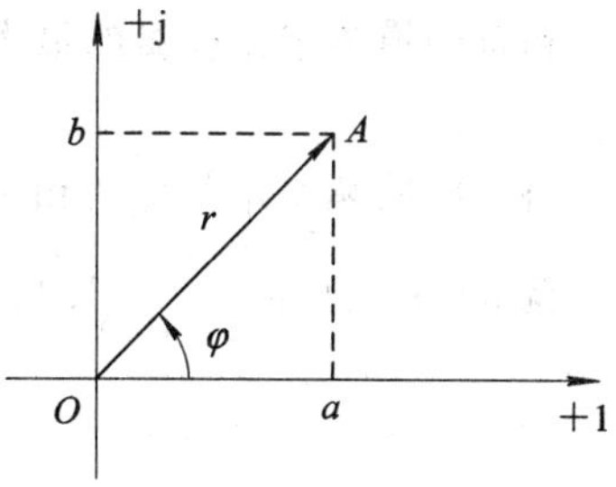

$$r = \sqrt{a^2 + b^2} \qquad (4-7)$$

式中，r 是复数的大小，称为复数的模。

$$\varphi = \arctan \frac{b}{a} \qquad (4-8)$$

图 4-5 复数 A 的复平面表示

式中，φ 是复数与实轴正方向的夹角，称为复数的辐角，由图 4-5 可知

$$a = r\cos\varphi, \quad b = r\sin\varphi$$

复数的三角函数形式为

$$A = r\cos\varphi + jr\sin\varphi \qquad (4-9)$$

复数的指数形式为

$$A = re^{j\varphi} \qquad (4-10)$$

复数的指数形式写成极坐标形式为

$$A = r\angle\varphi \qquad (4-11)$$

复数的四种表示形式可以相互转换，复数的加减运算可用代数形式，复数的乘除运算可用指数形式或极坐标形式。

设有两个复数

$$A = a_1 + jb_1 = r_1\angle\theta_1, \quad B = a_2 + jb_2 = r_2\angle\theta_2$$

则

$$A \pm B = (a_1 \pm a_2) + j(b_1 \pm b_2)$$

$$A \cdot B = r_1\angle\theta_1 \cdot r_2\angle\theta_2 = r_1 r_2 \angle(\theta_1 + \theta_2)$$

$$\frac{A}{B} = \frac{r_1\angle\theta_1}{r_2\angle\theta_2} = \frac{r_1}{r_2}\angle(\theta_1 - \theta_2)$$

例 4-3 已知 $A = 3+j4$，$B = 4-j3$，求 AB 和 $\dfrac{A}{B}$。

解
$$AB = (3+j4) \times (4-j3) = 5\angle 53.1° \times 5\angle -36.9° = 25\angle 16.2°$$

$$\frac{A}{B} = \frac{3+j4}{4-j3} = \frac{5\angle 53.1°}{5\angle -36.9°} = 1\angle 90°$$

4.1.5 正弦量的相量表示法

用复数表示正弦量，并用于正弦电路分析计算的方法称为正弦量的相量法。设正弦电流为

$$i = I_m \sin(\omega t + \varphi) = \sqrt{2}I \sin(\omega t + \varphi)$$

我们把模等于正弦量的有效值，辐角等于正弦量的初相的复数，称为该正弦量的相

量。相量由该对应正弦量的模量符号顶上加一圆点"·"来表示。

相量的模等于正弦量的有效值时，称为有效值相量，用 $\dot{I}$ 表示。

$$\dot{I} = I \angle \varphi \qquad (4-12)$$

相量的模等于正弦量的最大值时，称为最大值相量，用 $\dot{I}_m$ 表示。

$$\dot{I}_m = I_m \angle \varphi \qquad (4-13)$$

将一些同频率正弦量的相量画在同一复平面上，所成的图形叫做相量图。

例 4 - 4 已知 $i_1 = 1.41 \sin\left(\omega t + \dfrac{\pi}{6}\right)$ A，

$$i_2 = 4\sqrt{2} \sin\left(\omega t - \dfrac{\pi}{3}\right) \text{ A}$$

写出 i_1 和 i_2 的相量并画出相量图。

解 i_1 的相量

$$\dot{I}_1 = \frac{1.41}{\sqrt{2}} \angle \frac{\pi}{6} = 1 \angle \frac{\pi}{6} \text{ A}$$

i_2 的相量为

$$\dot{I}_2 = \frac{4\sqrt{2}}{\sqrt{2}} \angle -\frac{\pi}{3} = 4 \angle -\frac{\pi}{3} \text{ A}$$

相量图见图 4 - 6 所示。

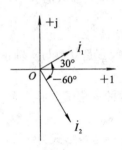

图 4 - 6　例 4 - 4 图

4.2　正弦交流电路中的电阻、电感、电容

4.2.1　电阻元件

1. 电压电流关系

在图 4 - 7(a)中，设电流为

$$i = \sqrt{2}I \sin(\omega t + \varphi_i)$$

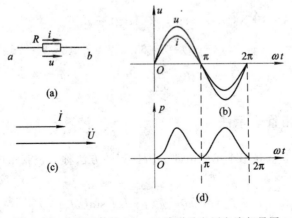

图 4 - 7　电阻元件的 i、u、p 波形及电压电流相量图

关联参考方向下电阻元件的电压、电流关系为

$$u = Ri = \sqrt{2}RI \sin(\omega t + \varphi_i) = \sqrt{2}U \sin(\omega t + \varphi_u)$$

上式表明电阻两端的电压 u 和电流 i 是同频率的正弦量，它们之间的关系如下：

$$U = IR \qquad\qquad\qquad (4-14)$$

$$\varphi_u = \varphi_i \qquad\qquad\qquad (4-15)$$

波形图如图 4-7(b)所示(设 $\varphi_i = 0$)。

相量关系为

$$\frac{\dot{U}}{\dot{I}} = \frac{U\angle\varphi_u}{I\angle\varphi_i} = R\angle(\varphi_u - \varphi_i) = R$$

即

$$\dot{U} = \dot{I}R \qquad\qquad\qquad (4-16)$$

式(4-16)既表明了 u, i 的相位关系，又表明了 u, i 的有效值关系，体现了相量形式的欧姆定律。相量图如图 4-7(c)所示。

2. 功率

在交流电路中，任意瞬间元件的电压瞬时值与电流瞬时值的乘积，叫做该元件的瞬时功率。用小写字母 p 表示。

设 $\varphi_i = 0$，电阻元件所吸收的瞬时功率为

$$\begin{aligned}p &= ui = \sqrt{2}U \sin\omega t \cdot \sqrt{2}I \sin\omega t \\ &= 2UI \sin^2\omega t = UI(1 - \cos 2\omega t)\end{aligned} \qquad (4-17)$$

p 的波形图如图 4-7(d)所示，它是随时间以两倍于电流的频率而变化的，但 p 的值总是正的，因为电阻是耗能元件。

瞬时功率无实用意义，因为在实际工程中都是计算一个周期内瞬时功率的平均值，称为平均功率或有功功率，简称功率。用大写字母 P 表示。

$$P = \frac{1}{T}\int_0^T p \, \mathrm{d}t = \frac{1}{T}\int_0^T UI(1 - \cos 2\omega t) \, \mathrm{d}t = UI = I^2R = \frac{U^2}{R} \qquad (4-18)$$

功率的单位是瓦(W)或千瓦(kW)。

例 4-5　一个电阻 $R = 100\ \Omega$，通过的电流 $i(t) = 1.41 \sin(\omega t + 60°)$A。试求：

(1) R 两端的电压相量 $\dot{U}$ 及瞬时值表达式 u；

(2) R 消耗的功率 P。

解　(1)电流相量为

$$\dot{I} = I\angle\varphi_i = \frac{1.41}{\sqrt{2}}\angle 60° = 1\angle 60°\ \text{A}$$

电压相量为

$$\dot{U} = \dot{I}R = 1\angle 60° \times 100 = 100\angle 60°\ \text{V}$$

电压瞬时值表达式为

$$u = \sqrt{2}U \sin(\omega t + \varphi_u) = 141 \sin(\omega t + 60°)\text{V}$$

(2)平均功率为

$$P = UI = 1 \times 100 = 100\ \text{W}$$

4.2.2 电感元件

1. 电压、电流关系

在图 4-8(a)中，设电流为

$$i = \sqrt{2}I \sin(\omega t + \varphi_i)$$

在关联参考方向下，电感元件的电压、电流关系为

$$u(t) = L \frac{\mathrm{d}i}{\mathrm{d}t} = \sqrt{2}\omega L I \cos(\omega t + \varphi_i)$$

$$= \sqrt{2}\omega L I \sin\left(\omega t + \varphi_i + \frac{\pi}{2}\right)$$

$$= \sqrt{2}U \sin(\omega t + \varphi_u)$$

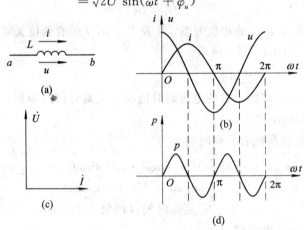

图 4-8 电感元件 i、u、p 波形及电压电流相量图

上式表明：电感两端电压 u 和电流 i 是同频率的正弦量，电压超前电流 $\frac{\pi}{2}$。它们之间的关系为

$$\varphi_u = \varphi_i + \frac{\pi}{2} \tag{4-19}$$

$$U = \omega L I \tag{4-20}$$

从式(4-20)可得

$$I = \frac{U}{\omega L}$$

即当 U 一定时，ωL 越大，I 就越小。ωL 反映了电感对正弦电流的阻碍作用，称为感抗，用 X_L 表示。

$$X_L = \omega L = 2\pi f L \tag{4-21}$$

X_L 的单位为欧姆(Ω)。

在 L 一定时，频率越高，感抗越大。当 $\omega = 0$ 时(直流)，$X_L = \omega L = 0$，电感元件如同短路。

感抗的倒数为

$$B_L = \frac{1}{X_L} = \frac{1}{\omega L}$$

B_L 称为感纳，单位为西门子(S)。

u，i 波形图如图 4-8(b)所示(设 $\varphi_i=0$)。

相量关系为

$$\frac{\dot{U}}{\dot{I}} = \frac{U\angle\varphi_u}{I\angle\varphi_i} = X_L\angle(\varphi_u-\varphi_i) = X_L\angle 90° = jX_L$$

即

$$\dot{U} = jX_L\dot{I} \tag{4-22}$$

式(4-22)不仅表明了电感元件电压、电流有效值的关系，也表明了它们之间的相位关系。

相量图如图 4-8(c)所示。

2. 功率

设 $\varphi_i=0$，关联参考方向下电感元件吸收的瞬时功率为

$$\begin{aligned}
p &= ui = \sqrt{2}U\sin\left(\omega t+\frac{\pi}{2}\right)\cdot\sqrt{2}I\sin\omega t\\
&= 2UI\sin\omega t\cos\omega t\\
&= UI\sin 2\omega t
\end{aligned}$$

可以看出，瞬时功率是以两倍于电流的频率，按正弦规律变化的，最大值为 UI。

瞬时功率 p 的波形如图 4-8(d)所示，从图中可以看出在电流的第一个 1/4 周期内，电流为正而且增加，电压和电流方向一致，$p>0$，电感元件从外部接受能量，转变为磁场能量储存着。第一个 1/4 周期末，电流达最大值，磁场能量达最大值；在第二个 1/4 周期内，电流减小，电压和电流方向相反，$p<0$，电感元件向外释放储能，磁场能量减少；到第二个 1/4 周期末，电流为零，磁场能量也为零，原先的储能全部释放给外部。电感中的能量就这样交替进行，在一个周期内吸收和放出的能量相等，即电感元件接收的平均功率为零，因为它是储能元件，不消耗能量，故只与外部进行能量的交换。P 也可以由下式计算出

$$P = \frac{1}{T}\int_0^T p\,dt = \frac{1}{T}\int_0^T UI\sin 2\omega t\,dt = 0 \tag{4-23}$$

为了衡量电感与外部进行能量交换的规模，引入了无功功率 Q_L，它是瞬时功率的最大值。

$$Q_L = UI = I^2X_L = \frac{U^2}{X_L} \tag{4-24}$$

Q_L 只反映电感中能量交换的速率，不是实际做功的功率，它的单位是乏(var)或千乏(kvar)。

例 4-6　一个电感线圈，已知电感 $L=0.1$ H，电阻可忽略不计，流过它的电流为 $i=15\sqrt{2}\sin(200t+10°)$A。试求：

(1) 该电感的感抗 X_L；

(2) 电感两端的电压相量 $\dot{U}$ 及瞬时值表达式 u；

(3) 无功功率 Q_L。

解　(1) 该电感的感抗

$$X_L = \omega L = 200\times 0.1 = 20\ \Omega$$

（2）电流相量为

$$\dot{I} = 15\angle 10° \text{ A}$$

电压相量为

$$\dot{U} = jX_L\dot{I} = \angle 90° \times 20 \times 15\angle 10° = 300\angle 100° \text{ V}$$

所以电压瞬时值表达式为

$$u = 300\sqrt{2}\sin(200t + 100°) \text{ V}$$

（3）无功功率

$$Q_L = UI = 15 \times 300 = 4500 \text{ var}$$

4.2.3 电容元件

1. 电压、电流关系

在图 4-9(a)中，设电压为

$$u = \sqrt{2}U\sin(\omega t + \varphi_u)$$

关联参考方向下，电容元件的电压、电流关系为

$$i = C\frac{du}{dt} = \sqrt{2}\omega CU\cos(\omega t + \varphi_u)$$

$$= \sqrt{2}\omega CU\sin\left(\omega t + \varphi_u + \frac{\pi}{2}\right)$$

$$= \sqrt{2}I\sin(\omega t + \varphi_i)$$

上式表明：电容两端电压 u 和电流 i 是同频率的正弦量，电流超前电压 $\pi/2$，它们之间的关系如下：

$$\varphi_i = \varphi_u + \frac{\pi}{2} \qquad\qquad (4-25)$$

$$U = \frac{1}{\omega C}I \qquad\qquad (4-26)$$

从式（4-26）可得

$$I = \frac{U}{\dfrac{1}{\omega C}}$$

当 U 一定时，$1/\omega C$ 越大，I 就越小。$1/\omega C$ 反映了电容对正弦电流的阻碍作用，称为容抗，用 X_C 表示。即

$$X_C = \frac{1}{\omega C} = \frac{1}{2\pi fC} \qquad\qquad (4-27)$$

X_C 的单位为欧姆（Ω）。

在 C 一定时，频率越高，容抗就越小。当 $\omega = 0$（直流）时，$X_C \to \infty$，电容元件如同开路。

容抗的倒数

$$B_C = \frac{1}{X_C} = \omega C$$

B_C 称为容纳，单位为西门子（S）。

u，i 波形图如图 4-9(b)所示(设 $\varphi_u=0$)。

相量关系为

$$\frac{\dot{U}}{\dot{I}} = \frac{U\angle\varphi_u}{I\angle\varphi_i} = X_C\angle-90° = -\mathrm{j}X_C$$

即

$$\dot{U} = -\mathrm{j}X_C\dot{I} \qquad\qquad (4-28)$$

式(4-28)不仅表明了电容元件电压、电流有效值的关系，也表明了它们之间的相位关系。
u，i 相量图如图 4-9(c)所示。

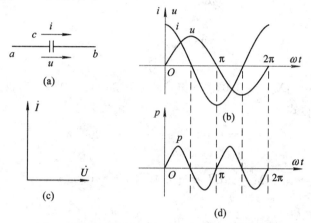

图 4-9　电容元件的 i、u、p 波形图及电压电流相量图

2. 功率

设 $\varphi_u=0$，关联参考方向下电容元件吸收的瞬时功率为

$$p = ui = \sqrt{2}U\sin\omega t \cdot \sqrt{2}I\sin\left(\omega t + \frac{\pi}{2}\right)$$
$$= 2UI\sin\omega t\cos\omega t$$
$$= UI\sin2\omega t$$

上式表明，瞬时功率是以两倍于电源的频率按正弦规律变化的，最大值为 UI。

瞬时功率 p 的波形图如图 4-9(d)所示。从图中可以看出，在电压的第一个 1/4 周期内，电压为正而且逐渐增加，电压和电流方向一致，$p>0$，电容元件从外部接收能量，转变为电场能量储存着；第一个 1/4 周期末，电压达最大值，电场能量达最大值；在第二个 1/4 周期内，电压减小，电压和电流方向相反，$p<0$，电容元件向外释放储能，电场能量减少；到第二个 1/4 周期末，电压为零，电场能量也为零，原先的储能全部释放给外部。电容中的能量就这样交替进行，在一个周期内吸收和放出的能量相等，即电容元件接收的平均功率为零，因为它是储能元件，不消耗能量，只与外部进行能量的交换。P 也可以由下式计算出

$$P = \frac{1}{T}\int_0^T p\,\mathrm{d}t = \frac{1}{T}\int_0^T UI\sin2\omega t\,\mathrm{d}t = 0 \qquad\qquad (4-29)$$

同样，为了衡量电容与外部进行能量交换的规模，引入无功功率 Q_C。

$$Q_C = -UI = -I^2X_C = -\frac{U^2}{X_C} \qquad\qquad (4-30)$$

无功功率 Q_C 的单位也是乏(var)或千乏(kvar)。

例 4-7 流过 0.5 F 电容的电流 $i = \sqrt{2}\sin(100t - 30°)$ A,试求:

(1) 该电容的容抗 X_C;

(2) 电容两端的电压相量 $\dot{U}$ 及瞬时值表达式 u;

(3) 无功功率 Q_C。

解 (1) 容抗

$$X_C = \frac{1}{\omega C} = \frac{1}{100 \times 0.5} = 0.02 \ \Omega$$

(2) 电流相量为

$$\dot{I} = 1\angle -30° \ \text{A}$$

电压相量为

$$\dot{U} = -jX_C\dot{I} = 0.02\angle -90° \times \angle -30° = 0.02\angle -120° \ \text{V}$$

电压瞬时值表达式为

$$u = 0.02\sqrt{2}\sin(100t - 120°) \ \text{V}$$

(3) 无功功率

$$Q_C = -UI = -0.02 \times 1 = -0.02 \ \text{var}$$

4.3 电路定律的相量形式

4.3.1 基尔霍夫定律的相量形式

KCL 适用于电路的任一瞬间,与元件性质无关,在交流电路的任一瞬间,连接在电路任一节点的各支路电流瞬时值的代数和为零,即

$$\sum i = 0 \tag{4-31}$$

在正弦交流电路中,各电流都是同频率的正弦量,把这些正弦量用相量表示,便有连接在电路任一节点的各支路电流的相量的代数和为零,即

$$\sum \dot{I} = 0 \tag{4-32}$$

这就是基尔霍夫电流定律的相量形式。

KVL 也适用于电路的任一瞬间,与元件性质无关,在交流电路的任一瞬间,任一回路的各段电压瞬时值代数和为零,即

$$\sum u = 0 \tag{4-33}$$

各电压为同频率正弦量时,把这些正弦量用相量表示,便有:任一回路的各段电压相量的代数和为零,即

$$\sum \dot{U} = 0 \tag{4-34}$$

这就是基尔霍夫电压定律的相量形式。

4.3.2　电路元件 R、L、C 的电压、电流关系的相量形式

电阻元件欧姆定律的相量形式

$$\dot{U} = R\dot{I}$$

电感元件欧姆定律的相量形式

$$\dot{U} = \mathrm{j}X_L\dot{I}$$

电容元件欧姆定律的相量形式

$$\dot{U} = -\mathrm{j}X_C\dot{I}$$

以上公式中，元件的电压和电流均取关联参考方向。

例 4-8　图 4-10(a)、(b)所示电路中，已知电流表 Ⓐ₁、Ⓐ₂、Ⓐ₃ 都是 10 A，求电路中电流表 Ⓐ 的读数。

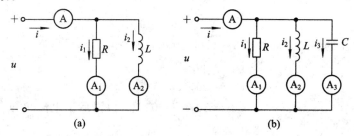

图 4-10　例 4-8 图

解　设端电压 $\dot{U} = U\angle 0°$ V。

（1）选定电流的参考方向如图(a)所示，则

$$\dot{I}_1 = 10\angle 0° \text{ A} \qquad （电流与电压同相）$$
$$\dot{I}_2 = 10\angle -90° \text{ A} \qquad （电流的相位滞后于电压 90°）$$

由 KCL 得

$$\dot{I} = \dot{I}_1 + \dot{I}_2 = 10\angle 0° + 10\angle -90° = 10 - \mathrm{j}10 = 10\sqrt{2}\angle -45° \text{ A}$$

所以电流表 Ⓐ 的读数为 $10\sqrt{2}$ A。（注意：这与直流电路是不同的，总电流不是 20 A。）

（2）选定电流的参考方向如图(b)所示，则

$$\dot{I}_1 = 10\angle 0° \text{ A}$$
$$\dot{I}_2 = 10\angle -90° \text{ A}$$
$$\dot{I}_3 = 10\angle 90° \text{ A} \qquad （电流的相位超前于电压 90°）$$

由 KCL 得

$$\dot{I} = \dot{I}_1 + \dot{I}_2 + \dot{I}_3 = 10\angle 0° + 10\angle -90° + 10\angle 90° = 10 - \mathrm{j}10 + \mathrm{j}10 = 10 \text{ A}$$

所以电流表 Ⓐ 的读数为 10 A。

例 4-9　图 4-11(a)、(b)所示电路中，已知电压表 Ⓥ₁、Ⓥ₂、Ⓥ₃ 的读数都是 50 V，试分别求各电路中电压表 Ⓥ 的读数。

解　设总的电流 $\dot{I} = I\angle 0°$ A。

（1）选定电压的参考方向如图 4-11(a)所示，则

$$\dot{U}_1 = 50\angle 0° \text{ V} \qquad （与电流同相）$$

$$\dot{U}_2 = 50 \angle 90° \text{ V} \quad （超前于电流 90°）$$

由 KVL 得

$$\dot{U} = \dot{U}_1 + \dot{U}_2 = 50 \angle 0° + 50 \angle 90° = 50 + \text{j}50 = 50\sqrt{2} \angle 45° \text{ V}$$

所以电压表 Ⓥ 的读数为 $50\sqrt{2}$ V。

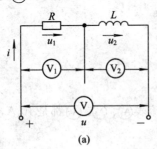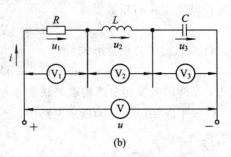

图 4 - 11 例 4 - 9 图

（2）选定电压的参考方向如图 4 - 11(b)所示，则

$$\dot{U}_1 = 50 \angle 0° \text{ V}$$

$$\dot{U}_2 = 50 \angle 90° \text{ V}$$

$$\dot{U}_3 = 50 \angle -90° \text{ V} \quad （滞后于电流 90°）$$

由 KVL 得

$$\dot{U} = \dot{U}_1 + \dot{U}_2 + \dot{U}_3 = 50 \angle 0° + 50 \angle 90° + 50 \angle -90° = 50 + \text{j}50 - \text{j}50 = 50 \text{ V}$$

所以电压表 Ⓥ 的读数为 50 V。

4.4 阻 抗 和 导 纳

4.4.1 阻抗

正弦交流电路中，设有一无源二端网络，端电压和电流均用相量表示，如图 4 - 12(a)所示。关联参考方向下，端口电压相量与电流相量的比值定义为阻抗 Z，即

$$Z = \frac{\dot{U}}{\dot{I}} \tag{4-35}$$

阻抗 Z 的单位是欧姆（Ω），用阻抗表示的无源二端网络的电路模型如图 4 - 12(b)所示。

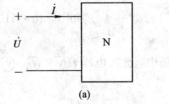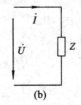

图 4 - 12 二端网络的复阻抗

由阻抗定义式可知，单一元件 R、L、C 的阻抗分别为

$$\left.\begin{array}{l} Z_R = R \\ Z_L = \mathrm{j}\omega L = \mathrm{j}X_L \\ Z_C = \dfrac{1}{\mathrm{j}\omega C} = -\mathrm{j}X_C \end{array}\right\} \qquad (4-36)$$

设二端网络的电压、电流相量分别为

$$\dot{U} = U\angle\varphi_u$$
$$\dot{I} = I\angle\varphi_i$$

则

$$Z = \frac{\dot{U}}{\dot{I}} = \frac{U\angle\varphi_u}{I\angle\varphi_i} = \frac{U}{I}\angle\varphi_u - \varphi_i = |Z|\angle\varphi \qquad (4-37)$$

可知 Z 是一个复数，$|Z|$ 和 φ 分别为阻抗的模和阻抗角。则

$$|Z| = \frac{U}{I} \qquad (4-38)$$

$$\varphi = \varphi_u - \varphi_i \qquad (4-39)$$

可见，阻抗的模等于端口电压和电流有效值之比，阻抗角等于电压与电流的相位差。

式(4-37)是阻抗的极坐标形式，也可写成代数形式，即

$$Z = R + \mathrm{j}X \qquad (4-40)$$

R 为阻抗的电阻，X 为阻抗的电抗。则

$$|Z| = \sqrt{R^2 + X^2} \qquad (4-41)$$

$$\varphi = \arctan\frac{X}{R} \qquad (4-42)$$

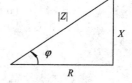

图 4-13　阻抗三角形

R、$|Z|$ 与 X 的关系也可用直角三角形表示，称为阻抗三角形，如图 4-13 所示。

4.4.2　导纳

阻抗的倒数叫做导纳，用 Y 表示，即

$$Y = \frac{1}{Z}$$

Y 也是复数，单位为西门子(S)。

$$Z = R + \mathrm{j}X$$

则

$$Y = \frac{1}{Z} = \frac{1}{R + \mathrm{j}X} = \frac{I}{U}\angle\varphi_i - \varphi_u = |Y|\angle\varphi' \qquad (4-43)$$

可见，导纳的模 $|Y|$ 等于电流有效值除以电压有效值，辐角 φ' 称为导纳角，等于电流与电压的相位差。

导纳的代数形式为

$$Y = G + \mathrm{j}B$$

式中，G 称为导纳的电导，B 称为导纳的电纳。

4.4.3 阻抗的串联和并联

正弦交流电路中的阻抗 Z 与直流电路中的电阻 R 是对应的，直流电路中的电阻的串并联公式同样可以扩展到正弦交流电路中，用于阻抗的串并联计算。

多个阻抗串联时，如图 4 – 14(a)所示，其总阻抗等于各个分阻抗之和，即

$$Z = Z_1 + Z_2 + \cdots + Z_n \tag{4-44}$$

多个阻抗并联时，如图 4 – 14(b)所示，其总阻抗的倒数等于各个分阻抗倒数之和，即

$$\frac{1}{Z} = \frac{1}{Z_1} + \frac{1}{Z_2} + \cdots + \frac{1}{Z_n}$$

上式可用导纳表示为

$$Y = Y_1 + Y_2 + \cdots + Y_n \tag{4-45}$$

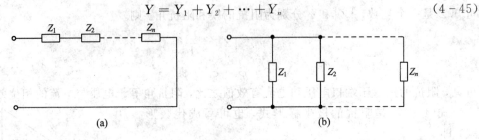

图 4 – 14　阻抗的串联、并联电路

4.5　RLC 串联、并联电路

4.5.1　RLC 串联电路

1. 电压电流关系

RLC 串联电路如图 4 – 15 所示，按习惯选各量参考方向示于图中，由于各元件电流相等，故以电流为正弦参考量。

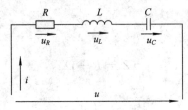

图 4 – 15　RLC 串联电路

设 $\dot{I} = I \angle 0°$，则各元件的电压相量分别为

$$\dot{U}_R = R\dot{I} \qquad \dot{U}_L = jX_L\dot{I} \qquad \dot{U}_C = -jX_C\dot{I}$$

由 KVL 得端口电压相量之间的关系为

$$\dot{U} = \dot{U}_R + \dot{U}_L + \dot{U}_C = \dot{I}[R + j(X_L - X_C)]$$

$$= \dot{I}(R + jX) = \dot{I}Z \tag{4-46}$$

端口电压大小之间的关系为

$$U = \sqrt{U_R^2 + (U_L - U_C)^2} \tag{4-47}$$

2. 电路的性质

RLC 串联电路有以下三种不同的性质：

（1）当电抗 $X>0$，即 $X_L>X_C$ 时，$U_L>U_C$，$\dot{U}_X=\dot{U}_L+\dot{U}_C$，比电流超前 $\pi/2$，阻抗角 $\varphi>0$，电压 $\dot{U}$ 超前电流 $\dot{I}$ 角度 φ，电感的作用大于电容的作用，此时电路呈感性。相量图如图 4-16(a) 所示。

（2）当电抗 $X<0$，即 $X_L < X_C$ 时，$U_L<U_C$，$\dot{U}_X=\dot{U}_L+\dot{U}_C$，比电流滞后 $\pi/2$，阻抗角 $\varphi<0$，电压 $\dot{U}$ 滞后电流 $\dot{I}$ 角度 φ，电容的作用大于电感的作用，此时电路呈容性。相量图如图 4-16(b) 所示。

（3）当电抗 $X=0$，即 $X_L=X_C$ 时，$U_L=U_C$，$\dot{U}_X=\dot{U}_L+\dot{U}_C=0$，阻抗角 $\varphi=0$，电压 $\dot{U}$ 与电流 $\dot{I}$ 同相，这样的电路叫串联谐振，此时电路呈电阻性。相量图如图 4-16(c) 所示。

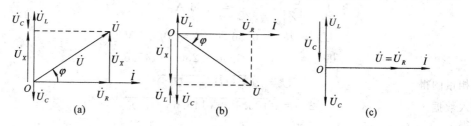

图 4-16　RLC 串联电路的相量图

例 4-10　一个 $R=5\ \Omega$，$L=150\ \text{mH}$ 的线圈和一个 $C=100\ \mu\text{F}$ 的电容器串联，接到 220 V 的工频电源上，$f=50\ \text{Hz}$，求电路中的电流及线圈的电压。

解
$$X_L=\omega L=2\pi fL=100\pi\times150\times10^{-3}=47.12\ \Omega$$

$$X_C=\frac{1}{\omega C}=\frac{1}{2\pi fC}=\frac{1}{100\pi\times100\times10^{-6}}=31.83\ \Omega$$

电路的阻抗
$$\begin{aligned}
Z&=R+\text{j}(X_L-X_C)\\
&=5+\text{j}(47.12-31.83)\\
&=5+\text{j}15.29\\
&=16.09\angle71.89°\ \Omega
\end{aligned}$$

设 $\dot{U}=220\angle0°$ V，则电路电流为
$$\dot{I}=\frac{\dot{U}}{Z}=\frac{220\angle0°}{16.09\angle71.89°}=13.67\angle-71.89°\ \text{A}$$

线圈阻抗为
$$Z_{RL}=R+\text{j}X_L=5+\text{j}47.12=47.38\angle83.94°\ \Omega$$

线圈电压为
$$\begin{aligned}
\dot{U}_{RL}&=\dot{I}Z_{RL}=47.38\angle83.94°\times13.67\angle-71.89°\\
&=647.7\angle12.05°\ \text{V}
\end{aligned}$$

例 4-11　用电感降压来调整的电风扇的等效电路如图 4-17(a) 所示，已知 $R=190\ \Omega$，$X_{L1}=260\ \Omega$，电源电压 $U=220\ \text{V}$，$f=50\ \text{Hz}$，要使 $U_2=180\ \text{V}$，问串联的电感 L_x 应为多少？

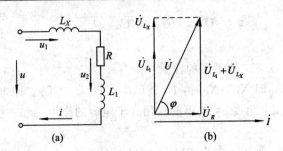

图 4 - 17　例 4 - 11 图

解　以 $\dot{I}$ 为参考量，即设 $\dot{I} = I\angle 0°$ A，如图 4 - 17(b)所示。由已知条件得

$$Z = R + \mathrm{j}X_{L1} = 190 + \mathrm{j}260\ \Omega = 322\angle 53.8°\ \Omega$$

所以

$$I = \frac{U_2}{|Z|} = \frac{180}{322} = 0.56\ \text{A}$$

$$U_R = IR = 0.56 \times 190 = 106.4\ \text{V}$$

$$U_{L1} = IX_{L1} = 0.56 \times 260 = 145.6\ \text{V}$$

由相量图得　　　　　　$$U = \sqrt{U_R^2 + (U_{L1} + U_{Lx})^2}$$

代入数据　　　　　　$$220 = \sqrt{106.4^2 + (145.6 + U_{Lx})^2}$$

解得

$$U_{Lx} = 46.96\ \text{V}$$

$$X_{Lx} = \frac{U_{Lx}}{I} = \frac{46.96}{0.56} = 83.9\ \Omega$$

$$L_x = \frac{X_{Lx}}{W} = \frac{X_{Lx}}{2\pi f} = \frac{83.9}{314} = 0.27\ \text{H}$$

4.5.2　*RLC* 并联电路

1. 电压电流关系

RLC 并联电路如图 4 - 18 所示，按习惯选各量参考方向示于图中，由于各元件电压相等，故以电压为正弦参考量。

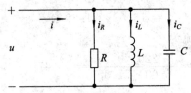

图 4 - 18　*RLC* 并联电路

设 $\dot{U} = U\angle 0°$，则各元件的电流相量分别为

$$\dot{I}_R = \frac{\dot{U}}{R} = G\dot{U}$$

$$\dot{I}_L = \frac{\dot{U}}{\mathrm{j}X_L} = -\mathrm{j}B_L\dot{U}$$

$$\dot{I}_C = \frac{\dot{U}}{-\mathrm{j}X_C} = \mathrm{j}B_C\dot{U}$$

由 KCL 得端口电流相量之间的关系为

$$\dot{I} = \dot{I}_R + \dot{I}_L + \dot{I}_C = \dot{U}[G + \mathrm{j}(B_C - B_L)]$$
$$= \dot{U}(G + \mathrm{j}B) = \dot{U}Y \qquad (4-48)$$

端口电流大小之间的关系为

$$I = \sqrt{I_R^2 + (I_C - I_L)^2} \qquad (4-49)$$

2. 电路的性质

RLC 并联电路有以下三种不同性质：

(1) 当电纳 $B>0$，即 $B_C>B_L$ 时，$I_C>I_L$，$\dot{I}_B=\dot{I}_C+\dot{I}_L$，比电压超前 $\pi/2$。端口电流超前端口电压，此时电路呈容性。相量图如图 4-19(a) 所示。

(2) 当电纳 $B<0$，即 $B_C<B_L$ 时，$I_C<I_L$，$\dot{I}_B=\dot{I}_C+\dot{I}_L$，比电压滞后 $\pi/2$。端口电流滞后端口电压，此时电路呈感性。相量图如图 4-19(b) 所示。

(3) 当电纳 $B=0$，即 $B_C=B_L$ 时，$I_C=I_L$，$\dot{I}_B=\dot{I}_C+\dot{I}_L=0$，端口电流与端口电压同相，这也是一种特殊情况，称为并联谐振。相量图如图 4-19(c) 所示。

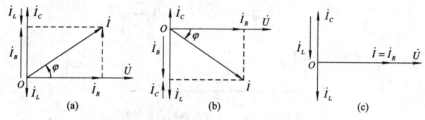

图 4-19 RLC 并联电路相量图

例 4-12 如图 4-20 所示并联电路中，已知端电压 $u = 220\sqrt{2}\sin(314t - 30°)$ V，$R_1 = R_2 = 6\ \Omega$，$X_L = X_C = 8\ \Omega$，试求：

(1) 总导纳 Y。

(2) 各支路电流 $\dot{I}_1$、$\dot{I}_2$ 和总电流 $\dot{I}$。

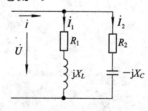

图 4-20 例 4-12 图

解 选 u、i、i_1、i_2 的参考方向如图 4-20 所示。由已知 $\dot{U} = 220\angle-30°$ V，有

(1) $\quad Y_1 = \dfrac{1}{R_1 + \mathrm{j}X_L} = \dfrac{1}{6 + \mathrm{j}8} = \dfrac{6 - \mathrm{j}8}{100} = 0.06 - \mathrm{j}0.08$ S

$\quad Y_2 = \dfrac{1}{R_2 - \mathrm{j}X_C} = \dfrac{1}{6 - \mathrm{j}8} = \dfrac{6 + \mathrm{j}8}{100} = 0.06 + \mathrm{j}0.08$ S

$\quad Y = Y_1 + Y_2 = 0.06 - \mathrm{j}0.08 + 0.06 + \mathrm{j}0.08 = 0.12$ S

(2) $\quad \dot{I}_1 = \dot{U}Y_1 = 220\angle-30° \times 0.1\angle-53.1° = 22\angle-83.1°$ A

$\quad \dot{I}_2 = \dot{U}Y_2 = 220\angle-30° \times 0.1\angle53.1° = 22\angle23.1°$ A

$\quad \dot{I} = \dot{U}Y = 220\angle-30° \times 0.12 = 26.4\angle-30°$ A

4.6　正弦交流电路中的相量分析

　　前面分析的都是简单的正弦交流电路，对于任意复杂的正弦交流电路，如果构成电路的电阻、电感、电容元件都是线性的，电路中各部分的响应（电压、电流）都是和电源同频率的正弦量。于是，可将正弦交流电路中的所有激励和响应用相量表示，对每一个不含独立源的二端网络（或元件）引用阻抗（或导纳），用分析计算线性电阻性电路的方法和定理可类推来分析计算正弦交流电路，这样的方法称为相量分析法。

　　用相量分析法时，在电路图中，常对每一个激励和响应都注以它的相量，对每一个无源二端网络（或元件）都注以它的复阻抗或复导纳，以便仿用电阻性电路的方法，这样的图形叫做原电路的相量模型。如 RLC 串联电路的相量模型，如图 4 - 21 所示。

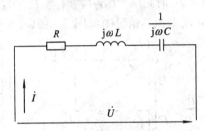

图 4 - 21　RLC 串联电路的相量模型

　　在第 2 章中所讲到的直流电路的各种计算方法、定理和公式也适用正弦交流电路，其差别仅在于以前公式中的电阻被阻抗取代，电导被导纳取代，电压和电流则被电压相量和电流相量取代。

　　例 4 - 13　如图 4 - 22 所示，已知 $R_1 = 7\ \Omega$，$R_2 = 3\ \Omega$，

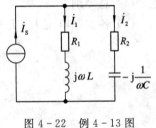

图 4 - 22　例 4 - 13 图

$\omega L = 52\ \Omega$，$\dfrac{1}{\omega C} = 57\ \Omega$，$\dot{I}_S = 5\angle 0^\circ$ A，试求：

（1）等效阻抗；

（2）支路电流 $\dot{I}_1$、$\dot{I}_2$。

　　解　（1）　$Z_1 = R_1 + j\omega L = 7 + j52\ \Omega$

$$Z_2 = R_2 - j\,\frac{1}{\omega C} = 3 - j57\ \Omega$$

等效阻抗为

$$Z = \frac{Z_1 \times Z_2}{Z_1 + Z_2} = \frac{(7 + j52)(3 - j57)}{7 + j52 + 3 - j57} = 267.88\angle 21.92^\circ\ \Omega$$

（2）支路电流 $\dot{I}_1$、$\dot{I}_2$ 分别为

$$\dot{I}_1 = \dot{I}_S\,\frac{Z_2}{Z_1 + Z_2} = \frac{3 - j57}{7 + j52 + 3 - j57} \times 5\angle 0^\circ = 25.53\angle -60.41^\circ\ \text{A}$$

$$\dot{I}_2 = \dot{I}_S - \dot{I}_1 = 5\angle 0^\circ - 25.53\angle -60.41^\circ = 23.47\angle 108.92^\circ\ \text{A}$$

　　例 4 - 14　如图 4 - 23 所示电路中，已知 $\dot{U}_{S1} = 220\angle 0^\circ$ V，$\dot{U}_{S2} = 220\angle -20^\circ$ V，$Z_1 = j20\ \Omega$，$Z_2 = j10\ \Omega$，$Z_3 = 40\ \Omega$，试求 Z_3 的电流 $\dot{I}_3$。

解 采用戴维南定理进行计算：

Z_3 所接二端网络的开路电压相量为

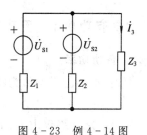

$$\dot{U}_{OC} = \frac{Y_1 \dot{U}_{S1} + Y_2 \dot{U}_{S2}}{Y_1 + Y_2} = \frac{\dfrac{220\angle 0°}{j20} + \dfrac{220\angle -20°}{j10}}{\dfrac{1}{j20} + \dfrac{1}{j10}}$$

$$= 217\angle -13.36° \text{ V}$$

图 4-23 例 4-14 图

Z_3 所接二端网络除源后的总阻抗为

$$Z_i = \frac{Z_1 Z_2}{Z_1 + Z_2} = \frac{j20 \times j10}{j20 + j10} = j6.667 \ \Omega$$

则

$$\dot{I}_3 = \frac{\dot{U}_{OC}}{Z_i + Z_3} = \frac{217\angle -13.36°}{40 + j6.667} = 5.351\angle -22.82° \text{ A}$$

此题还可用支路电流法、节点电压法解之，请读者自己分析。

4.7 正弦交流电路中的功率

4.7.1 瞬时功率

以正弦交流电路中一个二端网络为对象，取关联参考方向，设其电压、电流为

$$u = \sqrt{2}U \sin(\omega t + \varphi)$$

$$i = \sqrt{2}I \sin\omega t$$

式中，φ 即为网络的阻抗角。

网络吸收的瞬时功率为

$$\begin{aligned}
p = ui &= \sqrt{2}U \sin(\omega t + \varphi) \sqrt{2}I \sin\omega t \\
&= 2UI \sin\omega t \sin(\omega t + \varphi) \\
&= 2UI \sin\omega t [\sin\omega t \cos\varphi + \cos\omega t \sin\varphi] \\
&= UI \cos\varphi(1 - \cos2\omega t) + UI \sin2\omega t \sin\varphi \\
&= p_a(t) + p_r(t)
\end{aligned}$$

上式表明，瞬时功率由 $p_a(t)$，$p_r(t)$ 两个分量组成。其中分量

$$p_a(t) = UI \cos\varphi(1 - \cos2\omega t)$$

$p_a(t)$ 总是正值，类似于电阻元件的瞬时功率，它是网络接受能量的瞬时功率，它的平均值为 $UI \cos\varphi$。

分量

$$p_r(t) = UI \sin\varphi \sin2\omega t$$

是正弦量，类似于电感、电容的瞬时功率，它是网络与其外部交换能量的瞬时功率，它的最大值是 $UI \sin\varphi$。

4.7.2 有功功率、无功功率、视在功率和功率因数

1. 有功功率

上述 $p_r(t)$ 的平均值为零，所以网络接收的有功功率 P 就等于 $p_a(t)$ 的平均值。

$$P = UI \cos\varphi \tag{4-50}$$

如果二端网络仅由 R、L、C 元件组成，可以证明，有功功率 P 等于各电阻消耗的平均功率之和，即

$$P = U_R I_R = I_R^2 R = \frac{U_R^2}{R}$$

2. 无功功率

交流电路中，除了消耗能量外，还存在着能量的交换。电路的无功功率 Q 为 $p_r(t)$ 的最大值。即

$$Q = UI \sin\varphi \tag{4-51}$$

3. 视在功率

交流电路中，电压与电流有效值的乘积，称为视在功率，用 S 表示，

$$S = UI = \sqrt{P^2 + Q^2} \tag{4-52}$$

单位为伏安(VA)或千伏安(kVA)。

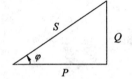

图 4-24　功率三角形

有功功率 P、无功功率 Q 和视在功率 S 组成一个直角三角形，称为功率三角形。如图 4-24 所示。

4. 功率因数

有功功率与视在功率的比值叫做网络的功率因数，用 λ 表示，即

$$\lambda = \frac{P}{S} = \cos\varphi = \frac{R}{|Z|} \tag{4-53}$$

4.7.3 复功率

如二端网络端口电压相量为 $\dot{U} = U\angle\theta_u$，端口电流相量 $\dot{I} = I\angle\theta_i$ 的共轭复数为 $\dot{I}^* = I\angle-\theta_i$，定义复功率 $\tilde{S}$ 为

$$\tilde{S} = \dot{U}\dot{I}^* = U\angle\theta_u \cdot I\angle-\theta_i = UI\angle\theta_u-\theta_i = UI\angle\varphi$$
$$= UI \cos\varphi + jUI \sin\varphi = P + jQ \tag{4-54}$$

所以复功率是这样的一个复数：它的模是网络的视在功率，它的辐角的余弦等于功率因数，它的实部是有功功率，它的虚部是无功功率。

可以证明：由于整个电路的有功功率和无功功率平衡，则整个电路的复功率平衡，即有功功率和无功功率可以直接相加减，复功率也是可以直接相加减的。值得注意的是，视在功率是不可以直接相加减的。

例 4-15 把一个线圈接到工频的正弦电源上，分别用电压表、电流表、功率表测得它的电压 $U = 110$ V，电流 $I = 5$ A，功率 $P = 400$ W，试求线圈的 R 和 L。

解 电路的功率是 R 所消耗的功率，可得

$$R = \frac{P}{I^2} = \frac{400}{5^2} = 16 \ \Omega$$

电路阻抗

$$|Z| = \frac{U}{I} = \frac{110}{5} = 22 \ \Omega$$

$$X_L = \sqrt{|Z|^2 - R^2} = \sqrt{22^2 - 16^2} = 15 \ \Omega$$

$$L = \frac{X_L}{\omega} = \frac{X_L}{2\pi f} = \frac{15}{2 \times 3.14 \times 50} = 0.048 \ \text{H}$$

例 4 - 16　已知一个 R，L 串联电路，$u = 220\sqrt{2}\ \sin(\omega t + 20°)\text{V}$，$R = 30 \ \Omega$，$X_L = 40 \ \Omega$，计算电路的有功功率、无功功率及视在功率。

解　电路的阻抗

$$Z = R + jX_L = 30 + j40 = 50\angle 53.1° \ \Omega$$

电流

$$I = \frac{U}{|Z|} = \frac{220}{50} = 4.4 \ \text{A}$$

有功功率

$$P = UI\ \cos\varphi = 220 \times 4.4\ \cos 53.1° = 580.8 \ \text{W}$$

无功功率

$$Q = UI\ \sin\varphi = 220 \times 4.4\ \sin 53.1° = 774.4 \ \text{var}$$

视在功率

$$S = UI = 220 \times 4.4 = 968 \ \text{VA}$$

或

$$P = I^2 R = 4.4^2 \times 30 = 580.8 \ \text{W}$$

$$Q = I^2 X_L = 4.4^2 \times 40 = 774.4 \ \text{var}$$

4.7.4　最大功率传输

在实际问题中，有时需要研究负载在什么条件下能获得最大功率，这类问题可以归结为一个二端网络向负载传送功率的问题。根据戴维南定理，最终可以简化成如图 4 - 25 所示的电路相量模型。

图中 $\dot{U}_S$ 为等效电源的电压相量（即二端网络的开路电压相量），$Z_S = R_S + jX_S$ 为戴维南等效阻抗，$Z_L = R_L + jX_L$ 为负载的等效阻抗。

电路中电流相量为

$$\dot{I} = \frac{\dot{U}_S}{Z_S + Z_L} = \frac{\dot{U}_S}{(R_S + R_L) + j(X_S + X_L)}$$

电流的有效值为

$$I = \frac{U_S}{\sqrt{(R_S + R_L)^2 + (X_S + X_L)^2}}$$

负载吸收的功率为

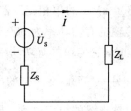

图 4 - 25　有阻的交流电源

$$P_L = I^2 R_L = \frac{U_S^2 R_L}{(R_S + R_L)^2 + (X_S + X_L)^2}$$

一般来讲，U_S、R_S、X_S 是不变的，若 R_L、X_L 均能随意改变，此时获得最大功率的条件为

$$\begin{cases} (X_S + X_L)^2 = 0 \\ \dfrac{\mathrm{d}}{\mathrm{d}R_L}\left[\dfrac{(R_S + R_L)^2}{R_L}\right] = 0 \end{cases}$$

由上式可得负载获得最大功率的条件为

$$X_L = - X_S \tag{4-55}$$

$$R_L = R_S \tag{4-56}$$

即

$$Z_L = Z_S^*$$

这一关系称为共轭匹配，此时的最大功率为

$$P_{max} = \frac{U_S^2}{4R_S} \tag{4-57}$$

当负载为纯电阻时，即 $Z_L = R_L$，此时获得最大功率的条件为

$$R_L = \sqrt{R_S^2 + X_S^2} = |Z_S| \tag{4-58}$$

这一关系称为模匹配，最大功率为

$$P_{max} = \frac{U_S^2}{2|Z_S| + 2R_S} \tag{4-59}$$

4.7.5 功率因数的提高

1. 提高功率因数的意义

在式(4-53)中给出了功率因数的定义。

在交流电路中，负载多为感性负载，其 λ 较低，$\lambda \neq 1$。它的无功功率就不等于 0，这就意味着电源供出的能量中总有一部分在负载和电源之间进行交换，λ 越低，交换部分所占的比例就越大。

为了充分利用电源设备的容量，就需要提高电路负载的功率因数。例如一台额定容量为 800 kVA 的单相变压器，若在额定电压、额定电流下运行，当负载的功率因数 $\lambda = 1$ 时，它传输的有功功率为 800 kW，它的容量就能得到充分的利用；当负载的功率因数 λ 降为 0.8 时，它传输的有功功率就降为 640 kW，变压器的容量利用就较差。

另一方面，在一定的电压下向负载输送一定的有功功率时，因 $I = \dfrac{P}{U\lambda}$，负载的 λ 越低，通过输电线的电流越大，导线电阻的能量损耗和导线阻抗的电压降落也越大。

功率因数是电力系统中的重要指标，应设法提高功率因数。

2. 提高功率因数的方法

提高感性负载功率因数的常用方法之一是在其两端并联电容器。如图 4-26(a)，感性负载并联电容器后，利用超前的容性电流补偿滞后的感性电流，进行一部分能量交换，减少了电源和负载间的能量交换，从而提高了功率因数。

　　利用相量图，可以说明感性负载并联一个电容后，能把功率因数提高，如图 4-26(b)。

　　未并联电容前，线路中的电流 $\dot{I}$ 等于感性负载的电流 $\dot{I}_1$，阻抗角为 φ_1（φ_1 也称为功率因数角）。并联电容后，负载的电流 $\dot{I}_1$，端电压 $\dot{U}$，阻抗角 φ_1 均未变，但线路中的电流 $\dot{I}$ 变了，此时 $\dot{I}=\dot{I}_1+\dot{I}_C$，结合图 4-26(b)可见，其结果使得 $I<I_1$，φ_1 减小到 φ_2，因此整个电路的功率因数从 $\cos\varphi_1$ 提高到 $\cos\varphi_2$。若不断地并联电容，从而增加 $\dot{I}_C$ 的大小，则 φ_2 会继续减小，直至趋近于 0，即功率因数 $\lambda=\cos\varphi$ 趋近于 1，当 $\varphi=0$ 时，功率因数 $\lambda=1$，整个电路相当于"纯电阻"电路。也就是说，此时发生了并联谐振（见第 6 章相关内容）。同时，电流 $\dot{I}$ 也随着功率因数角 φ 的减小而减小，趋近于水平方向，当达到并联谐振时，$\dot{I}=\dot{I}_R$，电流 I 达到最小。

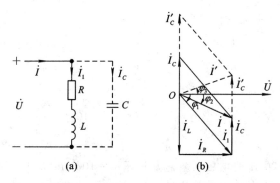

图 4-26　提高功率因数的原理

　　值得注意的是，如果并联电容过多，就会造成出现 $\dot{I}_C$ 过大的情况，如图 4-26(b)虚线部分的相量表示。此时，容性电流 $\dot{I}'_C$ 的大小超过 $\dot{I}_1$ 中的感性电流 $\dot{I}_L$ 的大小。结合公式（4-49）可以看出，I 开始逐渐增大，功率因数角 φ 也开始逐渐增大，即功率因数 $\lambda=\cos\varphi$ 开始减小。

　　由此我们发现，不能过多地使用并联电容的方法来提高功率因数，否则会适得其反。一般情况下，我们将功率因数提高到 0.9 左右即可。从经济角度来讲，继续提高功率因数就不划算了。

　　若要将功率因数从 $\cos\varphi_1$ 提高到 $\cos\varphi_2$，所需的电容值为

$$C=\frac{P}{\omega U^2}(\tan\varphi_1-\tan\varphi_2) \tag{4-60}$$

补偿的无功功率的大小为

$$Q_C=P(\tan\varphi_1-\tan\varphi_2) \tag{4-61}$$

习　题

　　4.1　已知一正弦电压振幅为 310 V，频率为 50 Hz，初相为 $-\dfrac{\pi}{6}$，试写出其解析式，并绘出波形图。

　　4.2　已知一正弦电流 $i=40\sin\left(100\pi t-\dfrac{\pi}{3}\right)$ A。试写出其振幅、角频率、频率、周期和初相。

4.3 三个正弦电流 i_1、i_2 和 i_3 的最大值分别为 1 A、2 A、3 A，已知 i_2 的初相为 30°，i_1 较 i_2 超前 60°，较 i_3 滞后 150°，试分别写出三个电流的解析式。

4.4 将下列复数写成极坐标形式：

(1) 3+j4   (2) −4+j3   (3) 6−j8

(4) −10+j10   (5) j10   (6) 24+j8

4.5 将下列复数写成代数形式：

(1) $10\angle 60°$ (2) $8\angle 90°$ (3) $10\angle -90°$

(4) $100\angle 0°$ (5) $220\angle -120°$ (6) $5\angle 120°$

4.6 已知两复数 $Z_1=8+j6$，$Z_2=10\angle -60°$，求 Z_1+Z_2，$Z_1 \cdot Z_2$，Z_1/Z_2。

4.7 写出下列各正弦量对应的相量

(1) $u_1=220\sqrt{2}\sin(\omega t+120°)\text{V}$ (2) $i_1=10\sqrt{2}\sin(\omega t+60°)\text{A}$

(3) $u_2=311\sin(\omega t-200°)\text{V}$ (4) $i_2=5\sqrt{2}\sin\omega t\ \text{A}$

4.8 写出下列相量对应的正弦量（$f=50$ Hz）：

(1) $\dot{U}_1=220\angle \dfrac{\pi}{3}$ V   (2) $\dot{I}_1=10\angle -45°$ A

(3) $\dot{U}_2=-j100$ V   (4) $\dot{I}_2=6+j8$ A

4.9 在一个 $R=20\ \Omega$ 的电阻两端施加电压 $u=100\sin(314t-60°)\text{V}$，写出电阻上电流的解析式，并作出电压和电流的相量图。

4.10 已知在 10 Ω 的电阻上通过的电流为 $i=5\sin\left(314t-\dfrac{\pi}{6}\right)$ A，试求电阻上电压的有效值，并求电阻接收的功率为多少。

4.11 已知电感线圈 $L=35$ mH，电阻忽略不计，外接电压 $u=220\sqrt{2}\sin\left(314t+\dfrac{\pi}{4}\right)$ V，求：感抗 X_L，电流 i 的解析式；线圈的无功功率；并作出 $\dot{U}$ 及 $\dot{I}$ 的相量图。

4.12 电容元件电路中，已知 $C=4.7\ \mu\text{F}$；$f=50$ Hz；$i=0.2\sqrt{2}\sin(\omega t-60°)$ A。求 $\dot{U}_C$，并作相量图。

4.13 把一个 $C=100\ \mu\text{F}$ 的电容，先后接于 $f_1=50$ Hz 和 $f_2=60$ Hz，电压为 220 V 的电源上，试分别计算上述情况下的 X_C、I_C 和 Q_C。

4.14 如图 4-27 所示电路中，已知电流表 (A_1)、(A_2) 的读数均为 20 A，求电路中电流表 (A) 的读数。

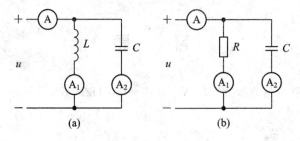

图 4-27 题 4.14 图

4.15　如图 4 - 28 所示电路中，已知电压表 (V₁)、(V₂) 的读数均为 50 V，求电路中电压表 (V) 的读数。

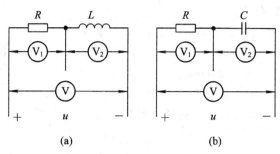

(a)　　　　　　　　　(b)

图 4 - 28　题 4.15 图

4.16　一个 R、L 串联电路，已知 $u=220\sqrt{2}\sin(\omega t+20°)$V，$R=30\ \Omega$，$X_L=40\ \Omega$。求电流 i，电路的有功功率 P，无功功率 Q 及视在功率 S。

4.17　在 RLC 串联电路中，已知 $R=10\ \Omega$，$X_L=5\ \Omega$，$X_C=15\ \Omega$，电源电压 $u=200\sin(\omega t+30°)$V。求：

(1) 此电路的复阻抗 Z，并说明电路的性质；

(2) 电流 $\dot{I}$ 和电压 $\dot{U}_R$、$\dot{U}_L$、$\dot{U}_C$；

(3) 绘电压、电流的相量图。

4.18　在图 4 - 29 所示电路中，$\dot{U}=100\angle-30°$V，$R=4\ \Omega$，$X_L=5\ \Omega$，$X_C=15\ \Omega$。试求电流 $\dot{I}_1$、$\dot{I}_2$ 和 $\dot{I}$，并绘出相量图。

4.19　在图 4 - 30 所示电路中，已知 $\dot{I}_S=2\angle0°$A，$Z_0=1+j1\ \Omega$，$Z_1=6-j8\ \Omega$，$Z_2=10+j10\ \Omega$。求图中 $\dot{I}_1$、$\dot{I}_2$ 和 $\dot{U}_0$。

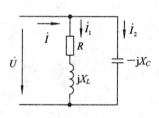

图 4 - 29　题 4.18 图

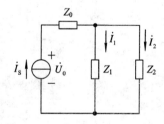

图 4 - 30　题 4.19 图

4.20　分别列出图 4 - 31 所示电路的网孔电流方程和节点电压方程。

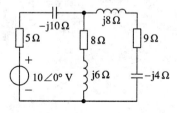

图 4 - 31　题 4.20 图

4.21　用三表法测得一线圈在电路中 $P=120$ W，$U=100$ V，$I=2$ A，电源的频率 $f=50$ Hz。求：

(1) 该线圈的参数 R、L；

(2) 线圈的 Q、S 及 $\cos\varphi$。

4.22　已知某一无源网络的等效阻抗 $Z=10\angle 60°$ Ω，外加电压 $\dot{U}=220\angle 15°$ V，求该网络的功率 P、Q、S 及功率因数 $\cos\varphi$。

4.23　在一电压为 380 V，频率为 50 Hz 的电源上，接有一感性负载，测得其 $P=300$ kW，$\cos\varphi=0.65$。现需将功率因数提高到 0.9，试问应并联多大的电容？

第5章　非正弦周期电流电路

学习目标

通过本章的学习、训练，学生应了解非正弦周期函数及其分解；掌握非正弦周期电流电路中的有效值、平均值及平均功率的计算；掌握非正弦周期电流电路的分析方法——谐波分析法。

本章知识点

- 非正弦周期量的分解。
- 周期电流、电压的有效值、平均值、平均功率。
- 非正弦周期电流电路的计算。

本章重点和难点

- 周期电流、电压的有效值、平均值、平均功率。
- 非正弦周期电流电路的计算。

前面几章我们讲述了正弦电流电路的性质和分析方法，但在实际工程中，经常会遇到电流、电压不按正弦变化的非正弦交流电路。如电力工程中应用的正弦激励也只是近似的，发电机和变压器等设备中均存在非正弦周期电流和电压；在通信工程、自动控制和电子技术中，脉冲信号被广泛应用，其电流和电压也是非正弦的。因此，介绍非正弦交流电路是非常必要的。

5.1　非正弦周期电流电路

5.1.1　非正弦周期信号

在生产实践和科学实验中，通常会遇到按非正弦规律变化的电源和信号。例如，在电力工程中，交流发电机发出的电压波形实际上是一种近似正弦波，如图5-1所示。电子线路中的信号源的电压很多情况下也是非正弦的。例如，收音机天线同时接收几个不同频率的正弦信号，他们叠加起来却是非正弦信号；计算机、自动控制等技术领域内大量应用的脉冲电路中，电压和电流的波形是脉冲波、方波，电子示波器中扫描电压的波形是锯齿波；在无线电工程和其他电子

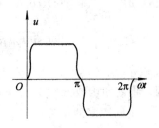

图5-1　交流发电机发出的电压波形

工程中，由语音、音乐、图像转换过来的电信号也是非正弦信号。常见的非正弦波形，如图 5-2 所示。

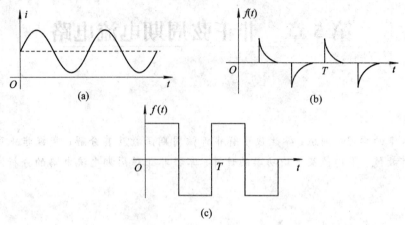

图 5-2 非正弦波形图

非正弦信号可分为周期性和非周期性两种。含有周期性非正弦信号的电路，称为非正弦周期电流电路。

5.1.2 非正弦周期函数分解为傅里叶级数

从高等数学中知道，凡是满足狄里赫利条件的周期函数可分解为傅里叶级数。在电工技术中所遇到的周期函数通常都满足这个条件，因此都可以分解为傅里叶级数。

设 $f(t)$ 为一个非正弦周期函数，其周期为 T，角频率 $\omega = \dfrac{2\pi}{T}$，则 $f(t)$ 的傅里叶级数展开式为

$$f(t) = a_0 + \sum_{k=1}^{\infty}(a_k \cos k\omega t + b_k \sin k\omega t) \tag{5-1}$$

式中，a_0 为 $f(t)$ 的直流分量；$a_k \cos k\omega t$ 为余弦项，$b_k \sin k\omega t$ 为正弦项；a_0、a_k、b_k 为傅里叶系数。

傅里叶系数（a_0、a_k、b_k）的计算公式如下：

$$\left.\begin{aligned}
a_0 &= \frac{1}{T}\int_0^T f(t)\,\mathrm{d}t = \frac{1}{2\pi}\int_0^{2\pi} f(t)\,\mathrm{d}(\omega t)\\
a_k &= \frac{2}{T}\int_0^T f(t)\cos k\omega t\,\mathrm{d}t = \frac{1}{\pi}\int_0^{2\pi} f(t)\cos k\omega t\,\mathrm{d}(\omega t)\\
b_k &= \frac{2}{T}\int_0^T f(t)\sin k\omega t\,\mathrm{d}t = \frac{1}{\pi}\int_0^{2\pi} f(t)\sin k\omega t\,\mathrm{d}(\omega t)
\end{aligned}\right\} \quad k = 1,2,3,\cdots$$

$$\tag{5-2}$$

可见，将周期函数分解为傅里叶级数，实质上就是计算傅里叶系数 a_0、a_k、b_k。若把式（5-1）中同频率的正弦项与余弦项合并，就可以得到傅里叶级数的另一种常用表达方式：

$$f(t) = A_0 + \sum_{k=1}^{\infty} A_{km}\sin(k\omega t + \theta_k) \tag{5-3}$$

式（5-2）与（5-3）要满足下列关系：

$$A_0 = a_0$$
$$A_{km} = \sqrt{a_k{}^2 + b_k{}^2}$$
$$\theta_k = \arctan \frac{a_k}{b_k}$$
$$a_k = A_{km} \sin\theta_k$$
$$b_k = A_{km} \cos\theta_k$$

$$(5-4)$$

式(5-3)中，A_0是不随时间变化的常数，称为 $f(t)$ 的直流分量或恒定分量，它就是 $f(t)$ 在第一个周期内的平均值；第二项 $A_{1m} \sin(\omega t + \theta_1)$，其周期或频率与原函数 $f(t)$ 的周期或频率相同，称为基波或一次谐波；其余各项的频率为基波频率的整数倍，分别为二次、三次、$\cdots$、k 次谐波，统称为高次谐波，k 为奇数的谐波称为奇次谐波，k 为偶数的谐波为偶次谐波。

将一个非正弦周期函数 $f(t)$ 分解为直流分量和无穷多个频率不同的谐波分量之和，称为谐波分析。此谐波分析可利用式(5-1)～(5-4)进行，实际工程中很少用这种计算方法，而是直接查有关资料中的相关表格，对照其波形直接查出展开式。

电工技术中常见的几种周期函数波形及其傅里叶级数展开式如表 5-1 所示。

由于傅里叶级数通常收敛很快，所以在工程实际中，对非正弦信号进行谐波分析时，只取其傅里叶级数展开式的前几项就能满足其准确度的要求，所取项数的多少，应根据波形情况和所需要计算的精确度来决定。

表 5-1　几种周期函数

名称	波形图	傅里叶级数	有效值
正弦波		$f(t) = A_m \sin\omega t$	$\dfrac{A_m}{\sqrt{2}}$
梯形波		$f(t) = \dfrac{4A_m}{\alpha\pi}\left(\sin\alpha\ \sin\omega t + \dfrac{1}{9}\sin3\alpha\ \sin3\omega t \right.$ $\left. + \dfrac{1}{25}\sin5\alpha\ \sin5\omega t + \cdots + \dfrac{1}{k^2}\sin k\alpha\ \sin k\omega t + \cdots \right)$ （k 为奇数）	$A_m\sqrt{1 - \dfrac{4\alpha}{3\pi}}$
三角波		$f(t) = \dfrac{8A_m}{\pi^2}\left(\sin\omega t - \dfrac{1}{9}\sin3\omega t + \dfrac{1}{25}\sin5\omega t + \cdots \right.$ $\left. + \dfrac{(-1)^{\frac{k-1}{2}}}{k^2}\sin k\omega t + \cdots \right)$　（k 为奇数）	$\dfrac{A_m}{\sqrt{3}}$

名称	波形图	傅里叶级数	有效值
矩形波	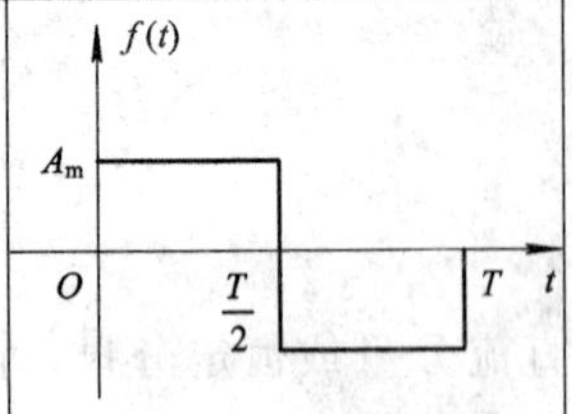	$f(t)=\dfrac{4A_{\mathrm m}}{\pi}\Big(\sin\omega t+\dfrac{1}{3}\sin3\omega t+\dfrac{1}{5}\sin5\omega t+\cdots$ $+\dfrac{1}{k}\sin k\omega t+\cdots\Big)$ （k 为奇数）	$A_{\mathrm m}$
半波整流波	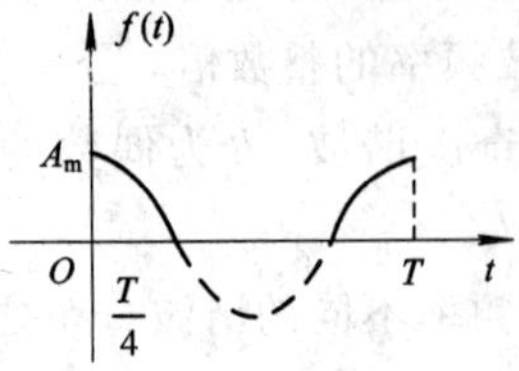	$f(t)=\dfrac{2A_{\mathrm m}}{\pi}\Big(\dfrac{1}{2}+\dfrac{\pi}{4}\cos\omega t+\dfrac{1}{1\times3}\cos2\omega t$ $-\dfrac{1}{3\times5}\cos4\omega t+\dfrac{1}{5\times7}\cos6\omega t-\cdots+\cdots$ $-\dfrac{\cos\frac{k\pi}{2}}{k^2-1}\cos k\omega t+\cdots\Big)$ （$k=2,4,6\cdots$）	$\dfrac{A_{\mathrm m}}{2}$
全波整流波	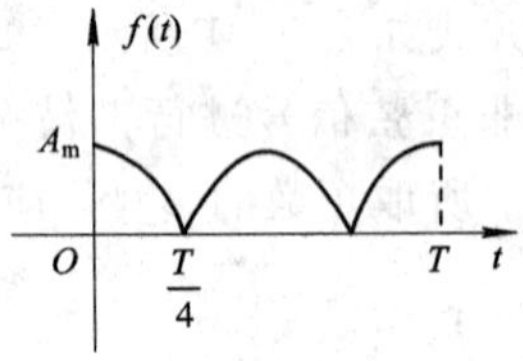	$f(t)=\dfrac{4A_{\mathrm m}}{\pi}\Big(\dfrac{1}{2}+\dfrac{1}{1\times3}\cos2\omega t-\dfrac{1}{3\times5}\cos4\omega t$ $+\cdots-\dfrac{\cos\frac{k\pi}{2}}{k^2-1}\cos k\omega t+\cdots\Big)$ （$k=2,4,6\cdots$）	$\dfrac{A_{\mathrm m}}{\sqrt2}$
锯齿波	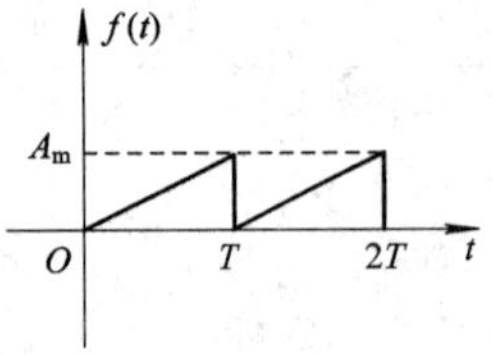	$f(t)=\dfrac{A_{\mathrm m}}{2}-\dfrac{A_{\mathrm m}}{\pi}\Big(\sin\omega t+\dfrac{1}{2}\sin2\omega t+\dfrac{1}{3}\sin3\omega t+\cdots$ $+\dfrac{1}{k}\sin k\omega t+\cdots\Big)$ （$k=1,2,3\cdots$）	$\dfrac{A_{\mathrm m}}{\sqrt3}$

例 5−1　求图 5−3 所示矩形波的傅里叶级数。

解　图示周期函数在一个周期内的表达式为

$$\begin{cases} f(t)=U_{\mathrm m} & 0\leqslant t\leqslant\dfrac{T}{2}\\[2mm] f(t)=-U_{\mathrm m} & \dfrac{T}{2}\leqslant t\leqslant T \end{cases}$$

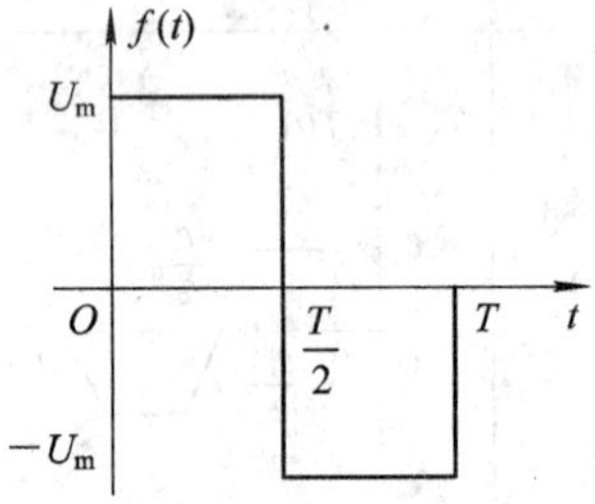

图 5−3　例 5−3 图

根据式(5−2)得

$$a_0=\frac{1}{2\pi}\int_0^\pi U_{\mathrm m}\mathrm d(\omega t)+\frac{1}{2\pi}\int_\pi^{2\pi}-U_{\mathrm m}\,\mathrm d(\omega t)=0$$

$$a_k=\frac{1}{\pi}\int_0^\pi U_{\mathrm m}\cos k\omega t\,\mathrm dt+\frac{1}{\pi}\int_\pi^{2\pi}-U_{\mathrm m}\cos k\omega t\,\mathrm d(\omega t)=0$$

$$b_k=\frac{1}{\pi}\int_0^\pi U_{\mathrm m}\sin k\omega t\,\mathrm dt+\frac{1}{\pi}\int_\pi^{2\pi}-U_{\mathrm m}\sin k\omega t\,\mathrm d(\omega t)=\frac{2U_{\mathrm m}}{k\pi}(1-\cos k\omega t)$$

当 k 为奇数时，$\cos k\pi=-1$，$b_k=\dfrac{4U_{\mathrm m}}{k\pi}$；当 k 为偶数时，$\cos k\pi=1$，$b_k=0$。

由此可知,该函数的傅里叶级数表达式为

$$f(t) = \frac{4U_m}{\pi} \left(\sin\omega t + \frac{1}{3} \sin 3\omega t + \frac{1}{5} \sin 5\omega t + \cdots \right)$$

可见,其傅里叶级数收敛很快,在实际分析时只取前几项,计算结果就已经满足实际工程要求了。

5.2　非正弦周期电流电路的有效值、平均值和平均功率

5.2.1　有效值

一个非正弦周期量的有效值,根据周期量有效值的定义,等于其方均根值。

设一个非正弦周期电流 i 的傅里叶级数表达式为

$$i(t) = I_0 + \sum_{k=1}^{\infty} I_{km} \sin(k\omega t + \theta_k)$$

则该电流 $i(t)$ 有效值应为

$$I = \sqrt{\frac{1}{T} \int_0^T \left[I_0 + \sum_{k=1}^{\infty} I_{km} \sin(k\omega t + \theta_k) \right]^2 \mathrm{d}t}$$

$$= \sqrt{I_0^2 + \sum_{k=1}^{\infty} I_k^2} \tag{5-5}$$

同理,可得

$$U = \sqrt{U_0^2 + \sum_{k=1}^{\infty} U_k^2} \tag{5-6}$$

所以可以得到,非正弦周期量的有效值等于直流分量的平方与各次谐波有效值的平方和的平方根。

例 5-2　有一非正弦周期电压 $u(t) = 10 + 100\sqrt{2} \sin(\omega t + 30°) + 50\sqrt{2} \sin(3\omega t - 90°) \text{V}$,求电压的有效值。

解　根据式(5-6),可得非正弦周期电压的有效值为

$$U = \sqrt{U_0^2 + U_1^2 + U_3^2} = \sqrt{10^2 + 100^2 + 50^2} = 112.2 \text{ V}$$

5.2.2　平均值

在实际工程中,不仅用到有效值,还用到平均值。在高等数学中,对于函数 $f(t)$ 的平均值的定义为

$$A_{av} = \frac{1}{x_2 - x_1} \int_{x_1}^{x_2} f(t) \, \mathrm{d}t$$

然而,对于一个非正弦周期量 $f(t)$ 的傅里叶级数展开式中直流分量为零,仅剩下正弦变化的周期分量,平均值总为零。但为了便于测量与分析,一般定义周期量的平均值为它的绝对值的平均值。

在任意一个周期 T 的时间内,非正弦周期量 $A(t)$ 平均值的定义为

$$A_{av} = \frac{1}{T} \int_0^T |f(t)| \, dt \qquad (5-7)$$

例如，当 $i(t) = I_m \sin\omega t$ 时，其平均值为

$$I_{av} = \frac{1}{2\pi} \int_0^{2\pi} |I_m \sin\omega t| \, d(\omega t)$$

$$= \frac{1}{\pi} \int_0^{\pi} I_m \sin\omega t \, d(\omega t)$$

$$= \frac{2I_m}{\pi} = 0.637 I_m = 0.898 I$$

5.2.3 平均功率

非正弦周期电路中的平均功率为瞬时功率在一个周期内的平均值。其定义为

$$P = \frac{1}{T} \int_0^T ui \, dt$$

与求非正弦周期量有效值时的积分类似，不同频率电压电流乘积的积分为零，同频率电压电流乘积的积分不为零。可得

$$P = U_0 I_0 + \sum_{k=1}^{\infty} U_k I_k \cos\varphi_k$$

$$= P_0 + \sum_{k=1}^{\infty} P_k \qquad (5-8)$$

即非正弦周期电路的平均功率等于各次谐波的平均功率之和（包括直流分量 $U_0 I_0$）。

同理，非正弦周期电路的无功功率等于各次谐波的无功功率之和，即

$$Q = \sum_{k=1}^{\infty} U_k I_k \sin\varphi_k = \sum_{k=1}^{\infty} Q_k \qquad (5-9)$$

非正弦周期电路的视在功率则定义为

$$S = UI = \sqrt{U_0^2 + \sum_{k=1}^{\infty} U_k^2} \cdot \sqrt{I_0^2 + \sum_{k=1}^{\infty} I_k^2} \qquad (5-10)$$

应当注意：视在功率不等于各次谐波的视在功率之和。

非正弦周期电路的功率因数则定义为

$$\lambda = \cos\varphi = \frac{P}{UI} = \frac{P}{S} \qquad (5-11)$$

例 5-3 已知某电路的电压、电流分别为

$$u(t) = 10 + 20 \sin(100\pi t - 30°) + 8 \sin(300\pi t - 30°) \quad \text{V}$$

$$i(t) = 3 + 6 \sin(100\pi t + 30°) + 2 \sin 500\pi t \quad \text{A}$$

求该电路的平均功率、无功功率和视在功率。

解 平均功率为

$$P = P_0 + \sum_{k=1}^{\infty} P_k = 10 \times 3 + \frac{20}{\sqrt{2}} \times \frac{6}{\sqrt{2}} \times \cos(-60°) = 60 \text{ W}$$

无功功率为

$$Q = \sum_{k=1}^{\infty} U_k I_k \sin\varphi = \frac{20}{\sqrt{2}} \times \frac{6}{\sqrt{2}} \times \sin(-60°) = -52 \text{ var}$$

视在功率为

$$S = \sqrt{U_0{}^2 + \sum_{k=1}^{\infty} U_k{}^2} \cdot \sqrt{I_0{}^2 + \sum_{k=1}^{\infty} I_k{}^2}$$

$$= \sqrt{10^2 + \left(\frac{20}{\sqrt{2}}\right)^2 + \left(\frac{8}{\sqrt{2}}\right)^2} \times \sqrt{3^2 + \left(\frac{6}{\sqrt{2}}\right)^2 + \left(\frac{2}{\sqrt{2}}\right)^2}$$

$$= 98.1 \text{ VA}$$

5.3　非正弦周期电流电路的计算

非正弦周期电流电路的分析计算方法，主要是利用傅里叶级数将非正弦周期激励信号分解成恒定分量和不同频率的正弦量之和，然后分别计算恒定分量和各频率正弦量单独作用下电路的响应，最后利用线性电路的叠加原理，就可以得到电路的实际响应。这种分析电路的方法称为谐波分析法。其分析电路的一般步骤如下：

（1）将给定的非正弦周期激励信号分解为傅里叶级数，并根据计算精度的要求，取有限项高次谐波。

（2）分别计算各次谐波单独作用下电路的响应。计算方法与直流电路及正弦交流电路的计算方法完全相同。对直流分量，电感元件相当于短路，电容元件相当于开路；对各次谐波，电路成正弦交流电路。但应当注意：由于各次谐波的频率不同，电感元件、电容元件具有不同的电抗，谐波次数越高，频率越大，感抗就越大，容抗就越小。

（3）应用叠加原理，将各次谐波作用下的响应解析式进行叠加。需要注意的是，必须先将各次谐波分量响应写成瞬时值表达式才可以叠加，而不能把表示不同频率的谐波的正弦量的相量进行加减。最后所求响应的解析式是用时间函数来表示的。

例 5-4　如图 5-4(a)所示电路，已知：$u_S(t) = 10 + 100\sqrt{2} \sin\omega t + 50\sqrt{2} \sin(3\omega t + 30°)$ V 且 $\omega = 10^3$ rad/s，$R_1 = 5$ Ω，$C = 100$ μF，$R_2 = 2$ Ω，$L = 1$ mH。求各支路电流和电源发出的功率及 I_2。

解　（1）直流分量作用下，电容元件相当于断路，电感元件相当于短路，如图 5-4(b)所示，则

$$u_{S(0)} = 10 \text{ V}$$

$$i_{1(0)} = 0$$

$$i_{2(0)} = \frac{U_{S(0)}}{R_2} = \frac{10}{2} = 5 \text{ A}$$

$$i_{(0)} = i_{1(0)} + i_{2(0)} = 0 + 5 = 5 \text{ A}$$

（2）基波分量作用下，如图 5-4(c)所示。

$$u_{S(1)} = 100\sqrt{2} \sin\omega t \text{ V}$$

$$\dot{U}_{S(1)} = 100\angle 0° \text{ V}$$

$$X_{L(1)} = \omega L = 10^3 \times 1 \times 10^{-3} = 1 \text{ Ω}$$

$$X_{C(1)} = \frac{1}{\omega C} = \frac{1}{10^3 \times 100 \times 10^{-6}} = 10 \text{ Ω}$$

$$\dot{I}_{1(1)} = \frac{\dot{U}_{S(1)}}{R_1 - jX_{C(1)}} = \frac{100\angle 0°}{5 - j10} = 8.945\angle 63.43° \text{ A}$$

$$\dot{I}_{2(1)} = \frac{\dot{U}_{S(1)}}{R_2 - jX_{L(1)}} = \frac{100\angle 0°}{2 - j1} = 44.72\angle -26.57° \text{ A}$$

$$\dot{I}_{(1)} = \dot{I}_{1(1)} + \dot{I}_{2(1)} = 45.61\angle -15.26° \text{ A}$$

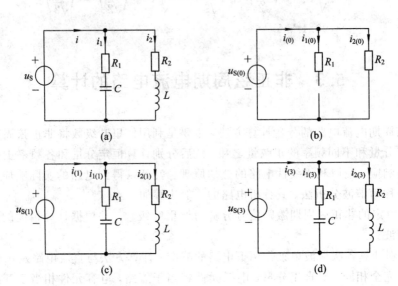

图 5 - 4   例 5 - 4 图

（3）三次谐波分量作用下，如图 5 - 4(d)所示。

$$u_{S(3)} = 50\sqrt{2}\ \sin(3\omega t + 30°)\text{V}$$

$$\dot{U}_{S(3)} = 50\angle 30° \text{ V}$$

$$X_{L(3)} = 3\omega L = 3\times 10^3 \times 1\times 10^{-3} = 3\ \Omega$$

$$X_{C(3)} = \frac{1}{3\omega C} = \frac{1}{3\times 10^3 \times 100\times 10^{-6}} = 3.33\ \Omega$$

$$\dot{I}_{1(3)} = \frac{\dot{U}_{S(3)}}{R_1 - jX_{C(3)}} = \frac{50\angle 30°}{5 - j3.33} = 8.321\angle 63.69° \text{ A}$$

$$\dot{I}_{2(3)} = \frac{\dot{U}_{S(3)}}{R_2 - jX_{L(3)}} = \frac{50\angle 30°}{2 - j3} = 13.87\angle -26.31° \text{ A}$$

$$\dot{I}_{(3)} = \dot{I}_{1(3)} + \dot{I}_{2(3)} = 16.17\angle -4.65° \text{ A}$$

（4）叠加

$$i_1 = 8.945\sqrt{2}\ \sin(\omega t + 63.43°) + 8.321\sqrt{2}\ \sin(3\omega t + 63.69°)\text{A}$$

$$i_2 = 5 + 44.72\sqrt{2}\ \sin(\omega t - 26.57°) + 13.87\sqrt{2}\ \sin(3\omega t - 26.31°)\text{A}$$

$$i = 5 + 45.61\sqrt{2}\ \sin(\omega t - 15.26°) + 16.17\sqrt{2}\ \sin(3\omega t + 4.65°)\text{A}$$

（5）电源发出的功率

$$P = u_{S(0)}i_{(0)} + U_{(1)}I_{(1)}\ \cos\varphi_{(1)} + U_{(3)}I_{(3)}\ \cos\varphi_{(3)}$$

$$= 5\times 10 + 100\times 45.61\ \cos\angle[0 - (-15.26)]° + 50\times 16.17\ \cos[30 - (-4.65)]°$$

$$= 50 + 4400 + 730.6 \approx 5181\ \text{W}$$

（6）　$I_2 = \sqrt{I_{2(0)}{}^2 + I_{2(1)}{}^2 + I_{2(3)}{}^2} = \sqrt{5^2 + 44.72^2 + 13.87^2} = 47.09 \text{ A}$

　　通过对本节内容的学习，应当充分注意到电容元件和电感元件对不同次谐波的作用。电感元件对高次谐波具有较强的抑制作用，这是因为，谐波的次数越高，在电感元件上产生的感抗（$X_L = n\omega L$）就越大；同理，电容元件对高次谐波有畅通的作用。反之，电感元件对于次数较低的谐波具有畅通的作用，电容元件对于次数较低的谐波具有抑制的作用。同时，要特别注意电路中所隐含的谐振现象。

　　感抗和容抗对谐波作用不同的这种特性在工程实际中被广泛应用。例如，利用电感和电容的电抗随频率变化的特点可以组合成各种形式的电路，将这种电路连接在输入和输出之间时，可以让某些所需要的频率分量顺利地通过而抑制某些不需要的分量，这种电路称为滤波器电路，如图 5-5 所示。滤波器在通信工程中应用很广，一般按照它的功用可以分为低通滤波器、高通滤波器、带通滤波器、带阻滤波器等。

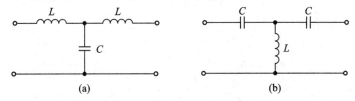

图 5-5　滤波器电路

　　图 5-5(a)所示为一个简单的低通滤波器，图中电感元件对高频电流有很强的抑制作用，而电容元件对高频电流有很强的分流作用，这样输出信号中的高频成分小，而低频成分大。图 5-5(b)所示为最简单的高通滤波器，其作用原理可进行类似分析。不过，实际滤波器电路的结构要复杂得多，如图 5-5 所示的简单滤波器电路将难以满足更好滤波特性的要求。

习　题

5.1　求如图 5-6 所示周期信号的傅里叶级数展开式。

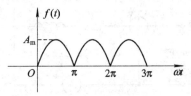

图 5-6　题 5.1 图

5.2　将如图 5-7 所示的方波信号 $f(t)$ 展开为傅里叶级数。

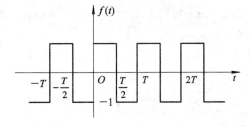

图 5-7　题 5.3 图

5.3　如图5-8所示，已知二端网络的电压 $u=311\sin314t$ V，电流 $i=0.8\sin(314t-85°)+0.25\sin(942t-105°)$A。求该网络接收的平均功率。

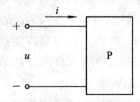

图5-8　题5.3图

5.4　在 RLC 串联电路中，已知 $R=100\ \Omega$，$L=2.26$ mH，$C=10\ \mu$F，基波角频率为 $\omega=100\ \pi$rad/s，试求对应于基波、三次谐波、五次谐波时的谐波阻抗。

5.5　当 $\omega L=4\ \Omega$ 的电感与 $1/\omega C=36\ \Omega$ 的电容并联后，外加电压为 $u(t)=(18\sin\omega t+3\cos3\omega t)$V，求出总电流的解析式和有效值。

5.6　如图5-9所示，电流流过一个 $R=20\ \Omega$、$\omega L=30\ \Omega$ 的串联电路，求电路的平均功率、无功功率和视在功率。

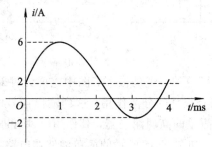

图5-9　题5.6图

5.7　如图5-10所示的电路中，已知 $R=6\ \Omega$，$\omega L=2\ \Omega$，$1/\omega C=18\ \Omega$，$u(t)=10+80\sin(\omega t+30°)+18\sin3\omega t$ V，求电磁系电压表、电磁系电流表及功率表的读数，并写出 $i(t)$ 的表达式。

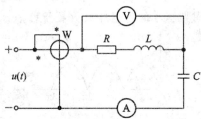

图5-10　题5.7图

5.8　已知 RLC 串联电路的端口电压和电流分别为 $u(t)=100\sin100\pi t+50\sin(3\times100\pi t-30°)$V，$i(t)=10\sin100\pi t+1.755\sin(3\times100\pi t+\theta)$A。试求：

(1) 电路中的 R、L、C；

(2) θ；

(3) 电路的功率。

第 6 章 谐振电路与互感电路

通过本章的学习、训练，学生应了解谐振的条件及特点；了解互感的概念；了解有关磁场及磁性材料的一些基本概念；学会和掌握同名端的判定方法及具有互感电路的计算方法；掌握理想变压器的作用及其电路的计算。

本章知识点

- 谐振电路。
- 互感电路。
- 理想变压器及其电路的计算。

本章重点和难点

- 谐振的条件及特点。
- 具有互感电路的计算。
- 理想变压器的变换作用。

谐振现象是正弦交流电路中的一种特殊现象，它在无线电和电工技术中得到了广泛应用。例如，收音机和电视机就是利用谐振电路的特性来选择所需的接收信号，抑制其他干扰信号的。但在某些场合特别是在电力系统中，若出现谐振将会引起过电压，有可能破坏系统的正常工作。所以，对谐振现象的研究有着重要的实际意义。通常采用的谐振电路是由 RLC 组成的串联谐振电路和并联谐振电路。下面我们来分析电路发生谐振的条件及特征。

6.1 谐 振 电 路

在第 4 章第 4.5 节中讲到 RLC 串联及并联电路在一定条件下会发生谐振。从电路呈阻性来看，谐振的条件是网络的阻抗或导纳的虚部为零，即

$$\mathrm{Im}[Z] = 0 \qquad \text{或} \qquad \mathrm{Im}[Y] = 0$$

通常采用的谐振电路是由 R、L、C 组成的串联谐振电路和并联谐振电路。

6.1.1 串联谐振

1. 串联谐振的条件

RLC 串联电路图如图 6-1 所示。

电路中的阻抗

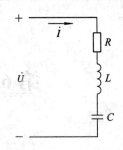

$$Z = R + j(X_L - X_C) = R + jX = R + j\left(\omega L - \frac{1}{\omega C}\right)$$

令 $\text{Im}[Z] = 0$，则串联谐振的条件是

$$\omega L = \frac{1}{\omega C} \qquad (6-1)$$

这样便可通过改变三个参数使电路发生谐振。调节而达到谐振的过程叫做调谐。在实际中一般采用调节电容的方法。

图 6-1　RLC 串联电路图

当 L，C 一定时，有

$$\omega = \omega_0 = \frac{1}{\sqrt{LC}}$$

或

$$f = f_0 = \frac{1}{2\pi\sqrt{LC}} \qquad (6-2)$$

ω_0，f_0 与 R 无关，完全由电路的参数 L，C 决定，ω_0 和 f_0 分别称为固有角频率和固有频率。

2. 串联谐振的特点

（1）谐振时网络的阻抗模最小，当端口电压值一定时，电流最大。

谐振时，$X = 0$，所以网络阻抗

$$Z_0 = |Z_0| = \sqrt{R^2 + X^2} = R$$

与非谐振时相比较，$|Z_0|$ 是最小的。

在端口电压 U 和电阻 R 一定时，有

$$I_0 = \frac{U}{R}$$

与非谐振时相比较，I_0 是最大的。

（2）电感电压和电容电压可能远大于端口电压。

串联谐振时，网络的感抗与容抗相等。

$$\omega_0 L = \frac{1}{\omega_0 C} = \frac{1}{\sqrt{LC}}L = \sqrt{\frac{L}{C}} = \rho \qquad (6-3)$$

式中，ρ 叫做特性阻抗，它只与网络的 L，C 有关，单位为欧姆（Ω）。

串联谐振时电感电压和电容电压的有效值相等，即

$$U_{L0} = U_{C0} = \rho I_0 = \frac{\rho}{R}U$$

$\dot{U}_{L0}$ 与 $\dot{U}_{C0}$ 反相而相互抵消，即 $\dot{U}_{L0} + \dot{U}_{C0} = 0$，所以网络的端口电压就等于电阻电压，即

$$\dot{U} = \dot{U}_R = R\dot{I}_0$$

串联谐振时，

$$\frac{U_{L0}}{U} = \frac{U_{C0}}{U} = \frac{\rho}{R} = \frac{\sqrt{\dfrac{L}{C}}}{R} = Q \qquad (6-4)$$

式中，Q 叫做网络的品质因数，它是一个没有量纲的量。

如果 $\rho > R$，则 $Q > 1$，$U_{L0} = U_{C0} > U$；ρ 越大于 1，品质因数 Q 就越大，$U_{L0} = U_{C0}$ 也越大于端口电压，所以串联谐振又叫做电压谐振。

在无线电技术和电信工程中，利用这一特点可以使所接收的微弱信号变强。但在电力工程中，要避免发生或接近发生串联谐振现象，以免出现过电压引起电气设备损坏的现象。

3. 串联谐振的电流谐振曲线

电流和频率之间的关系曲线称为电流谐振曲线。

RLC 串联电路中，电流

$$
\begin{aligned}
I &= \frac{U}{\sqrt{R^2 + (X_L - X_C)^2}} = \frac{U}{\sqrt{R^2 + \left(\omega L - \dfrac{1}{\omega C}\right)^2}} \\
&= \frac{U}{R\sqrt{1 + \dfrac{1}{R^2}\left(\omega L - \dfrac{1}{\omega C}\right)^2}} = I_0 \frac{1}{\sqrt{1 + \dfrac{1}{R^2}\left(\omega L - \dfrac{1}{\omega C}\right)^2}} \\
&= I_0 \frac{1}{\sqrt{1 + \left(\dfrac{\omega L}{R} - \dfrac{1}{\omega C R}\right)^2}} = I_0 \frac{1}{\sqrt{1 + \left(\dfrac{\rho}{R}\right)^2\left(\dfrac{\omega}{\omega_0} - \dfrac{\omega_0}{\omega}\right)^2}}
\end{aligned}
$$

得电流谐振曲线如图 6-2 所示。

图中，ω_0 与电流的最大值相对应，称为中心频率，当 ω 偏离 ω_0 时，电流值会急剧下降。当电流 I 下降到 $\dfrac{1}{\sqrt{2}}I_0 = 0.707 I_0$ 时，对应的频率分别为 ω_1 和 ω_2，分别称为下限截止角频率和上限截止角频率。这两个截止角频率的差值定义为电路的通频带，即

$$B_w = \omega_2 - \omega_1$$

若以 $\dfrac{\omega}{\omega_0}$ 为横坐标，以 $\dfrac{I}{I_0}$ 为纵坐标，以 Q 为参变量作出的曲线称为通用谐振曲线，如图 6-3 所示。

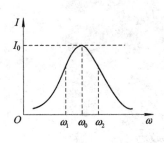
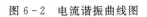

图 6-2　电流谐振曲线图

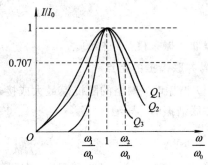

图 6-3　通用谐振曲线图

当 $\omega = \omega_0$，即 $\dfrac{\omega}{\omega_0} = 1$ 时，$\dfrac{I}{I_0} = 1$ 为最大值，图中 $Q_1 < Q_2 < Q_3$，即较大的 Q 值对应较尖锐的谐振曲线。因此 Q 越大，电路对谐振频率的信号选择性就越高。

6.1.2 并联谐振

1. 并联谐振的条件

实际应用中常用到的并联谐振电路是由电感线圈与电容并联形成的，如图 6-4(a) 所示。

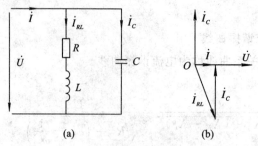

图 6-4 并联谐振电路

网络导纳为

$$Y = \frac{1}{R + j\omega L} + j\omega C = \frac{R}{R^2 + (\omega L)^2} + j\left[\omega C - \frac{\omega L}{R^2 + (\omega L)^2}\right]$$

令 $\text{Im}[Y] = 0$，则谐振条件为

$$C = \frac{L}{R^2 + (\omega L)^2} \tag{6-5}$$

谐振角频率

$$\omega_0 = \sqrt{\frac{1}{LC} - \frac{R^2}{L^2}} \tag{6-6}$$

如果 $\dfrac{R^2}{L^2} < \dfrac{1}{LC}$，即 $R < \sqrt{\dfrac{L}{C}}$，则 ω_0 为实数；如果 $R > \sqrt{\dfrac{L}{C}}$，则 ω_0 为虚数。所以只有在 $R < \sqrt{\dfrac{L}{C}}$ 的情况下，网络才可通过调节激励的频率达到谐振。

线圈的品质因数 $Q_L = \omega L / R$ 相当高时，由于 $\omega L \gg R$，故谐振的近似条件为

$$\omega_0 L \approx \frac{1}{\omega_0 C}, \quad \omega_0 \approx \frac{1}{\sqrt{LC}}$$

这与串联谐振条件是一样的。

2. 并联谐振的特点

(1) 谐振时，网络的阻抗模最大或接近最大。

并联谐振时，导纳

$$Y_0 = |Y_0| = \frac{R}{R^2 + (\omega L)^2}$$

当 ω_0 很高时，有 $\omega_0 L \gg R$，Y_0 的实际数值很小，因而 Q 的值越大，Y_0 就越小，因此，在并联谐振时，网络的阻抗模最大或接近最大。

(2) 谐振时，支路电流可能远远大于端口电流。

在图 6-4(b)中，谐振时线圈电流的无功分量与电容电流相抵消，端口电流等于线圈电流的有功分量。由于高品质因数线圈的 $\omega L \gg R$，线圈电流的有功分量远小于其无功分

量，线圈电流 I_{RL} 近似等于电容电流 I_C，即 $I_C = I_{RL}$。所以并联谐振又叫做电流谐振。

例 6-1　有一 RLC 串联电路，已知 $R = 20\ \Omega$，$L = 300\ \mu H$，信号源频率调到 800 kHz 时，回路中的电流达到最大，最大值为 0.15 mA，试求信号源电压 U_S、电容 C、回路的特性阻抗 ρ、品质因数 Q 及电感上的电压 U_{L0}。

解　根据谐振电路的基本特征可知，当回路中的电流达到最大时，电路处于谐振状态。由于谐振时，

$$C = \frac{1}{\omega^2 L} = \frac{1}{(2\pi f)^2 L} = \frac{1}{(2 \times 3.14 \times 800 \times 10^3)^2 \times 300 \times 10^{-6}} = 132\ \text{pF}$$

$$U_S = U_R = I_0 R = 0.15 \times 20 = 3\ \text{mV}$$

$$\rho = \sqrt{\frac{L}{C}} = \sqrt{\frac{300 \times 10^{-6}}{132 \times 10^{-12}}} = 1508\ \Omega$$

$$Q = \frac{\rho}{R} = \frac{1508}{20} = 75$$

则电感上的电压为

$$U_{L0} = QU_S = 75 \times 3 = 225\ \text{mV}$$

6.2　互 感 电 路

前面我们曾介绍过线圈的电流使线圈自身具有磁性，当线圈的电流变化时，线圈的磁链也会发生变化，并在其自身引起了感应电压，这种电磁感应现象叫做自感应现象。互感现象也是电磁感应现象中的重要一种，在工程实际中应用也很广泛，如变压器就是应用这一原理制成的。

下面主要介绍互感现象、互感线圈中电压与电流的关系、同名端及其判定、互感线圈的串联与并联，以及互感电路的计算方法。

6.2.1　互感及互感电压

两个相邻放置的线圈 1 和 2，其匝数分别为 N_1 和 N_2，如图 6-5 所示。

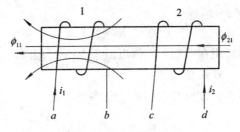

图 6-5　两个线圈的互感

当线圈 1 通以电流 i_1 时，产生自感磁通 ϕ_{11}，ϕ_{11} 不但与本线圈相交链产生自感磁链 $\psi_{11} = N_1 \phi_{11}$，而且还有部分磁通 ϕ_{21} 穿过线圈 2，并与之交链产生磁链 $\psi_{21} = N_2 \phi_{21}$。这种一个线圈电流的磁场使另一个线圈产生的磁通、磁链，如 ϕ_{21}，ψ_{21}，分别叫做互感磁通、互感磁链。当 i_1 变化时，引起 ψ_{21} 变化，根据电磁感应定律，线圈 2 中便产生了感应电压 u_{21}，称

为互感电压。同理,线圈 2 中电流 i_2 的变化也会在线圈 1 中产生互感电压。这种由一个线圈的交变电流在另一个线圈中产生感应电压的现象叫做互感现象。能够产生互感电压的两个线圈叫做磁耦合线圈。

为明确起见,磁通、磁链、感应电压等用双下标表示,第一个下标是该量所在线圈的编号,第二个下标是产生该量的原因所在线圈的编号。

在磁耦合线圈中,如果线圈 1 的电流为 i_1,线圈 2 的互感磁链为 ψ_{21},那么定义

$$M_{21} = \frac{\psi_{21}}{i_1} \tag{6-7}$$

为磁耦合线圈的互感系数,简称互感。同样,线圈 1 的互感磁链和产生它的线圈 2 的电流 i_2 的比值为

$$M_{12} = \frac{\psi_{12}}{i_2} \tag{6-8}$$

可以证明 $M_{12} = M_{21} = M$,互感的大小反映一个线圈的电流在另一个线圈中产生磁链的能力。互感的单位与自感相同,也是亨(H)。

线圈中的互感 M 不仅与两线圈的匝数、形状及尺寸有关,还和线圈间的相对位置和磁介质有关。当磁介质为非铁磁性介质时,M 是常数。注意:本章讨论的互感均为常数。

为了表征两个线圈耦合的紧密程度,通常用耦合系数来表示,耦合系数定义为

$$K = \frac{M}{\sqrt{L_1 L_2}}$$

式中,L_1,L_2 分别是线圈 1 和 2 线圈的自感。

因为

$$L_1 = \frac{\psi_{11}}{i_1} = \frac{N_1 \phi_{11}}{i_1}, \quad L_2 = \frac{\psi_{22}}{i_2} = \frac{N_2 \phi_{22}}{i_2}$$

$$M_{12} = \frac{\psi_{12}}{i_2} = \frac{N_1 \phi_{12}}{i_2}, \quad M_{21} = \frac{\psi_{21}}{i_1} = \frac{N_2 \phi_{21}}{i_1}$$

所以

$$K = \frac{M}{\sqrt{L_1 L_2}} = \sqrt{\frac{M_{12} M_{21}}{L_1 L_2}} = \sqrt{\frac{\phi_{12} \phi_{21}}{\phi_{11} \phi_{22}}}$$

由于 $\phi_{21} \leqslant \phi_{11}$,$\phi_{12} \leqslant \phi_{22}$,所以

$$0 \leqslant K \leqslant 1$$

如果两个线圈紧密地缠绕在一起,K 值近似于 1,称为全耦合;若两线圈相距较远,或线圈的轴线相互垂直放置,则 K 值接近 0。

如果选择互感电压的参考方向与互感磁通的参考方向符合右手螺旋法则,则根据电磁感应定律,有

$$\left. \begin{array}{l} u_{21} = \dfrac{d\psi_{21}}{dt} = M \dfrac{di_1}{dt} \\[3mm] u_{12} = \dfrac{d\psi_{12}}{dt} = M \dfrac{di_2}{dt} \end{array} \right\} \tag{6-9}$$

即互感电压与产生互感电压的电流的变化率成正比。

当线圈中的电流为正弦电流时,互感电压与引起它的电流是同频率正弦量,它们的相

量关系为

$$
\left.\begin{array}{l}
\dot{U}_{12} = j\omega M \dot{I}_2 = j X_M \dot{I}_2 \\
\dot{U}_{21} = j\omega M \dot{I}_1 = j X_M \dot{I}_1
\end{array}\right\} \tag{6-10}
$$

式 $X_M = \omega M$ 称为互感抗，单位为欧姆（Ω）。

6.2.2　同名端

1. 同名端的概念

分析线圈自感电压和电流方向关系时，不涉及线圈的绕向，因为当线圈中电流增大时，自感电动势的方向总是与电流的方向相反；当线圈中电流减小时，自感电动势的方向总是与电流的方向一致。

对于两个互感线圈来讲，互感电压的大小与互感磁链的变化率成正比。由于互感磁链是由另一个线圈的电流所产生的，因而互感电压的极性与耦合线圈的实际绕向有关。以图 6-6 为例来说明。

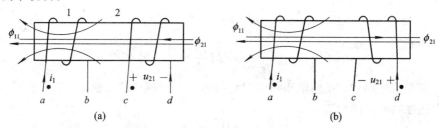

图 6-6　互感电压的方向与线圈绕向的关系

图 6-6 中，只是线圈 2 的绕向不同，当电流 i_1 都从线圈 1 的端钮流入并增大时，即当 $\dfrac{\mathrm{d}i_1}{\mathrm{d}t} > 0$ 时，ϕ_{21} 增加，由楞次定律确定线圈 2 的互感电压实际极性如图所示。可见，分析互感电压的方向，需要知道线圈的绕向。

为了表示线圈的相对绕向以确定互感电压的极性，常采用标记同名端的方法。

如果两个互感线圈的电流 i_1 和 i_2 所产生的磁通是相互增强的，那么两电流同时流入（或流出）的端钮就是同名端；反之则为异名端。同名端用标记"·"、"∗"或"△"标出，另一对同名端不需标记。图 6-7 为表示耦合电感的电路模型。

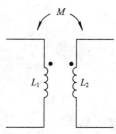

图 6-7　耦合电感的电路模型

2. 同名端的测定

如果已知磁耦合线圈的绕向及相对位置，同名端便很容易利用其概念进行判定。但是实际磁耦合线圈的绕向一般是看不到的。同名端可以用实验的方法进行判定，其接线如图 6-8 所示。

当开关 S 接通的瞬间，线圈 1 中的电流经图示方向流入且增加，若此时直流电压表指针正偏（往正极性端偏转），则 1，3 是同名端。若电压表指针反偏（往负极性端偏转），则 1，4 为同名端。

由上述实验可得到以下结论：当随时间增大的电流从一线圈的同名端流入时，会引起另一线圈同名端的电位升高。

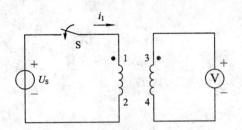

图 6-8　测定同名端的实验电路

3. 同名端原则

由图 6-6 可知，当选择一个线圈的电流（如 i_1）参考方向是从同名端标记端流入时，如果选择该电流在另一线圈中产生的互感电压（u_{21}）的参考正极性也是同名端标记端，则互感电压可按式（6-9）计算。

总之，当选择一个线圈的互感电压与引起该电压的另一个线圈的电流的参考方向对同名端一致的情况下（如图 6-9 所示）。

$$\left. \begin{array}{l} u_{12} = M \dfrac{\mathrm{d}i_2}{\mathrm{d}t} \\[2mm] u_{21} = M \dfrac{\mathrm{d}i_1}{\mathrm{d}t} \end{array} \right\} \tag{6-11}$$

在正弦交流电路中，互感电压与引起它的电流为同频率的正弦量，当其相量的参考方向满足上述原则时，有

$$\left. \begin{array}{l} \dot{U}_{12} = \mathrm{j}\omega M \dot{I}_2 = \mathrm{j}X_M \dot{I}_2 \\[2mm] \dot{U}_{21} = \mathrm{j}\omega M \dot{I}_1 = \mathrm{j}X_M \dot{I}_1 \end{array} \right\} \tag{6-12}$$

可见，在上述参考方向原则下，互感电压比引起它的正弦电流超前 $\dfrac{\pi}{2}$。

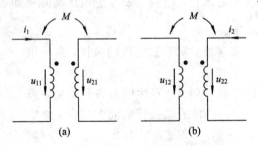

图 6-9　互感元件的电路符号

例 6-2　图 6-10 所示的电路中，已知 $M = 0.025$ H，$i_1 = \sqrt{2}\,\sin 1000t$ A，试求互感电压 u_{21}。

解　选择互感电压 u_{21} 与电流 i_1 的参考方向对同名端一致，如图 6-10 所示。则

$$u_{21} = M \frac{\mathrm{d}i_1}{\mathrm{d}t}$$

或

$$\dot{U}_{21} = \mathrm{j}\omega M \dot{I}_1$$

又

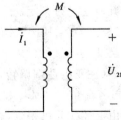

图 6-10　例 6-2 图

$$\dot{I}_1 = 1\angle 0° \text{ A}$$

$$\dot{U}_{21} = j\omega M \dot{I}_1 = j1000 \times 0.025 \times 1\angle 0° = 25\angle 90° \text{ V}$$

故

$$u_{21} = 25\sqrt{2}\sin(1000t + 90°) \text{ V}$$

6.2.3　互感线圈的串联、并联

计算含有耦合电感的电路时，要注意在耦合线圈上不仅存在自感电压，而且还存在互感电压。根据电压、电流的参考方向及线圈的同名端，确定出自感电压和互感电压。在具有互感的电路中，基尔霍夫定律仍然适用，在正弦电压的作用下，相量法也是适用的。

1. 互感线圈的串联

串联有顺向串联和反向串联两种形式。

（1）顺向串联就是把两个线圈的异名端相连，如图 6-11 所示。

图中 $\dot{U}_{11}$、$\dot{U}_{22}$ 为自感电压，其参考方向与电流 $\dot{I}$ 为关联参考方向，$\dot{U}_{12}$、$\dot{U}_{21}$ 为互感电压，其参考方向与电流 $\dot{I}$ 的参考方向对同名端一致。

根据 KVL，有

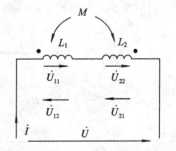

$$\begin{aligned}
\dot{U} &= \dot{U}_{11} + \dot{U}_{12} + \dot{U}_{22} + \dot{U}_{21} \\
&= j\omega L_1 \dot{I} + j\omega M \dot{I} + j\omega L_2 \dot{I} + j\omega M \dot{I} \\
&= j\omega(L_1 + L_2 + 2M)\dot{I} \\
&= j\omega L_S \dot{I}
\end{aligned}$$

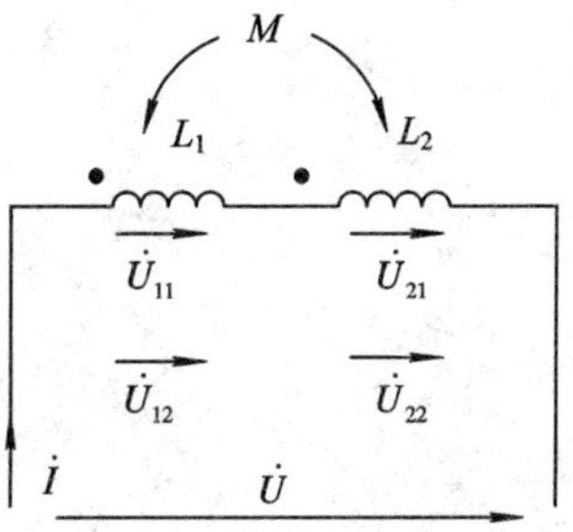

图 6-11　互感元件的顺向串联

式中，L_S 为线圈顺向串联的等效电感。

$$L_S = L_1 + L_2 + 2M \tag{6-13}$$

（2）反向串联就是两个线圈的同名端相连，如图 6-12 所示。根据 KVL，有

$$\begin{aligned}
\dot{U} &= \dot{U}_{11} + \dot{U}_{22} - \dot{U}_{12} - \dot{U}_{21} \\
&= j\omega L_1 \dot{I} + j\omega L_2 \dot{I} - j\omega M \dot{I} - j\omega M \dot{I} \\
&= j\omega(L_1 + L_2 - 2M)\dot{I} \\
&= j\omega L_F \dot{I}
\end{aligned}$$

式中，L_F 是线圈反向串联的等效电感。

$$L_F = L_1 + L_2 - 2M \tag{6-14}$$

图 6-12　互感元件的反向串联

比较式（6-13），（6-14）可以看出 $L_S > L_F$，即当外加相同正弦电压时，顺向串联时的电流小于反向串联时的电流，这也是一种判断同名端的方法。

由式（6-13）和式（6-14）可求出两线圈的互感 M 为

$$M = \frac{L_S - L_F}{4} \tag{6-15}$$

例 6-3　将两个线圈串联接到工频 220 V 的正弦电源上，顺向串联时电流为 2.7 A，功率为 218.7 W；反向串联时电流为 7 A，求互感 M。

解　在正弦交流电路中，当计入线圈的电阻时，互感为 M 的串联磁耦合线圈的复阻抗为

$Z = (R_1 + R_2) + j\omega(L_1 + L_2 \pm 2M)$（顺向串联时取"+"号，反向串联时取"—"号）

根据已知条件，可知

$$R_1 + R_2 = \frac{P}{I_{\mathrm{S}}^2} = \frac{218.7}{2.7^2} = 30 \ \Omega$$

顺向串联时，由 $|Z_{\mathrm{S}}| = \sqrt{(R_1+R_2)^2 + (\omega L_{\mathrm{S}})^2} = \dfrac{U}{I_{\mathrm{S}}}$，得

$$L_{\mathrm{S}} = \frac{1}{100\pi} \sqrt{\left(\frac{U}{I_{\mathrm{S}}}\right)^2 - (R_1 + R_2)^2}$$

$$= \frac{1}{100\pi} \sqrt{\left(\frac{220}{2.7}\right)^2 - 30^2}$$

$$= 0.24 \ \mathrm{H}$$

反向串联时，线圈电阻不变，由 $|Z_{\mathrm{F}}| = \sqrt{(R_1+R_2)^2 + (\omega L_{\mathrm{F}})^2} = \dfrac{U}{I_{\mathrm{F}}}$，得

$$L_{\mathrm{F}} = \frac{1}{100\pi} \sqrt{\left(\frac{U}{I_{\mathrm{F}}}\right)^2 - (R_1 + R_2)^2}$$

$$= \frac{1}{100\pi} \sqrt{\left(\frac{220}{7}\right)^2 - 30^2}$$

$$= 0.03 \ \mathrm{H}$$

得

$$M = \frac{L_{\mathrm{S}} - L_{\mathrm{F}}}{4} = \frac{0.24 - 0.03}{4} = 0.053 \ \mathrm{H}$$

2. 互感线圈的并联

互感线圈的并联也有两种形式，一种是两个线圈的同名端相连，称为同侧并联，如图 6 - 13(a)所示；另一种是两线圈的异名端相连，称为异侧并联，如图 6 - 13(b)所示。

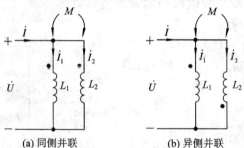

(a) 同侧并联   (b) 异侧并联

图 6 - 13　互感线圈的并联

在图 6 - 13 所示的电压、电流参考方向下，可得出如下电路方程：

$$\left.\begin{aligned} \dot{I} &= \dot{I}_1 + \dot{I}_2 \\ \dot{U} &= j\omega L_1 \dot{I}_1 \pm j\omega M \dot{I}_2 \\ \dot{U} &= j\omega L_2 \dot{I}_2 \pm j\omega M \dot{I}_1 \end{aligned}\right\} \tag{6-16}$$

式中，互感电压前的正号对应于同侧并联，负号对应于异侧并联。求解式(6-16)可得并联电路的等效阻抗为

$$Z = \frac{\dot{U}}{\dot{I}} = \frac{j\omega(L_1 L_2 - M^2)}{L_1 + L_2 \mp 2M} \tag{6-17}$$

可见，两个互感线圈并联以后的等效电感为

$$L = \frac{L_1 L_2 - M^2}{L_1 + L_2 \mp 2M} \tag{6-18}$$

式(6-17)和(6-18)分母中，负号对应于同侧并联，正号对应于异侧并联。

将式(6-16)进行变量代换，整理后得方程

$$\left. \begin{array}{l} \dot{U} = j\omega L_1 \dot{I}_1 \pm j\omega M(\dot{I} - \dot{I}_1) = j\omega(L_1 \mp M)\dot{I}_1 \pm j\omega M \dot{I} \\ \dot{U} = j\omega L_2 \dot{I}_2 \pm j\omega M(\dot{I} - \dot{I}_2) = j\omega(L_2 \mp M)\dot{I}_2 \pm j\omega M \dot{I} \end{array} \right\} \tag{6-19}$$

式(6-19)中 M 前的正、负号，上面对应于同侧并联，下面对应于异侧并联。

这样，可用图 6-14 所示无互感的电路代替图 6-13 所示的有互感的电路，称其为去耦等效电路。

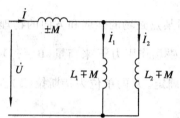

图 6-14　并联互感线圈的去耦等效电路

有时，还会遇到具有互感的两个线圈仅有一端相连，通过三个端钮与外部相连接，如图 6-15 所示，按图所示的参考方向，可得方程为

$$\left. \begin{array}{l} \dot{U}_{13} = j\omega L_1 \dot{I}_1 \pm j\omega M \dot{I}_2 \\ \dot{U}_{23} = j\omega L_2 \dot{I}_2 \pm j\omega M \dot{I}_1 \\ \dot{I} = \dot{I}_1 + \dot{I}_2 \end{array} \right\} \tag{6-20}$$

上式可化简为

$$\left. \begin{array}{l} \dot{U}_{13} = j\omega(L_1 \mp M)\dot{I}_1 \pm j\omega M \dot{I} \\ \dot{U}_{23} = j\omega(L_2 \mp M)\dot{I}_2 \pm j\omega M \dot{I} \end{array} \right\} \tag{6-21}$$

式(6-20)，(6-21)中的正、负号，上面对应于同侧相连，下面对应于异侧相连，如此可得如图 6-16 所示的去耦等效电路模型。

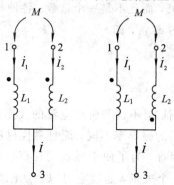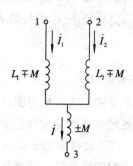

图 6-15　一端相连的互感线圈　　　　　图 6-16　一端相连的互感线圈去耦等效电路

6.3　磁　　路

6.3.1　磁场的基本物理量

在电力系统中被广泛应用的变压器、电动机、发电机等许多装置，都是利用磁场来实现能量转换的。在大多数情况下，它们的磁场都是用电流来产生的，并且采用铁磁性材料将磁场集中在一定的范围之内，形成磁路。

为了学习电机、变压器的原理和应用，我们先介绍磁场的基本物理量、铁磁材料和磁路的有关知识。磁场的特性可用下列几个基本物理量来表示。

1. 磁感应强度(B)

磁感应强度 B 是描述空间某点磁场的强弱和方向的物理量，它是一个矢量。它的大小可用位于该点的通电导体所受磁场作用力 F 来衡量 ($B=\dfrac{F}{lI}$)。它的方向可根据产生磁场的电流方向，用右手螺旋定则来确定。B 的单位为特斯拉(T)。

2. 磁通(Φ)

磁通 Φ 是描述磁场在某一范围内分布情况的物理量。穿过某一截面积 S 的磁力线的总数就是通过该截面积的磁通 Φ。垂直穿过单位面积的磁力线数就反映此处的磁感应强度 B 的大小。所以磁感应强度 B 又称为磁通密度。

在各点的磁感应强度大小相等、方向相同的均匀磁场中，存在如下关系：

$$\Phi = BS \tag{6-22}$$

式中，磁通 Φ 的单位是韦伯(Wb)。

3. 磁导率(μ)

磁导率 μ 又称为导磁系数，是用来衡量物质导磁能力的物理量，其单位是亨利/米(H/m)。自然界的物质，就导磁能力来说，大体可分为磁性材料和非磁性材料两大类。非磁性材料，如铜、铝、空气等，它们的导磁能力很差，磁导率接近于真空的磁导率 μ_0 ($\mu_0=4\pi\times10^{-7}$ H/m)，且为一常数。磁性材料，如铁、钴、镍及其合金，它们的导磁能力很强，磁导率可以是真空磁导率 μ_0 的数百、数千乃至数万倍，而且不是一个常数。各种材料的磁导率通常用真空磁导率 μ_0 的倍数表示，称为相对磁导率 μ_r，即

$$\mu_r = \frac{\mu}{\mu_0} \tag{6-23}$$

4. 磁场强度(H)

同一通电线圈内的磁场强弱(用磁感应强度 B 表征)，不仅与所通电流的大小有关，而且与线圈内磁场介质的导磁性能有关。由于不同材料的磁导率不同，而且磁性材料的磁导率不是常数，这就使磁场的分析与计算变得复杂和困难。为了便于磁场的计算，引入一个不考虑介质影响的物理量——磁场强度 H，它也是一个矢量，通过它可以表达磁场与电流的关系。

以通电环形线圈为例(如图 6-17 所示),根据全电流定

律 $\oint \overline{\boldsymbol{H}} \cdot \mathrm{d}\overline{l} = IN$ 可求出线圈内部各点的磁场强度。

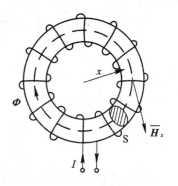

$$\boldsymbol{H}_x = \frac{IN}{2\pi x} = \frac{IN}{l_x} \qquad (6-24)$$

式中,N 是线圈的匝数;$l_x = 2\pi x$ 是半径为 x 的圆周长;$\boldsymbol{H}_x$ 为半径 x 处的磁场强度。式(6-24)中,电流 I 与线圈匝数 N 的乘积 IN 称为磁动势,用 F 表示。即

$$F = IN$$

磁通 Φ 就是由它产生的,它的单位为安(A)。

图 6-17 环形线圈

磁感应强度 $\boldsymbol{B}$、磁场强度 $\boldsymbol{H}$ 与磁导率 μ 之间的关系,可用下式表示:

$$\boldsymbol{B} = \mu\boldsymbol{H} \qquad (6-25)$$

6.3.2 铁磁性材料

1. 铁磁性材料的磁性能

铁磁性材料是指铁、钴、镍及其合金。它们具有下列磁性能。

(1) 高导磁性。铁磁性材料的磁导率很高,$\mu_r \gg 1$,可达数百、数千乃至数万之值。它们在外磁场作用下会被磁化而呈现出很强的磁性。

铁磁性材料内部是由许多叫做磁畴的天然磁化区域所组成的。虽然每个磁畴的体积很小,但其中却包含有数亿个分子,每个磁畴中的分子电流排列整齐,因此每个磁畴就构成一个永磁体,具有很强的磁性。在没有外磁场作用时,各个磁畴排列混乱,磁场相互抵消,对外不显示磁性,如图 6-18(a)所示。但是,在外磁场作用下,各个磁畴将顺外磁场转向,如图 6-18(b)所示,形成一个与外磁场方向一致的磁化磁场,使铁磁材料内的磁感应强度大大增加,呈现出很强的磁性。这种现象称做磁化。

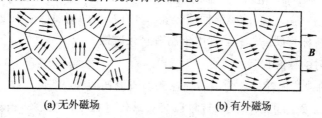

(a) 无外磁场   (b) 有外磁场

图 6-18 铁磁材料的磁畴与磁化

非磁性材料由于没有磁畴结构,所以不具有磁化的特性。

(2) 磁饱和性。通过实验可测出铁磁材料的磁感应强度 $\boldsymbol{B}$ 随外加磁场的磁场强度 $\boldsymbol{H}$ 变化的曲线($\boldsymbol{B}$-$\boldsymbol{H}$ 磁化曲线),如图 6-19 所示。

磁化曲线 Oa 段,由于磁畴在外磁场作用下的取向作用,使 $\boldsymbol{B}$ 随 $\boldsymbol{H}$ 差不多成正比的增加;在 ab 段,由于大多数磁畴已与外磁场取向一致了,所以随着 $\boldsymbol{H}$ 的增加,$\boldsymbol{B}$ 的增加变得缓慢;在 bc 段,由于所有的磁畴都已与外磁场取向一致了,磁化磁场不再增加,使 $\boldsymbol{B}$ 随 $\boldsymbol{H}$ 增加得很少,达到了磁饱和。

铁磁材料的磁导率 μ 不是常数,它随 $\boldsymbol{H}$ 而变化,如图 6-20 所示。从磁化曲线也可以看出,铁磁性材料中的 $\boldsymbol{B}$ 与外加磁场的 $\boldsymbol{H}$ 不是呈线性关系。

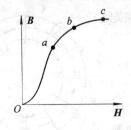

图 6-19　磁化曲线

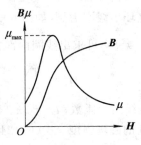

图 6-20　μ 与 H 关系

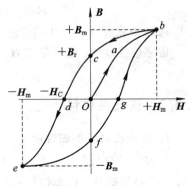

图 6-21　磁滞回线

（3）磁滞性。上面介绍的磁化曲线，只是反映了铁磁材料在外磁场由零逐渐增强的磁化过程。电机、变压器等实用电工设备中，通常是将线圈绕在铁磁材料做成的铁芯上，当线圈通入交变电流（大小和方向都变化）时，铁芯的磁感应强度 B 随磁场强度 H 而变化的关系如图 6-21 所示。当磁场强度 H 由零增加到 $+H_m$ 后，如减小到 H，此时 B 并不沿着原来的曲线返回而是沿另一曲线 bc 下降。当 H 减小到零时，B 并未降到零，存在剩磁。永久磁铁的磁性就是利用剩磁而获得的。只有当 H 反方向变化到 $-H_C$ 时，B 才下降到零。H_C 称为矫顽磁力。在此过程中，磁感应强度 B 的变化总是滞后于磁场强度 H 的变化，这种现象称为磁滞现象。

铁磁性材料在周期性交变磁化过程中，B 与 H 变化关系的闭合曲线称为磁滞回线。

不同种类的铁磁材料，磁滞回线的形状不同。纯铁、硅钢、坡莫合金和软磁铁氧体等材料的磁滞回线较狭窄，剩磁感应强度 B_r 小，矫顽磁力 H_C 也小。这一类铁磁材料称为软磁材料，通常用于做变压器、电机、电器的铁芯。而另一类铁磁材料，如钨钢、铝镍钴合金、稀土钴和硬磁铁氧体等，它们的磁滞回线较宽，具有较高的剩磁感应强度 B_r 和较大的矫顽磁力 H_C，这类材料称为硬磁材料，常用于制造永久磁铁。

2. 交变磁化时的铁芯损耗

交变磁化时的铁芯损耗可分为磁滞损耗和涡流损耗两种。

（1）磁滞损耗。磁滞现象使铁磁材料在交变磁化过程中产生磁滞损耗，它是由于铁磁材料内部小磁畴在交变磁化过程中来回转向，相互牵连摩擦引起发热所损耗的能量。研究证明，交变磁化一周，在单位体积铁芯内所产生的磁滞损耗与磁滞回线所包围的面积成正比。软磁材料的磁滞损耗小，适于做交流电气设备的铁芯。

（2）涡流损耗。铁磁材料在交变磁化的过程中还有另一种损耗——涡流损耗。铁磁材料不仅是导磁材料，同时又是导电材料。当铁芯中的磁通发生变化时，在铁芯中会产生感应电动势和感应电流。这种感应电流在垂直于磁力线的平面内，呈涡旋状分布，因而称为涡流，如图 6-22(a) 所示。涡流在铁芯的电阻上引起的功率损耗称为涡流损耗。

涡流损耗也会引起铁芯发热。为了减小涡流损耗，在顺磁力线的方向上，用彼此绝缘的硅钢片叠成铁芯，如图 6-22(b) 所示。采用这种办法可将涡流限制在较小的截面内流通，加上硅钢的电阻率较大，使得涡流及涡流损耗大大减小。

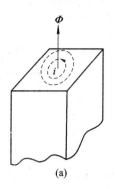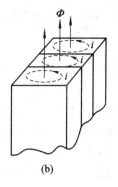

图 6-22　铁芯中的涡流

　　磁滞损耗和涡流损耗合称为铁芯损耗。它使铁芯发热,造成交流电机、变压器及其他交流电气设备的功率损耗增大,效率降低。不过在其他某些场合,涡流现象也有可利用的一面,例如利用涡流的热效应来加热或冶炼金属。

6.3.3　磁路及磁路欧姆定律

　　为了使较小的励磁电流能产生足够强的磁场,在电机、变压器和电磁铁等设备中,通常是将线圈绕在铁芯上。例如在图 6-23 中,当线圈通入电流后,由于铁芯磁导率比周围空气或其他非磁性材料的磁导率要高得多,因此磁通的绝大部分都集中在铁芯内,沿铁芯形成闭合通路。这部分磁通 Φ 称为主磁通。磁通的路径称为磁路。除此之外,另有很少一部分磁通通过铁芯以外非磁性材料而闭合,称为漏磁通。

　　磁路的分析和计算与电路的分析和计算一样,也要用到一些基本定律,其中最基本的是磁路欧姆定律。以图 6-23 所示无分支磁路为例,假设磁路是由同一种铁磁材料构成的,其截面积为 S,平均长度为 l。由于磁通的连续性,通过铁芯各处的磁通相同。根据全电流定律

$$\oint \boldsymbol{H}\,\mathrm{d}l = \sum I = IN$$

得出

$$Hl = IN$$

图 6-23　磁路

将 $\boldsymbol{H} = \dfrac{\boldsymbol{B}}{\mu}$ 及 $\boldsymbol{B} = \dfrac{\Phi}{S}$ 代入得

$$IN = \frac{\boldsymbol{B}}{\mu}l = \frac{\Phi}{\mu S}l$$

则

$$\Phi = \frac{IN}{\dfrac{l}{\mu S}} = \frac{F}{R_{\mathrm{m}}} \tag{6-26}$$

式中,$F = IN$ 为磁动势;$R_{\mathrm{m}} = \dfrac{l}{\mu S}$ 称为磁阻,是表示物质对磁通具有阻碍作用的物理量。

　　式(6-26)与电路的欧姆定律在形式上很相似,所以称为磁路欧姆定律。

图 6-24 所示的铁芯存在着一个很小的空气隙 l_0，根据磁路欧姆定律有

$$\Phi = \frac{F}{R_m} = \frac{IN}{\dfrac{l_1}{\mu S} + \dfrac{l_0}{\mu_0 S}}$$

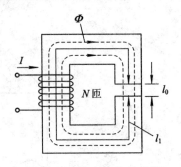

由上式可知，尽管气隙长度 l_0 很小，但由于 $\mu_0 \ll \mu$，空气隙的磁阻却远远大于铁芯磁阻。因此，当磁路中有空气隙存在时，磁路的总磁阻将显著增加。若磁动势 F 一定，则磁路中的磁通 Φ 将减小；若要保持磁路中的磁通

图 6-24 有空气隙的磁路

一定，就要增大磁动势 F。可见，空气隙虽小，磁阻却很大，影响也很大。因此，磁路中应尽量减小非必要的空气隙。

6.4 理想变压器及其电路的计算

变压器是一种利用互感耦合实现能量传输和信号传递的电气设备。它通常由两个互感线圈组成，一个线圈与电源相连接，称为初级线圈；另一个线圈与负载相连，称为次级线圈。

理想变压器是一种特殊的无损耗、全耦合变压器。理想变压器应当满足下列三个条件：

（1）变压器本身无损耗；

（2）耦合系数 $K = \dfrac{M}{\sqrt{L_1 L_2}} = 1$，即全耦合；

（3）L_1、L_2 和 M 均为无限大，但 $\sqrt{\dfrac{L_1}{L_2}}$ 等于常数。

理想变压器的电路符号如图 6-25 所示，为使实际变压器的性能接近理想变压器，工程实际中常采用两方面措施，一方面是尽量采用有高导磁率的铁磁材料作为芯子；另一方面是尽量紧密耦合。

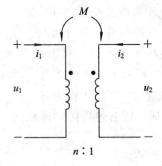

图 6-25 理想变压器的电路等号

1. 理想变压器的变压作用

图 6-26 所示为一铁芯变压器示意图，N_1，N_2 分别为初、次级线圈的匝数。由于铁芯的导磁率很高，一般可认为磁通全部集中在铁心中。若铁芯磁通为 ϕ，则根据电磁感应定律，有

$$u_1 = N_1 \frac{\mathrm{d}\phi}{\mathrm{d}t}$$

$$u_2 = N_2 \frac{\mathrm{d}\phi}{\mathrm{d}t}$$

所以得理想变压器的变压关系为

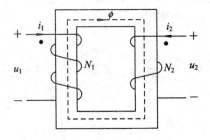

图 6-26 铁芯变压器示意图

$$\frac{u_1}{u_2} = \frac{N_1}{N_2} = n \qquad (6-27)$$

n 称为变比，是一个常数。

2. 理想变压器的变流作用

理想变压器的简化电路如图 6-27 所示。

可得端电压相量式为

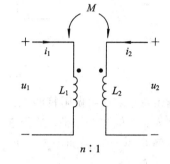

图 6-27　理想变压器的简化电路

$$j\omega L_1 \dot{I}_1 + j\omega M \dot{I}_2 = \dot{U}_1 \qquad (6-28)$$

$$j\omega M \dot{I}_1 + j\omega L_2 \dot{I}_2 = \dot{U}_2 \qquad (6-29)$$

因为 $K=1$，即 $M = \sqrt{L_1 L_2}$，则

$$j\omega L_1 \dot{I}_1 + j\omega \sqrt{L_1 L_2} \dot{I}_2 = \dot{U}_1 \qquad (6-30)$$

$$j\omega \sqrt{L_1 L_2} \dot{I}_1 + j\omega L_2 \dot{I}_2 = \dot{U}_2 \qquad (6-31)$$

由式(6-31)得

$$\sqrt{\frac{L_2}{L_1}} (j\omega L_1 \dot{I}_1 + j\omega \sqrt{L_1 L_2} \dot{I}_2) = \dot{U}_2 \qquad (6-32)$$

将(6-30)，(6-32)式联立，求得

$$\frac{\dot{U}_1}{\dot{U}_2} = \sqrt{\frac{L_1}{L_2}} = n \qquad (6-33)$$

式(6-33)为理想变压器的变压关系式。

由(6-30)式可得

$$\dot{I}_1 = \frac{\dot{U}_1}{j\omega L_1} - \sqrt{\frac{L_2}{L_1}} \dot{I}_2$$

由于 $L_1 \rightarrow \infty$，因而

$$\frac{\dot{I}_1}{\dot{I}_2} = -\sqrt{\frac{L_2}{L_1}} = -\frac{1}{n} \qquad (6-34)$$

式(6-34)为理想变压器的变流关系式。

式(6-33)，(6-34)的变压、变流关系是在图 6-27 所示各参考方向下得到的，若两端口电压极性对同名端不一致时，式(6-33)应写为 $\frac{\dot{U}_1}{\dot{U}_2} = -n$；若两端口电流的方向对同名端不一致时，式(6-34)应写为 $\frac{\dot{I}_1}{\dot{I}_2} = \frac{1}{n}$。

3. 理想变压器的阻抗变换

图 6-28(a)所示电路中，若在次级接负载 Z_L，这时从初级看进去的输入阻抗为

$$Z_i = \frac{\dot{U}_1}{\dot{I}_1} = \frac{n\dot{U}_2}{-\frac{1}{n}\dot{I}_2} = n^2 \left[\frac{\dot{U}_2}{-\dot{I}_2} \right] = n^2 Z_L \qquad (6-35)$$

式(6-35)说明，接在变压器副边的负载阻抗 Z_L，反映到变压器原边的等效阻抗是 $n^2 Z_L$，扩大了 n^2 倍，这就是变压器的阻抗变换作用，其等效电路如图 6-28(b)所示。

变压器的阻抗变换作用常应用于电子电路中。例如，收音机、扩音机中扬声器的阻抗一般为几欧到几十欧，而其功率输出级要求负载阻抗为几十欧或几百欧才能使负载获得最

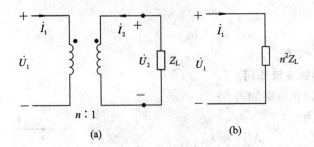

图 6-28 理想变压器变换阻抗的作用

大输出功率，这叫做阻抗匹配。实现阻抗匹配的方法就是在电子设备功率输出级和负载之间接入一个输出变压器，适当选择变比以获得所需的阻抗。

例 6-4 电路如图 6-29(a)所示，如果要使 5 Ω 电阻能获得最大功率，试确定理想变压器的变比 n。

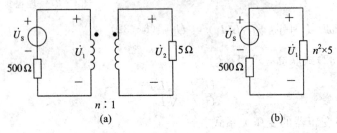

图 6-29

解 已知负载 $Z_L = 5\ \Omega$，故次级对初级的折合阻抗

$$Z_L' = n^2 Z_L = n^2 \times 5$$

电路可等效为图 6-29(b)，由最大功率传输条件可知，当 $n^2 \times 5$ 等于电压源的串联电阻时，负载可获得最大功率，所以

$$n^2 \times 5 = 500$$

可解得变比 $n = 10$。

习　　题

6.1 一收音机接收线圈的 $R = 20\ \Omega$，$L = 250\ \mu H$，调节电容 C 收听频率为 720 Hz 的中央台，输入回路可视为一 RLC 串联电路，问这时的电容值为多少？回路的品质因数 Q 为多少？

6.2 在 RLC 串联电路中，$R = 16\ \Omega$，$L = 0.4$ mH，$C = 600$ pF。试求：

(1) 电路的谐振频率、总阻抗和品质因数；

(2) 当频率高于谐振频率的 20% 时，电路的总阻抗。

6.3 将一个 RLC 串联电路接到有效值为 100 V 不变的正弦电压源，电压源的频率 $f_1 = 50$ Hz 和 $f_3 = 100$ Hz 时，电流都是 10 A。电压源的频率为 f_2 时，电流最大为 20 A。试求电路的 R、L、C 及频率 f_2。

6.4　一个并联谐振电路的谐振角频率为 10^5 rad/s，谐振时的阻抗为 120 kΩ 及线圈的品质因数为 100。求该电路的 R、L 和 C。

6.5　如图 6-30 所示，判定图(a)、图(b)中各对磁耦合线圈的同名端。

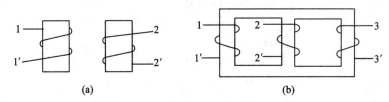

(a)　　　　　　　　　　　　(b)

图 6-30　题 6.5 图

6.6　如图 6-31 所示电路中，$i=3\sin100t$ A，$M=0.1$ H，试求电压 u_{AB} 的解析式。

6.7　图 6-32 所示电路中，已知 $i=\sqrt{2}\sin(1000t+30°)$ A，$L_1=L_2=0.02$ H，$M=0.01$ H。试求：

(1) $\dot{U}_{AB}$；

(2) 画出电压电流的相量图。

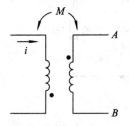

图 6-31　题 6.6 图

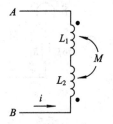

图 6-32　题 6.7 图

6.8　如图 6-33 所示电路中，已知 $X_C=4$ Ω，$X_{L1}=21$ Ω，$X_{L2}=30$ Ω，$R_1=3$ Ω，$R_2=6$ Ω，$\omega M=5$ Ω，外加电压 $\dot{U}=10$ V。求电路的输入阻抗和电流。

6.9　通过测量流入有互感的两串联线圈的电流、功率和外施电压，可以确定两个线圈之间的互感。现在用 $U=60$ V，$f=50$ Hz 的电源进行测量，顺向串联时的电流为 2 A，功率为 96 W；反向串联时的电流为 2.4 A。求互感 M。

6.10　在图 6-34 中，已知 $R_1=3$ Ω，$R_2=7$ Ω，$\omega L_1=9.5$ Ω，$\omega L_2=10.5$ Ω，$\omega M=5$ Ω，若电流 $\dot{I}=2\angle0°$ A。求电压 $\dot{U}$。

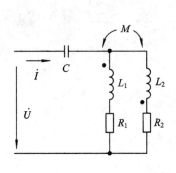

图 6-33　题 6.8 图

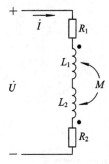

图 6-34　题 6.10 图

6.11 如图 6-35 所示电路，求电压 $\dot{U}_2$。

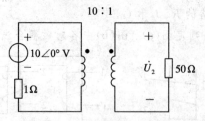

图 6-35 题 6.11 图

6.12 如图 6-36 所示电路，已知 $\dot{U}_S = 8\angle 0°$ V，$\omega = 1$ rad/s。

(1) 若变比 $n = 2$，求电流 $\dot{I}_1$ 以及 R_L 上消耗的功率 P_L；

(2) 若变比 n 可调整，问 n 为多大时可使 R_L 上获得最大功率，并求出该最大功率 $P_{L\text{max}}$。

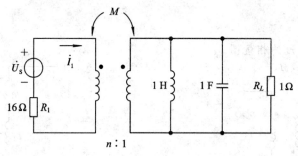

图 6-36 题 6.12 图

第 7 章　三相正弦交流电路

学习目标

　　通过本章的学习、训练，学生应了解对称量的概念；掌握三相电源、三相负载的连接形式及不同连接情况下相电压、线电压及相电流、线电流的关系；掌握三相电路的计算方法。

本章知识点

- 三相交流电压。
- 三相电源及三相负载的连接。
- 三相电路的计算。

本章重点和难点

- 三相电路的计算。
- 三相电路功率的计算。

　　在电力系统中，电能的生产、传输和分配几乎都采用三相制，这是因为三相输电比单相输电节省材料，同时三相电流能产生旋转磁场，从而能制成结构简单、性能良好的三相异步电动机。

7.1　三相交流电压

　　三相交流电是由三相交流发电机产生的。图 7-1(a)是三相交流发电机的示意图。在磁极间放一圆柱形铁芯，圆柱表面上对称安置了三个完全相同的线圈，叫做三相绕组。铁芯和绕组合称为转子。U_1、V_1、W_1 为绕组的首端，U_2、V_2、W_2 分别为它的末端，空间上相差 120°的相位角。当发电机转子以角速度 ω 逆时针旋转时，在三相绕组的两端产生幅值相等、频率相同、相位依次相差 120°的正弦交流电压。这一组正弦交流电压叫做对称三相正弦电压。电压的参考方向规定为由绕组的首端指向末端，如图 7-1(b)所示。以相电压 U 为正弦参考量，它们的解析式为

$$\left.\begin{array}{l} u_U = U_{pm} \sin\omega t \\ u_V = U_{pm} \sin(\omega t - 120°) \\ u_W = U_{pm} \sin(\omega t + 120°) \end{array}\right\} \tag{7-1}$$

式中，U_{pm} 为绕组两端产生的正弦电压的幅值。

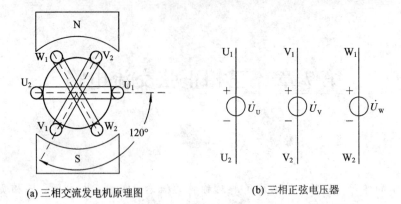

(a) 三相交流发电机原理图　　　　(b) 三相正弦电压器

图 7-1　三相交流发电机

它们的波形图和相量图如图 7-2 所示。

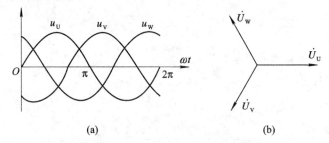

(a)　　　　　　　　　　(b)

图 7-2　对称三相电源的电压波形图和相量图

对应的相量为

$$\left.\begin{array}{l} \dot{U}_{U} = U\angle 0° \ V \\ \dot{U}_{V} = U\angle -120° \ V \\ \dot{U}_{W} = U\angle 120° \ V \end{array}\right\} \qquad (7-2)$$

三相交流电在相位上的先后次序称为相序。上述 U 相超前于 V 相，V 相超前于 W 相的顺序，叫做正序，一般的三相电源都是正序。工程上以黄、绿、红三种颜色分别作为 U、V、W 三相的标记。

从波形图可以看出，任意时刻三个正弦电压的瞬时值之和恒等于零，即

$$u_{U} + u_{V} + u_{W} = 0 \qquad (7-3)$$

其相量关系为

$$\dot{U}_{U} + \dot{U}_{V} + \dot{U}_{W} = 0$$

即对称的三个正弦量的相量(瞬时值)之和为零。

7.2　三相电源的连接

三相发电机的每一相绕组都是独立的电源，可以单独地接上负载，成为不相连接的三相电路，但这样使用的导线根数就太多，所以这种电路实际上是不应用的。

三相电源的三相绕组一般都按两种方式连接起来供电，一种方式是星形(Y)连接，一种方式是三角形(△)连接。

1. 三相电源的星形（Y）连接

三相电源的星形（Y）连接方式如图 7-3(a)所示，将三个电压源的末端 U_2、V_2、W_2 连接在一起，成为一个公共点 N，叫做中性点，简称中点；从三个首端 U_1、V_1、W_1 引出三根线与外电路相连。由中点引出的线称为中线，也称为零线或地线；由首端 U_1、V_1、W_1 引出的三根线称为端线或相线（俗称火线）。若三相电路中有中线，则称为三相四线制；若无中线，则称为三相三线制。

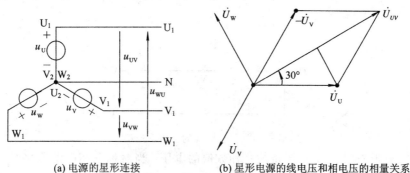

(a) 电源的星形连接　　　　　　　(b) 星形电源的线电压和相电压的相量关系

图 7-3　三相电源的星形连接

在三相电路中，每一相电压源两端的电压称为相电压，用 u_U、u_V、u_W 表示，参考方向规定为由首端指向末端；端线与端线之间的电压称为线电压，用 u_{UV}、u_{VW}、u_{WU} 表示，参考方向规定为由 U 到 V，由 V 到 W，由 W 到 U。

根据基尔霍夫电压定律可得

$$u_{UV} = u_U - u_V, \quad u_{VW} = u_V - u_W, \quad u_{WU} = u_W - u_U$$

用相量表示为

$$\dot{U}_{UV} = \dot{U}_U - \dot{U}_V, \quad \dot{U}_{VW} = \dot{U}_V - \dot{U}_W, \quad \dot{U}_{WU} = \dot{U}_W - \dot{U}_U$$

当相电压对称时，从相量图 7-3(b)可得线电压与相电压的关系。

线电压与相电压大小的关系为

$$U_{UV} = 2U_U \cos30° = \sqrt{3}U_U$$

在相位上线电压 $\dot{U}_{UV}$ 超前相电压 $\dot{U}_U$ 的角度为 30°，即

$$\dot{U}_{UV} = \sqrt{3}\dot{U}_U \angle 30°$$

同理可得

$$\dot{U}_{VW} = \sqrt{3}\dot{U}_V \angle 30°$$

$$\dot{U}_{WU} = \sqrt{3}\dot{U}_W \angle 30°$$

即线电压也是一组对称三相正弦量。线电压的大小是相电压大小的 $\sqrt{3}$ 倍，在相位上线电压超前相应的相电压 30°。

线电压的有效值用 U_l 表示，相电压的有效值用 U_p 表示，即

$$U_l = \sqrt{3}U_p \tag{7-4}$$

电源作 Y 形连接时，可给予负载两种电压。在低压配电系统中线电压为 380 V，相电压为 220 V。

2. 三相电源的三角形(△)连接

将三个电压源首末端依次相连,形成一闭合回路,从三个连接点引出三根端线。当三相电源作△(形)连接时,只能是三相三线制,而且线电压就等于相电压,即分别表示为

$$\dot{U}_{UV} = \dot{U}_U, \quad \dot{U}_{VW} = \dot{U}_V, \quad \dot{U}_{WU} = \dot{U}_W$$

三相电源的△(形)连接如图 7-4 所示。

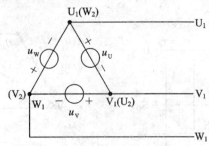

图 7-4　三相电源的三角形连接

电源作△(形)连接时,给予负载一种数值的电压。当对称三相电源连接时,只要连接正确,那么 $u_U + u_V + u_W = 0$,电源内部无环流。但是,如果某一相的始端与末端接反,则会在回路中引起电流,而造成事故。

7.3　三相负载的连接

三相负载,即三相电源的负载,由互相连接的三个负载组成,其中每个负载称为一相负载。

在三相电路中,负载有两种情况:一种是负载是单相的,例如电灯、日光灯等照明负载,它们通过适当的连接组成三相负载。另一种负载是三相的,如电动机,三相绕组中的每一相绕组也是单相负载,所以也存在如何将三个单相绕组连接起来接入电网的问题。

三相交流电路中,负载的连接方式有星形(Y)连接和三角形(△)连接两种。

1. 三相负载的星形(Y)连接

三相负载的 Y 形连接,就是把三个负载的一端连接在一起,形成一个公共端点 N′,负载的另一端分别与电源三根端线连接。如果电源为星形连接,则负载公共点 N′ 与电源中点 N 的连线称为中线,两点间的电压 $U_{N'N}$ 称为中点电压。若电路中有中线连接,则构成三相四线制电路;若没有中线连接,或电源为三角形连接,则构成三相三线制电路。

负载 Y 形连接的三相四线制电路如图 7-5 所示。其中流过端线的电流为线电流;流过每一相负载的电流为相电流,参考方向选择从电源流向负载。从图 7-5 可以看出,负载相电流等于线电流。流过中线的电流为中线电流,参考方向选择由负载中性点流向电源中性点。

若每相负载的复阻抗都相同,即 $Z_U = Z_V = Z_W = Z$,则称为对称负载;三相电路中若电源对称,负载也对称,则称为对称三相电路。

在三相四线制中,因为有中线存在,负载的工作情况与单相交流电路相同。若忽略连接导线上的阻抗,则负载相电压等于对应电源的相电压,即

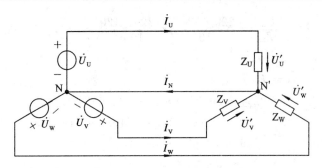

图 7 - 5 三相负载的星形连接

$$\dot{U}'_U = \dot{U}_U, \quad \dot{U}'_V = \dot{U}_V, \quad \dot{U}'_W = \dot{U}_W$$

不论负载对称与否，负载端的电压总是对称的，这是三相四线制电路的一个重要特点。因此，在三相四线制供电系统中，可以将各种单相负载如照明、家电电器接入其中一相使用。

负载各相电流为

$$\dot{I}_U = \frac{\dot{U}_U}{Z_U}, \quad \dot{I}_V = \frac{\dot{U}_V}{Z_V}, \quad \dot{I}_W = \frac{\dot{U}_W}{Z_W}$$

中线电流

$$\dot{I}_N = \dot{I}_U + \dot{I}_V + \dot{I}_W$$

如果电源线电压对称，负载也对称，此时负载端相电流大小相等，相位依次相差 120°，也是一组对称的正弦量。即

$$\dot{I}_U = \frac{\dot{U}_U}{Z}$$

$$\dot{I}_V = \frac{\dot{U}_V}{Z} = \frac{\dot{U}_U \angle -120°}{Z} = \dot{I}_U \angle -120°$$

$$\dot{I}_W = \frac{\dot{U}_W}{Z} = \frac{\dot{U}_U \angle 120°}{Z} = \dot{I}_U \angle 120°$$

此时，中线电流为

$$\dot{I}_N = \dot{I}_U + \dot{I}_V + \dot{I}_W = \dot{I}_U + \dot{I}_U \angle -120° + \dot{I}_U \angle 120° = 0$$

中线没有电流通过，把中线去掉，对电路没有影响，此时便构成三相三线制电路。

例 7 - 1 在三相四线制电路中，星形负载各相阻抗分别为 $Z_U = 8 + j6$ Ω，$Z_V = 3 - j4$ Ω，$Z_W = 10$ Ω，电源线电压为 380 V，求各相电流及中线电流。

解 设电源为星形连接，则由题意可知

$$U_p = \frac{U_l}{\sqrt{3}} = \frac{380}{\sqrt{3}} = 220 \text{ V}$$

设

$$\dot{U}_U = 220 \angle 0° \text{ V}$$

则各相负载的相电流为

$$\dot{I}_U = \frac{\dot{U}_U}{Z_U} = \frac{220 \angle 0°}{8 + j6} = \frac{220 \angle 0°}{10 \angle 36.9°} = 22 \angle -36.9° \text{ A}$$

$$\dot{I}_V = \frac{\dot{U}_V}{Z_V} = \frac{220 \angle -120°}{3 - j4} = \frac{220 \angle -120°}{5 \angle -53.1°} = 44 \angle -66.9° \text{ A}$$

$$\dot{I}_W = \frac{\dot{U}_W}{Z_W} = \frac{220\angle 120°}{10} = \frac{220\angle 120°}{10\angle 0°} = 22\angle 120° \text{ A}$$

中线电流为

$$\dot{I}_N = \dot{I}_U + \dot{I}_V + \dot{I}_W$$
$$= 22\angle -36.9° + 44\angle -66.9° + 22\angle 120°$$
$$= 17.6 - j13.2 + 17.3 - j40.5 - 11 + j19.1$$
$$= 23.9 - j34.6$$
$$= 42\angle -55.4° \text{ A}$$

例 7 - 2　三相三线制电路中，已知三相对称电源的线电压 $U_1 = 380$ V，三相星形对称负载的每相阻抗 $Z = 6 + j8$ Ω，求各相电流、相电压，并画出相电压与相电流的相量图。

解　先求相电压

$$U_p = \frac{U_1}{\sqrt{3}} = \frac{380}{\sqrt{3}} = 220 \text{ V}$$

设 $\dot{U}_{UV}$ 的初相为 0°，即 $\dot{U}_{UV} = 380\angle 0°$ V，则

$$\dot{U}_U = 220\angle -30° \text{ V}$$

根据对称关系

$$\dot{U}_V = 220\angle -150° \text{ V}, \quad \dot{U}_W = 220\angle 90° \text{ V}$$

每相阻抗

$$Z = 6 + j8 \text{ Ω} = 10\angle 53° \text{ Ω}$$

各相电流

$$\dot{I}_U = \frac{\dot{U}_U}{Z} = \frac{220\angle -30°}{10\angle 53°} = 22\angle -83° \text{ A}$$

$$\dot{I}_V = \frac{\dot{U}_V}{Z} = \frac{220\angle -150°}{10\angle 53°} = 22\angle 157° \text{ A}$$

$$\dot{I}_W = \frac{\dot{U}_W}{Z} = \frac{220\angle 90°}{10\angle 53°} = 22\angle 37° \text{ A}$$

相电压和相电流的相量图见图 7 - 6 所示。

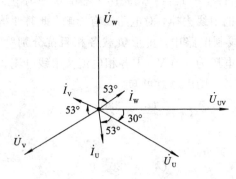

图 7 - 6　例 7 - 2 图

2. 三相负载的三角形(△)连接

三相负载的△(形)连接，就是将三相负载首尾连接，再将三个连接点与三根电源端线相连。如图 7 - 7(a)所示，此时只能构成三相三线制，各电流参考方向示于图 7 - 7(b)中。

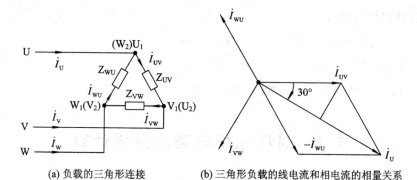

(a) 负载的三角形连接　　(b) 三角形负载的线电流和相电流的相量关系

图 7 - 7 三相负载的三角形连接

负载三角形连接时，电路有以下基本关系：

(1) 各相负载两端电压为电源线电压。

(2) 各相电流可按单相正弦交流电路计算，即

$$\dot{I}_{UV} = \frac{\dot{U}_{UV}}{Z_{UV}}, \quad \dot{I}_{VW} = \frac{\dot{U}_{VW}}{Z_{VW}}, \quad \dot{I}_{WU} = \frac{\dot{U}_{WU}}{Z_{WU}}$$

(3) 各线电流可利用 KCL 计算，即

$$\dot{I}_U = \dot{I}_{UV} - \dot{I}_{WU}, \quad \dot{I}_V = \dot{I}_{VW} - \dot{I}_{UV}, \quad \dot{I}_W = \dot{I}_{WU} - \dot{I}_{VW}$$

如果电源电压对称，负载对称，则负载的相电流也是对称的，从相量图 7 - 7(b) 可求出线电流与相电流的关系。

线电流与相电流大小的关系

$$I_U = 2I_{UV}\cos30° = \sqrt{3}I_{UV}$$

在相位上，线电流 $\dot{I}_U$ 滞后相应的相电流 $\dot{I}_{UV}$ 的角度为 30°，即

$$\dot{I}_U = \sqrt{3}\dot{I}_{UV}\angle-30°$$

同理可得

$$\dot{I}_V = \sqrt{3}\dot{I}_{VW}\angle-30°$$

$$\dot{I}_W = \sqrt{3}\dot{I}_{WU}\angle-30°$$

可见，线电流也是一组对称三相正弦量，其有效值为相电流的 $\sqrt{3}$ 倍，在相位上滞后于相应的相电流 30°。

线电流有效值用 I_l 表示，相电流有效值用 I_p 表示，即

$$I_l = \sqrt{3}I_p$$

例 7 - 3 对称负载接成三角形，接入线电压为 380 V 的三相电源，若每相阻抗 $Z=6+j8\ \Omega$，求负载各相电流及各线电流。

解 设 $\dot{U}_{UV}=380\angle0°$ V，则负载各相电流分别为

$$\dot{I}_{UV} = \frac{\dot{U}_{UV}}{Z} = \frac{380\angle0°}{6+j8} = \frac{380\angle0°}{10\angle53.1°} = 38\angle-53.1°\ A$$

$$\dot{I}_{VW} = \frac{\dot{U}_{VW}}{Z} = \frac{380\angle-120°}{6+j8} = 38\angle-173.1°\ A$$

$$\dot{I}_{WU} = \frac{\dot{U}_{WU}}{Z} = \frac{380\angle120°}{6+j8} = 38\angle66.9°\ A$$

负载各线电流分别为

$$\dot I_U = \sqrt 3 \dot I_{UV} \angle -30° = \sqrt 3 \times 38 \angle -53.1° -30° = 66 \angle -83.1° \text{ A}$$

$$\dot I_V = \sqrt 3 \dot I_{VW} \angle -30° = 66 \angle 156.9° \text{ A}$$

$$\dot I_W = \sqrt 3 \dot I_{WU} \angle -30° = 66 \angle 36.9° \text{ A}$$

7.4 对称三相电路的分析计算

对称三相电路是指三相电源对称、三相负载对称、三相输电线也对称(即三相输电线的复阻抗相等)的三相电路。在此,首先分析星形对称电路的特点,然后讨论一般情况下,三相电路是如何计算的。

1. 对称星形电路的特点

图7-8所示为对称三相四线制电路,其中 Z_l 是输电线的复阻抗,Z_N 是中线复阻抗,负载复阻抗 $Z_U = Z_V = Z_W = Z$。

根据弥尔曼定理,图7-8所示电路的中点电压为

$$\dot U_{N'N} = \cfrac{\dfrac{\dot U_U}{Z_U+Z_l} + \dfrac{\dot U_V}{Z_V+Z_l} + \dfrac{\dot U_W}{Z_W+Z_l}}{\dfrac{1}{Z_U+Z_l} + \dfrac{1}{Z_V+Z_l} + \dfrac{1}{Z_W+Z_l} + \dfrac{1}{Z_N}} = \cfrac{\dfrac{1}{Z+Z_l}(\dot U_U + \dot U_V + \dot U_W)}{\dfrac{3}{Z+Z_l} + \dfrac{1}{Z_N}} = 0$$

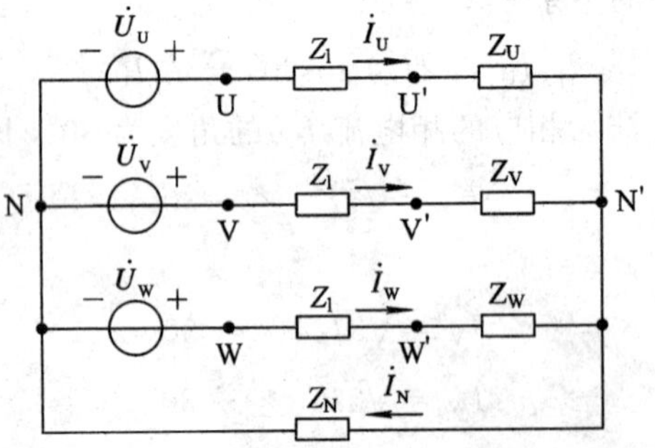

图7-8 三相四线制电路

可见,对称三相星形电路的中点电压为零,即负载中点与电源中点等电位,因而中线电流为

$$\dot I_N = \frac{\dot U_{N'N}}{Z_N} = 0$$

所以,当负载对称时,将中线断开或者短路对电路都没有影响。

各端线电流

$$\dot I_U = \frac{\dot U_U - \dot U_{N'N}}{Z_l + Z} = \frac{\dot U_U}{Z_l + Z}$$

$$\dot I_V = \frac{\dot U_V - \dot U_{N'N}}{Z_l + Z} = \frac{\dot U_V}{Z_l + Z} = \dot I_U \angle -120°$$

$$\dot I_W = \frac{\dot U_W - \dot U_{N'N}}{Z_l + Z} = \frac{\dot U_W}{Z_l + Z} = \dot I_U \angle 120°$$

它们只取决于本相电源和负载,而与其他相无关。

负载各相电压分别为

$$\dot{U}_{U'N'} = Z\dot{I}_U$$

$$\dot{U}_{V'N'} = Z\dot{I}_V = \dot{U}_{U'N'}\angle-120°$$

$$\dot{U}_{W'N'} = Z\dot{I}_W = \dot{U}_{U'N'}\angle120°$$

负载端的线电压分别为

$$\dot{U}_{U'V'} = \dot{U}_{U'N'} - \dot{U}_{V'N'}$$

$$\dot{U}_{V'W'} = \dot{U}_{V'N'} - \dot{U}_{W'N'} = \dot{U}_{U'V'}\angle-120°$$

$$\dot{U}_{W'U'} = \dot{U}_{W'N'} - \dot{U}_{U'N'} = \dot{U}_{U'V'}\angle120°$$

可见,各线电流、负载各相电压、负载端的线电压都分别对称。

2. 对称三相电路的一般解法

图 7-9(a)是具有两组对称负载的三相三线制电路。其中 Z_1 组负载是星形连接,Z_2 组负载是三角形连接,电源线电压对称。

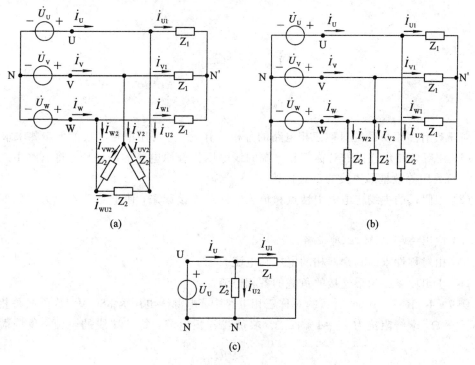

(a)　　　　　　　　　　(b)

(c)

图 7-9　两组对称负载的三相电路

首先,引入一组星形连接的对称三相电源的线电压作为等效电源。

其次,将 Z_2 组三角形连接的负载用等效星形连接的负载来代替。等效星形负载的复阻抗为

$$Z_2' = \frac{Z_2}{3}$$

根据星形对称三相电路的特点,即负载中点与电源中点等电位,我们可以用一条假想的中线将这两端的中性点连接起来,如图 7-9(b)所示。经过这样的连接,电路便成为三相四线制电路。

对称三相电路的电流、电压具有独立性，这样就可以取出一相来进行单独的计算。图 7-9(c)为取出的 U 相电路。由单相电路图可得

$$\dot{I}_U = \frac{\dot{U}_U}{\dfrac{Z_1 Z_2'}{Z_1 + Z_2'}}$$

可求得各支路电流为

$$\dot{I}_{U1} = \dot{I}_U \frac{Z_2'}{Z_1 + Z_2'}, \quad \dot{I}_{U2} = \dot{I}_U \frac{Z_1}{Z_1 + Z_2'}$$

由负载端电路的对称性，可求出其余两相的电流为

$$\dot{I}_V = \dot{I}_U \angle -120°, \quad \dot{I}_W = \dot{I}_U \angle 120°$$

$$\dot{I}_{V1} = \dot{I}_{U1} \angle -120°, \quad \dot{I}_{V2} = \dot{I}_{U2} \angle -120°$$

$$\dot{I}_{W1} = \dot{I}_{U1} \angle 120°, \quad \dot{I}_{W2} = \dot{I}_{U2} \angle 120°$$

这里要特别注意的是，$\dot{I}_{U2}$、$\dot{I}_{V2}$、$\dot{I}_{W2}$ 是等效星形负载的线电流，也是原 Z_2 组三角形负载的线电流。原 Z_2 组负载的相电流可由线电流求得，即

$$\dot{I}_{UV2} = \frac{\dot{I}_{U2}}{\sqrt{3}} \angle 30°$$

$$\dot{I}_{VW2} = \frac{\dot{I}_{V2}}{\sqrt{3}} \angle 30°$$

$$\dot{I}_{WU2} = \frac{\dot{I}_{W2}}{\sqrt{3}} \angle 30°$$

对于具有多组负载的对称三相电路的分析计算，一般可用单相法按如下步骤来求解：

(1) 用等效星形连接的对称三相电源的线电压代替原电路的线电压；将电路中三角形连接的负载用等效星形连接的负载代替。

(2) 用假设的中线将电源中性点和负载中性点连接起来，使电路等效成为三相四线制电路。

(3) 取出一相电路，单独求解。

(4) 由对称性求出其余两相的电压和电流。

(5) 求出原来三角形连接的负载的各相电流。

例 7-4 图 7-10(a)所示的对称三相电路中，电源线电压为 380 V，若负载每相阻抗 $Z = 6 + j8$ Ω，端线阻抗为 $Z_1 = 1 + j1$ Ω。求负载各相电流、每条端线的电流、负载端各相电压。

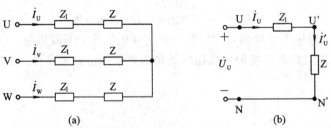

图 7-10 例 7-4 图

解 由已知 $U_1 = 380$ V，可得

$$U_p = \frac{U_1}{\sqrt{3}} = \frac{380}{\sqrt{3}} = 220 \text{ V}$$

单独画出 U 相电路，如图 7 - 10(b)所示。

设 $\dot{U}_U = 220\angle 0°$ V，负载是星形连接，则负载端线电流和相电流相等，即

$$\dot{I}_U = \frac{\dot{U}_U}{Z_1 + Z} = \frac{220\angle 0°}{(1+j1)+(6+j8)} = \frac{220\angle 0°}{11.4\angle 52.1°} = 19.3\angle -52.1° \text{ A}$$

$$\dot{I}_V = \dot{I}_U\angle -120° = 19.3\angle -172.1° \text{ A}$$

$$\dot{I}_W = \dot{I}_U\angle 120° = 19.3\angle 67.9° \text{ A}$$

负载端各相电压分别为

$$\dot{U}_{U'} = \dot{U}_{U'N'} = Z\dot{I}_U = 19.3\angle -52.1° \times (6+j8) = 192\angle 1° \text{ V}$$

$$\dot{U}_{V'} = \dot{U}_{V'N'} = \dot{U}_{U'N'}\angle -120° = 192\angle -119° \text{ V}$$

$$\dot{U}_{W'} = \dot{U}_{W'N'} = \dot{U}_{W'N'}\angle 120° = 192\angle 121° \text{ V}$$

7.5　不对称三相电路的分析计算

在三相电路中，电源的不对称或负载的不对称都将使三相电路成为不对称电路。本节主要讨论不对称星形负载电路的求解。不对称三相电路不具有对称三相电路那些特点，不能单独取出一相来计算，常用中点电压法来分析计算。

1. 位形图

位形图是一种表示电路中各点电位关系的特殊相量图。位形图有两种画法，一种是按电位升来画的，另一种是按电位降来画的。在此讲述前一种画法。

图 7 - 11(a)所示的电路，N 点是中性点。在位形图中可将中性点作为电位的参考点。由 N 点到 U 点的电位升等于 $\dot{U}_U$，在位形图中用竖直向上的相量 $\dot{U}_U$ 表示，如图 7 - 11(b)所示。位形图中 U 的位置就用来表示图 7 - 11(a)所示的电路中 U 的电位。同理，在位形图中的 V、W 各点分别表示电路图中 V、W 两点的电位，相量 $\dot{U}_V$、$\dot{U}_W$ 就表示电路中的 V 相、W 相的电位升。如果在位形图中画出从 V 点指向 U 点的有向线段，则可以表示从 V 点到 U 点的电位升，即 U、V 两端线间的线电压 $\dot{U}_{UV}$。同样可以画出 $\dot{U}_{VW}$ 和 $\dot{U}_{WU}$。

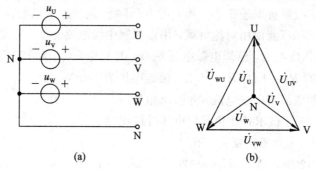

(a)　　　　　　　　　　　　(b)

图 7 - 11　三相电路的位形图

2. 中点电压法

不对称星形负载电路的计算首先是中点电压的计算，故称之为中点电压法。对于图

7-12 所示的电路，$\dot{U}_{N'N}$ 即为三相三线制电路的中点电压。

$$\dot{U}_{N'N} = \frac{\dfrac{\dot{U}_U}{Z_U} + \dfrac{\dot{U}_V}{Z_V} + \dfrac{\dot{U}_W}{Z_W}}{\dfrac{1}{Z_U} + \dfrac{1}{Z_V} + \dfrac{1}{Z_W}} \neq 0$$

此时，负载中点与电源中点电位不相等，从位形图（图 7-13）中可以看到，N′点与 N 点不再重合，这一现象称为中点位移。此时，负载端的电压可由 KVL 求得。

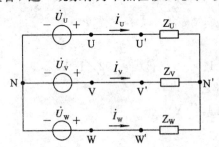

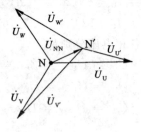

图 7-12　三相三线制电路　　　　　　图 7-13　中点位移

负载端各相电压分别为

$$\dot{U}_{U'} = \dot{U}_{UN'} = \dot{U}_U - \dot{U}_{N'N}$$
$$\dot{U}_{V'} = \dot{U}_{VN'} = \dot{U}_V - \dot{U}_{N'N}$$
$$\dot{U}_{W'} = \dot{U}_{WN'} = \dot{U}_W - \dot{U}_{N'N}$$

中点位移使负载端相电压不再对称，严重时，可能导致有的相电压太低以至于负载不能正常工作，有的相电压却又高出负载额定电压而造成负载烧毁。因此，三相三线制连接的电路一般不用于照明、家用电器等负载，多用于三相电动机等动力负载。

负载各相电流（线电流）为

$$\dot{I}_U = \frac{\dot{U}_{U'}}{Z_U}, \quad \dot{I}_V = \frac{\dot{U}_{V'}}{Z_V}, \quad \dot{I}_W = \frac{\dot{U}_{W'}}{Z_W}$$

应当指出，三相四线制允许负载不对称，中线的作用是至关重要的，一旦中线发生断路事故，四线制成为三线制，负载不对称就可能导致相当严重的后果。因此，四线制应当保证中线的可靠连接。为了防止意外，中线上绝对不允许安装开关或者保险丝，此外，如果中线电流过大，中线阻抗即使很小，其上的电压降也会引起中点的位移。所以，即使采用四线制供电，也应尽可能使用对称负载，用以限制中线电流。

例 7-5　三相四线制中，已知电源电压对称，其相电压 U_p 为 120 V，负载为纯电阻，其数值为 $R_U = 20\ \Omega$，$R_V = 4\ \Omega$，$R_W = 5\ \Omega$，额定电压为 120 V。

（1）求各负载相电流及中线电流，并画出相量图；

（2）若中线断开后，试求各相负载的电压并画出相量图。

解　（1）设以 $\dot{U}_U$ 为参考正弦量，则

$$\dot{U}_U = 120\angle 0°\ \text{V}, \quad \dot{U}_V = 120\angle -120°\ \text{V}, \quad \dot{U}_W = 120\angle 120°\ \text{V}$$

各负载的相电流为

$$\dot{I}_U = \frac{\dot{U}_U}{Z_U} = \frac{120\angle 0°}{20} = 6\angle 0°\ \text{A}$$

$$\dot{I}_{\mathrm{V}} = \frac{\dot{U}_{\mathrm{V}}}{Z_{\mathrm{V}}} = \frac{120\angle-120^\circ}{4} = 30\angle-120^\circ \ \mathrm{A}$$

$$\dot{I}_{\mathrm{W}} = \frac{\dot{U}_{\mathrm{W}}}{Z_{\mathrm{W}}} = \frac{120\angle120^\circ}{5} = 24\angle120^\circ \ \mathrm{A}$$

$$\dot{I}_{\mathrm{N}} = \dot{I}_{\mathrm{U}} + \dot{I}_{\mathrm{V}} + \dot{I}_{\mathrm{W}}$$

$$= 6 + 30\angle-120^\circ + 24\angle120^\circ$$

$$= 6 + (-15 - \mathrm{j}15\sqrt{3}) + (-12 + \mathrm{j}12\sqrt{3})$$

$$= -21 - \mathrm{j}3\sqrt{3}$$

$$= 21.6\angle-166.1^\circ \ \mathrm{A}$$

相量图见图 7-14(a)。

（2）若中线断开后，用节点电压法求得各相负载电压为

$$\dot{U}_{\mathrm{N'N}} = \frac{Y_{\mathrm{U}}\dot{U}_{\mathrm{U}} + Y_{\mathrm{V}}\dot{U}_{\mathrm{V}} + Y_{\mathrm{W}}\dot{U}_{\mathrm{W}}}{Y_{\mathrm{U}} + Y_{\mathrm{V}} + Y_{\mathrm{W}}}$$

$$= \frac{120\left(\dfrac{1}{20}\right) + 120\angle-120^\circ\left(\dfrac{1}{4}\right) + 120\angle120^\circ\left(\dfrac{1}{5}\right)}{\dfrac{1}{20} + \dfrac{1}{4} + \dfrac{1}{5}}$$

$$= -42 - \mathrm{j}10.4$$

$$= 43.3\angle-166.1^\circ \ \mathrm{V}$$

$$\dot{U}_{\mathrm{U}}' = \dot{U}_{\mathrm{U}} - \dot{U}_{\mathrm{N'N}} = 120 + 42 + \mathrm{j}10.4 = 162 + \mathrm{j}10.4 = 162.3\angle3.67^\circ \ \mathrm{V}$$

$$\dot{U}_{\mathrm{V}}' = \dot{U}_{\mathrm{V}} - \dot{U}_{\mathrm{N'N}} = -18 - \mathrm{j}93.5 = 95.2\angle-100.9^\circ \ \mathrm{V}$$

$$\dot{U}_{\mathrm{W}}' = \dot{U}_{\mathrm{W}} - \dot{U}_{\mathrm{N'N}} = -18 + \mathrm{j}114.3 = 157\angle98.9^\circ \ \mathrm{V}$$

相量图见图 7-14(b)。

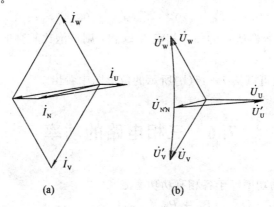

(a)　　　　　　　(b)

图 7-14　例 7-5 图

中线断开后，由于中点电压 $\dot{U}_{\mathrm{N'N}}$ 存在，使得 $U_{\mathrm{V}}'<U_{\mathrm{V}}$，造成负载 R_{V} 上电压降低，而使 $U_{\mathrm{U}}'>U_{\mathrm{U}}$，$U_{\mathrm{W}}'>U_{\mathrm{W}}$，这样可能烧坏 U 相和 W 相的电器。

综上所述，可知由于中线的存在，当三相负载不对称时，负载的相电压仍能保持不变。但当中线断开后，各相的相电压也就不相等了。与中线未断时比较，某些相的电压减小而其他相的电压增大，会造成负载的不正常工作，甚至可能烧毁用电设备。所以在任何时候中线上都不能装保险丝和开关。

当三相负载对称时，各相电流也是对称的，那么三相电流的相量和等于零，即中线电

流为零。说明 N 点与 N′点等电位，中线断开后负载相电压与相电流与有中线时是一样的。可见在对称的三相四线制电路中，中线不起作用，故可省去中线，使之成为了三相三线制电路。

例 7 - 6　图 7 - 15(a)所示电路是一种决定相序的仪器，叫相序指示器。若 $\dfrac{1}{\omega C} = R$，试说明在电源电压对称的情况下，如何根据两个灯泡所承受的电压来确定相序。

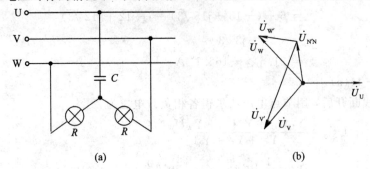

图 7 - 15　例 7 - 6 图

解　把电源看做 Y 连接，设 $\dot{U}_U = U_p \angle 0°$ V，那么中点电压为

$$\dot{U}_{N'N} = \frac{\dot{U}_U \, j\omega C + \dfrac{\dot{U}_V}{R} + \dfrac{\dot{U}_W}{R}}{j\omega C + \dfrac{1}{R} + \dfrac{1}{R}} = 0.63U_p \angle 108.4° \text{ V}$$

V 相灯泡所承受的电压为

$$\dot{U}'_V = \dot{U}_V - \dot{U}_{N'N} = U_p \angle -120° - 0.63U_p \angle 108.4° = 1.5U_p \angle -101.5° \text{ V}$$

W 相灯泡所承受的电压为

$$\dot{U}'_W = \dot{U}_W - \dot{U}_{N'N} = U_p \angle 120° - 0.63U_p \angle 108.4° = 0.4U_p \angle 138.4° \text{ V}$$

显然，$\dot{U}_{V'} > \dot{U}_{W'}$，若电容器所在的那一相定为 U 相，则灯泡比较亮的就为 V 相，较暗的为 W 相。

$\dot{U}_{V'}$、$\dot{U}_{W'}$ 的大小也可以从 7 - 15(b)所示的位形图中看出。

7.6　三相电路的功率

三相电路总的有功功率等于各相有功功率之和，即

$$P = P_U + P_V + P_W$$
$$= U_U I_U \cos\varphi_U + U_V I_V \cos\varphi_V + U_W I_W \cos\varphi_W$$

其中，U_U、U_V、U_W 分别为负载各相电压有效值，I_U、I_V、I_W 分别为各相电流有效值，φ_U、φ_V、φ_W 为各相负载的阻抗角。

若三相负载对称，则

$$P = 3U_p I_p \cos\varphi$$

当对称负载 Y(形)连接时，

$$U_l = \sqrt{3} U_p, \quad I_l = I_p$$

当对称负载△(形)连接时,

$$U_1 = U_p, \quad I_1 = \sqrt{3}I_p$$

有

$$P = 3U_p I_p \cos\varphi = \sqrt{3}U_1 I_1 \cos\varphi$$

故在对称三相电路中,无论负载接成星形还是三角形,总有功功率均为

$$P = \sqrt{3}U_1 I_1 \cos\varphi \qquad (7-5)$$

三相电路总的无功功率也等于三相无功功率之和,在对称三相电路中,三相无功功率为

$$Q = 3U_p I_p \sin\varphi = \sqrt{3}U_1 I_1 \sin\varphi \qquad (7-6)$$

而三相视在功率为

$$S = \sqrt{P^2 + Q^2} \qquad (7-7)$$

一般情况下,三相负载的视在功率不等于各相视在功率之和。只有在负载对称时,三相视在功率才等于各相视在功率之和。对称三相负载的视在功率为

$$S = 3U_p I_p = \sqrt{3}U_1 I_1$$

例 7-7　一对称三相负载作星形连接,每相负载为 $Z = R + jX = 6 + j8\ \Omega$。已知 $U_1 = 380\ V$,求三相总的有功功率 P。

解　每相负载的功率因数

$$\cos\varphi = \frac{R}{|Z|} = \frac{6}{\sqrt{6^2 + 8^2}} = 0.6$$

相电压为

$$U_p = \frac{U_1}{\sqrt{3}} = \frac{380}{\sqrt{3}} = 220\ V$$

负载相电流为

$$I_p = \frac{U_p}{|Z|} = \frac{220}{10} = 22\ A$$

则有功功率为

$$P = 3U_p I_p \cos\varphi = 3 \times 220 \times 22 \times 0.6 = 8.7\ kW$$
$$P = \sqrt{3}U_1 I_1 \cos\varphi = \sqrt{3} \times 380 \times 22 \times 0.6 = 8.7\ kW$$
$$P = 3I_p^2 R = 3 \times 22^2 \times 6 = 8.7\ kW$$

7.7　三相电流和电压的对称分量

在分析三相电机不对称运行和电力系统故障中,广泛应用对称分量法。本节简单介绍对称分量的概念。

一组对称三相正弦量是除了频率相同、有效值相等外,相位差顺序相等的三个正弦量。有三种对称三相正弦量,一种是一般所指的正序对称量,U 相比 V 相超前 120°、V 相比 W 相超前 120°、W 相也比 U 相超前 120°,相序为 U—V—W。另一种是 U 相比 V 相滞

后 120°、V 相比 W 相滞后 120°、W 相也比 U 相滞后 120°的对称量，相序为 U－W－V，这样的相序叫做负序。还有一种是 U 相比 V 相超前 0°、V 相比 W 相超前 0°、W 相也比 U 相超前 0°的对称量，三者同相，这样的相序叫做零序。

几组相序相同的对称三相正弦量相加的结果仍是一组同相序的对称三相正弦量。

几组不同相序的对称三相正弦量相加的结果是一组不对称三相正弦量。任意一组不对称三相正弦量，都可以分解为三组对称正弦量，也就是可以把一组不对称三相正弦量看成三组对称三相正弦量的叠加。这三组对称三相正弦量叫做原来一组不对称三相正弦量的对称分量。这三组对称分量中，一组的相序是正序，叫做正序分量；一组的相序是负序，叫做负序分量；还有一组的相序是零序，叫做零序分量。

用相量关系式表示上述分解情况，设一组不对称三相正弦电压（或电流）的相量为 $\dot{U}$、$\dot{V}$、$\dot{W}$。$\dot{U}$ 分解为 $\dot{U}_0$、$\dot{U}_1$、$\dot{U}_2$；$\dot{V}$ 分解为 $\dot{V}_0$、$\dot{V}_1$、$\dot{V}_2$；$\dot{W}$ 分解为 $\dot{W}_0$、$\dot{W}_1$、$\dot{W}_2$。其中 $\dot{U}_0 = \dot{V}_0 = \dot{W}_0$，即 $\dot{U}_0$、$\dot{V}_0$、$\dot{W}_0$ 为零序分量（下标 0 表示零序）；$\dot{V}_1 = a^2 \dot{U}_1$（$a = \angle 120°$），$\dot{W}_1 = a\dot{U}_1$，即 $\dot{U}_1$、$\dot{V}_1$、$\dot{W}_1$ 为正序分量（下标 1 表示正序）；$\dot{V}_2 = a\dot{U}_2$、$\dot{W}_2 = a^2\dot{U}_2$，即 $\dot{U}_2$、$\dot{V}_2$、$\dot{W}_2$ 为负序分量（下标 2 表示负序）。则

$$\dot{U} = \dot{U}_0 + \dot{U}_1 + \dot{U}_2 \tag{7-8a}$$

$$\dot{V} = \dot{V}_0 + \dot{V}_1 + \dot{V}_2 = \dot{U}_0 + a^2\dot{U}_1 + a\dot{U}_2 \tag{7-8b}$$

$$\dot{W} = \dot{W}_0 + \dot{W}_1 + \dot{W}_2 = \dot{U}_0 + a\dot{U}_1 + a^2\dot{U}_2 \tag{7-8c}$$

相量图如图 7-16，图（a）中是零序分量，图（b）中是正序分量，图（c）中是负序分量，图（d）中所画是三组对称量叠加成原先的一组不对称量。

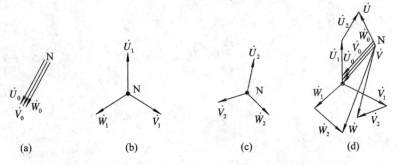

图 7-16　相量图

将式（7-8）中的三式联立，以 $\dot{U}$、$\dot{V}$、$\dot{W}$ 为已知数，求解 $\dot{U}_0$、$\dot{U}_1$、$\dot{U}_2$。这组联立方程式的主行列式

$$\Delta = \begin{vmatrix} 1 & 1 & 1 \\ 1 & a^2 & a \\ 1 & a & a^2 \end{vmatrix} = 3(a - a^2) = j3\sqrt{3} \neq 0$$

表明 $\dot{U}_0$、$\dot{U}_1$、$\dot{U}_2$ 是唯一存在的，即这样的分解是可能的。解上列方程式，把式（7-8）中的三式相加，由于 $1 + a^2 + a = 0$，解得

$$\dot{U}_0 = \frac{1}{3}(\dot{U} + \dot{V} + \dot{W}) \tag{7-9a}$$

即零序分量为原来三个不对称量之和的 $\frac{1}{3}$。把式（7-8b）乘以 a，式（7-8c）乘以 a^2，再和式

(7－8a)三者相加，解得

$$\dot{U}_1 = \frac{1}{3}(\dot{U} + a\dot{V} + a^2\dot{W}) \tag{7-9b}$$

把式(7－8b)乘以 a^2，式(7－8c)乘以 a，再与式(7－8a)三者相加，解得

$$\dot{U}_2 = \frac{1}{3}(\dot{U} + a^2\dot{V} + a\dot{W}) \tag{7-9c}$$

求得 $\dot{U}_0$、$\dot{U}_1$、$\dot{U}_2$，就可推出 $\dot{V}_0 = \dot{W}_0 = \dot{U}_0$，$\dot{V}_1 = a^2\dot{U}_1$，$\dot{V}_2 = a\dot{U}_2$，$\dot{W}_1 = a\dot{U}_1$，$\dot{W}_2 = a^2\dot{U}_2$。一般情况下，只需计算一相即可，也就是计算 A 相。

已知一组不对称三相正弦量，用式(7－9)求它的对称分量；已知对称分量，用式(7－8)求原来的不对称三相正弦量。

计算对称分量，应作相量图配合，如图 7－17 所示。图(a)是待分解的一组不对称三相正弦量的相量，按式(7－9(a))把 $\dot{U}$、$\dot{V}$、$\dot{W}$ 相加，如图(b)，得到 $3\dot{U}_0$；按式(7－9(b))，把 $\dot{U}$、$a\dot{V}$、$a^2\dot{W}$ 相加，如图(c)，得到 $3\dot{U}_1$；按式(7－9(c))，把 $\dot{U}$、$a^2\dot{V}$、$a\dot{W}$ 相加，如图(d)，得到 $3\dot{U}_2$。

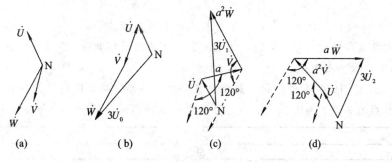

图 7－17　计算对称分量相量图

不对称三相正弦量的对称分量中，除正序分量一定有外，负序分量和零序分量不一定都有。

在三线制电路中，因为三个线电流之和为零，所以三线制电路的线电流中不含零序分量。如果三线制电路的线电流不对称，就可以认为是有了负序分量的缘故。

在四线制电路中，因为中线电流等于三个线电流之和，而三个正序分量之和、三个负序分量之和都为零，所以中线电流等于线电流的零序分量的 3 倍。

不论电路是三线制还是四线制，因为三个线电压之和为零，所以线电压中不含零序分量。如果线电压不对称，就可以认为是有了负序分量的缘故。

另外，在一组不对称三相正弦量中，某一相的量为零，其各序分量不一定都为零。

例 7－8　不对称三相正弦电压，$\dot{U}_U' = 0$、$\dot{U}_V' = U\angle-150°$、$\dot{U}_W' = U\angle150°$。求其对称分量。

解　根据式(7－9)，电压 $\dot{U}_U' = 0$ 的各序分量为

$$\dot{U}_{U0}' = \frac{1}{3}(\dot{U}_U' + \dot{U}_V' + \dot{U}_W') = \frac{U}{3}(\angle-150° + \angle150°) = -\frac{\sqrt{3}}{3}U$$

$$\dot{U}_{U1}' = \frac{1}{3}(\dot{U}_U' + a\dot{U}_V' + a^2\dot{U}_W') = \frac{U}{3}(\angle-30° + \angle30°) = \frac{\sqrt{3}}{3}U$$

$$\dot{U}_{U2}' = \frac{1}{3}(\dot{U}_U' + a^2\dot{U}_V' + a\dot{U}_W') = \frac{U}{3}(\angle90° + \angle-90°) = 0$$

三组对称分量的相量图如图 7-18 所示。

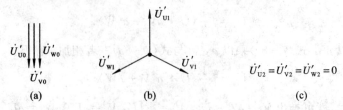

$$\dot{U}'_{U2}=\dot{U}'_{V2}=\dot{U}'_{W2}=0$$

(a)　　　　　　　　(b)　　　　　　　　(c)

图 7-18　对称分量的相量图

习　　题

7.1　星形连接的对称三相电源，已知 $\dot{U}_W=220\angle0°$ V，试写出 $\dot{U}_{UV}$、$\dot{U}_{VW}$、$\dot{U}_{WU}$、$\dot{U}_U$、$\dot{U}_V$。

7.2　三相四线制电路中，星形负载各相阻抗分别为 $Z_U=8+j6$ Ω，$Z_V=3-j4$ Ω，$Z_W=10$ Ω。电源线电压为 380 V，求各相电流及中线电流。

7.3　对称负载接成三角形，接入线电压为 380 V 的三相电源，若每相阻抗 $Z=6+j8$ Ω。求负载各相电流及各线电流。

7.4　将图 7-19 中各相负载分别接成星形或三角形，电源线电压为 380 V，相电压为 220 V，每只灯泡的额定电压为 220 V，每台电动机的额定电压为 380 V。

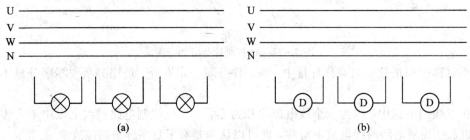

图 7-19　题 7.4 图

7.5　如图 7-20 所示电路中，正常工作时电流表的读数是 26 A，电压表的读数是 380 V，三相对称电源供电。试求在下列各情况下各相的电流。

（1）正常工作时；

（2）UV 相负载断开时；

（3）相线 V 断开时。

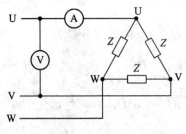

图 7-20　题 7.5 图

7.6　三相四线制系统中，中线的作用是什么？为什么中线（干线）上不能接熔断器和开关？

7.7　有一台电动机绕组为星形连接，测得其线电压为 220 V，线电流为 50 A，已知电动机的三相功率为 4.4 kW，求电动机每相绕组的参数 R 和 X_L。

7.8　电路如图 7-21 所示，已知三相电源对称，负载端相电压为 220 V，$R_1=20\ \Omega$，$R_2=6\ \Omega$，$X_L=8\ \Omega$，$X_C=10\ \Omega$。求：

（1）三相相电流；

（2）中线电流；

（3）三相功率 P、Q。

7.9　图 7-22 所示三相电路中，三相电源对称，线电压为 380 V，输电线复阻抗 $Z_L=1+j2\ \Omega$，负载 $Z_{UV}=6+j8\ \Omega$，$Z_{VW}=4+j3\ \Omega$，$Z_{WU}=12+j12\ \Omega$。试列出求三相负载相电压的方程式。

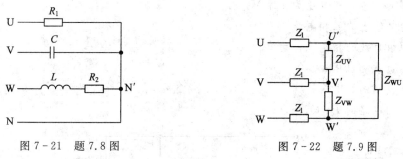

图 7-21　题 7.8 图　　　　　　　　图 7-22　题 7.9 图

7.10　在某三相四线制供电线路中，电源线电压为 380 V，星形连接的三相负载的阻抗 $Z_U=Z_V=Z_W=(10\sqrt{2}+j10\sqrt{2})\Omega$。求：

（1）各线电流和中线电流；

（2）若 U 相负载断开，各端线上电流与中线电流；

（3）试作上述两种情况下的相量图。

7.11　图 7-23 所示电路中，三相对称电源的线电压为 380 V，三相对称三角形连接负载复阻抗 $Z=90+j90\ \Omega$，输电线复阻抗每相 $Z_1=3+j4\ \Omega$。求：

（1）三相线电流；

（2）各相负载的相电流；

（3）各相负载的相电压。

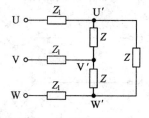

图 7-23　题 7.11 图

7.12　三相对称电路如图 7-24 所示，已知 $Z_1=9+j9\ \Omega$，$Z_2=3+j3\ \Omega$，$Z_3=3+j3\ \Omega$，线电压为 380 V。求：

（1）三相线电流；

(2) 三角形连接负载的线电流及 Z_2 负载的相电流；

(3) Z_1 负载相电流、相电压。

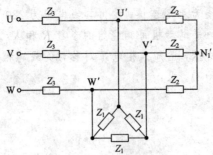

图 7-24　题 7.12 图

7.13　三相对称电路如图 7-25 所示，已知 $Z_1=3+j4$ Ω，$Z_2=10+j10$ Ω，$Z_1=2+j2$ Ω，对称电源星形连接，相电压为 127 V。求：

(1) 输电线上的三相电流；

(2) 两组负载的相电流；

(3) Z_2 负载相电压；

(4) 负载侧的线电压；

(5) 三相电路的 P、Q、S。

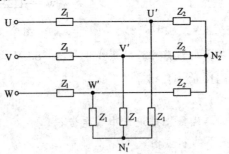

图 7-25　题 7.13 图

7.14　如图 7-26 所示三相四线制电路中，三相电源对称，线电压为 380 V，$X_L=X_C=R=40$ Ω。求：

(1) 三相相电压、相电流；

(2) 中线电流；

(3) 三相功率 P、Q、S。

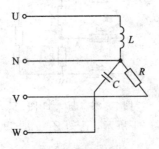

图 7-26　题 7.14 图

第 8 章　电工仪表与测量的基本知识

学习目标

　　通过本章的学习、训练，学生应了解电工测量的意义、电工仪表的分类、组成及其作用，掌握电工测量的方法，能够进行仪表的正确选择、仪表误差的计算及测量结果的表示。

本章知识点

- 电工测量的意义、测量方法的分类及特点。
- 电工仪表的分类、型号及组成，电工仪表的误差及准确度等级。
- 仪表的正确选择与使用。
- 测量误差及其消除办法。
- 有效数字及测量结果的表示。

本章重点和难点

- 电测量指示仪表的正确选择与使用。
- 仪表误差的表示方法。
- 测量误差分析及其消除办法。
- 有效数字的处理及测量结果的表示。

8.1　电工测量的基本知识

　　安全用电包括用电时的人身安全和设备安全。电是现代化生产和生活中不可缺少的重要能源，若用电不慎，可能造成电源中断、设备损坏、人身伤亡，给生产和生活带来重大损失。因此要重视用电安全。

8.1.1　电工测量的意义

　　电力工业的产品是电能，由于这一产品的特殊性，人们不能用感觉器官直接感受和反映它，因此，在电能的生产、传输、分配和使用的各个环节中，只有通过各种仪表的测量才能准确反映各种电气量的大小及变化情况，从而保证电能的质量以及电力系统的经济和安全运行。如为了保证电能质量，需要用电工仪表来测量和监视频率和电压的高低及变化情况；为了保证电力系统的经济和安全运行，必须随时测量和监视发电厂和用户的功率大小及平衡情况，以便调整发电机的出力（发电机输出电磁功率）或增减用户的负荷。

　　不论是在电气设备的安装、调试、运行和检修中，还是在对电子产品进行检验、分析及鉴定时，都会遇到电工测量方面的技术问题。如变压器大修后，要用绝缘电阻表来测量其绝缘电阻，以判断其绝缘性能的好坏；在测试电子电路时，可用万用表来测量电容器的漏电阻以判断其好坏。

可见，电工仪表与测量知识是从事电气工作的技术人员必须掌握的。

8.1.2　测量的基本概念

1.　测量的定义

简而言之，测量就是为确定被测量（未知量）的大小而进行的实验过程，即通过试验的方法，将被测量与已知的标准量进行比较，以确定被测量具体数值的过程。比较的结果一般由数字及单位名称两部分组成，如用电压表测得某一电压为 36 V，就是通过电压表将被测电压与标准电压 1 V 相比较所得的结果，即说明被测电压是标准电压 1 V 的 36 倍。要准确测量某一量值的大小，必须包括被测对象、单位量的复制体和测量设备等部分。如在上述测量电压的过程中，需要测量的电压即被测对象；标准电压（1 V）即单位量的复制体，常称为度量器（简称为量具或标准），它已间接地参与测量；电压表是将被测量（被测电压）与标准量（标准电压，即 1 V）进行比较的测量设备。又如用天平称物体的质量时，物体的质量即被测对象，用来称重的砝码即量具，它已直接地参与测量，天平则为测量设备。可见，测量的实质就是通过测量设备将被测量与标准量直接或间接进行比较的过程。

在所有测量技术中，有一种是以电磁规律为基础的测量技术即电工测量。所谓电工测量，就是将被测量的各种电量（如电压、电流、电阻、电功率、电能、频率、相位、功率因数、电容等）和各种磁量（如磁感应强度、磁通量和磁导率等）与作为测量单位的同类电工量进行比较，以确定其大小的过程。用来测量各种电工量的仪器仪表，统称为电工仪表。电工测量具有准确、灵敏、迅速、易操作等优点。还可以将电工仪表与其他装置配合在一起进行非电量（如温度、压力、机械量等）的测量。因此，电工测量应用非常广泛。

2.　测量的过程

在实际测量中，一般要经过准备、测量及数据处理三个阶段。在准备测量阶段，首先要根据测量的内容和要求正确选择测量仪器与设备，并确定测量的具体接线方案和测量步骤。在测量阶段，要按事先设计的接线方案正确接线，并严格按规范进行操作，正确记录测量数据，同时要注意人身安全和设备安全。测量的最后工作是进行数据处理，通过对测量数据或曲线的处理、分析，求出被测量的大小及测量误差，以便为解决工程实际问题提供可靠依据。

8.1.3　测量方法的分类

测量对象不同，测量的目的和要求就可能不同，加上测量条件（如使用的仪器仪表）多种多样，因此测量的方式和方法也就有所不同。

1.　根据测量过程的特点来分类

根据测量过程的特点可将测量方法分为直读测量法、比较测量法两大类。

1）直读测量法

直读测量法就是通过电工指示仪表直接读取测量数据的测量方法，如用电流表测电流等。直读测量法的特点如下：

（1）量具并不直接参与测量。在测量过程中，为了能直接读取被测量，量具已按被测量的单位预先刻好分度，故量具通过间接的方式参与了测量。

（2）测出的数据可能是中间（或过渡）量，也可能是最终量。如用电压表测量电压时，由电压表读出的电压值为最终量；如用伏安法测量电阻时，读出的电压值则为中间量。

（3）测量结果的准确度受仪表误差的限制。对测量准确度要求不高时可采用直读测量法。

（4）测量简便、迅速。

2）比较测量法

所谓比较测量法，就是将被测量与已知的同类量或标准量通过比较仪器或设备直接进行比较，从而得到被测量数据的一种测量方法。用电桥测量电阻所采用的方法就是比较测量法。对测量的准确度要求较高时一般采用比较测量法。所以，为了保证测量结果的准确度，必须有较准确的仪器或设备。此外，还应保持较严格的实验条件，如温度、湿度等。比较测量法的特点如下：量具直接参与测量；准确度和灵敏度较高。测量误差的大小主要由标准量具的精度及指零仪表的灵敏度决定，其误差最小可达±0.001%；测量设备复杂，操作麻烦。

根据被测量与标准量进行比较的具体特点，比较测量法又可分为零值法、差值法和替代法三种。

（1）零值法。被测量与已知量进行比较时，通过调节一个或几个已知量，使被测量和已知量对比较仪器的作用相互抵消为零（即使指零仪指零），从而得到测量结果的测量方法称为零值法，又称为零位测量法或平衡法。用天平称物体质量的方法采用的就是零值法。测量时，调节砝码的重量使天平平衡，指针指到零位，即表明物体的质量与砝码的重量相等。又如用直流电桥测量电阻时，采用的测量方法也是零值法，其测量电路如图 8-1 所示。

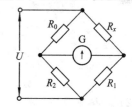

图 8-1　零值法测电阻

（2）差值法。差值法也叫微差法，是通过测量被测量与已知量的差值，来求得被测量大小的一种测量方法。例如，已知量为 X_0，被测量与已知量的差值为 δ，则被测量的大小为 $X = X_0 + \delta$。

如图 8-2 所示电路中，通过电位差计可以求得被测电池的电动势 E_x。设已知标准电池的电动势为 E_0，通过电位差计测得 E_0 与 E_x 的差值为 δ，则根据已知电动势 E_0 和 δ 即可求出被测电池的电动势的大小为

$$E_x = E_0 + \delta \qquad (8-1)$$

图 8-2　差值法测电动势

采用这种方法进行测量时，一般要求 δ 较小，占测量结果很小的一部分，否则，测量误差较大。因此，在实际测量中较少采用此法。

（3）替代法。将被测量与已知量先后接入同一测量仪器或设备，在不改变测量仪器或设备的工作状态及外部测量条件的情况下，由已知标准量的数值来替代被测量大小的方法，称为替代法。古代曹冲称大象时用石头的重量来代替大象的重量，采用的方法就是替

代法。采用替代法时，由于测量仪器或设备的工作状态及外部条件没有改变，所以对前后两次测量结果的影响是相同的，故测量结果的准确度与仪器本身无关，仅决定于标准量本身的准确度。

2. 根据测量结果的获得方式分类

根据测量结果的获得方式，测量方法可分为直接测量法、间接测量法和组合测量法三种。

1）直接测量法

工程技术方面的测量一般采用直接测量方法，如用电压表直接测量电压，用电流表直接测量电流，或者用万用表直接测量电阻等都属于直接测量法。

直接测量法的主要特点是简便、快捷，不需要进行辅助计算即可从数字仪表或已标有被测量单位的指示仪表上直接得到被测量的大小；但测量的准确度受仪器仪表准确度的限制，而且还与仪表的内阻、测量电路的连接方式等因素有关。

用电流表直接测量电路电流的电路如图 8-3 所示。在该电路中，如果电流表的内阻 r_A 为零，则电流表的指示值即等于被测电路电流的实际值。实际上电流表的内阻不可能为零，因此电流表接入电路后在一定程度上会改变电路原来的工作状态，导致测量结果存在误差。因此，为了减少测量误差，要求电流表的内阻比负载电阻小得多。

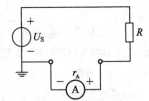

图 8-3 直接法测电流

2）间接测量法

在测量中，如果测量仪器设备不够，或者被测量不能直接读出，则可以利用被测量与某一个或几个中间量的函数关系，先测出中间量的大小，然后根据已知的函数关系来求出被测量的值，这种测量方法称为间接测量法。如测量物体的运动速度时，可以先测出物体运动的距离和时间，然后根据公式 $V = \dfrac{S}{t}$ 求出物体运动的速度。又如为了测量导体的电阻率，可以先测出导体的长度 l、截面积 S 和电阻 R，然后根据公式 $\rho = \dfrac{l}{RS}$ 求出电阻率的大小。

间接测量法的特点是测量方法灵活、多样，但测量误差较大，而且要经过计算才能得到被测量的数值。

3）组合测量法

电工测量中，往往要在不同条件下多次测量某一中间量的值，然后根据待测量与中间量的函数关系联立求解方程组，最后才能得到多个未知量数值，这种测量方法称为组合测量法，一般用于精密测量和科学试验。组合测量法实际上也是一种间接测量被测量的方法。如采用组合测量法测量电阻的温度系数 α、β（待测量）时，可以分别测量该电阻在 20℃、t_1℃ 及 t_2℃ 时的电阻值 R_{20}、R_{t1}、R_{t2}（中间量），然后根据 α、β 与电阻值 R_{20}、R_{t1}、R_{t2}

的函数关系

$$R_{t1} = R_{20}\left[1 + \alpha(t_1 - 20) + \beta(t_1 - 20)^2\right] \tag{8-2}$$

$$R_{t2} = R_{20}\left[1 + \alpha(t_2 - 20) + \beta(t_2 - 20)^2\right] \tag{8-3}$$

联立求解方程组，即可求出电阻温度系数 α 和 β 的值。

采用组合测量法时，虽然测量过程和计算都比较麻烦，但测量精确度较高。

8.2　电工仪表的分类及表面标志

8.2.1　电工仪表的分类

电工仪表的种类繁多，根据其在进行测量时得到被测量数值的方式不同，可以分为电测量指示仪表、比较式仪表和数字式仪表三大类。

1. 电测量指示仪表

电测量指示仪表是先将被测量转换为可动部分的角位移，然后通过可动部分的指示器（如指针、光标等）在标度尺上的位移直接读出被测量的大小，如常用的交直流电压表、电流表等。指示仪表按不同的分类方法又可分为以下几种。

（1）按用途分类，可以分为电流表（包括微安表、毫安表、安培表等）、电压表（包括伏特表和毫伏表等）、功率表、电能表、功率因数表、频率表、相位表、欧姆表、绝缘电阻表（兆欧表或摇表）及万用表等。

（2）按被测电流的种类分类，可分为直流表、交流表及交直流两用表等。

（3）按使用的环境条件分类，可以分为 A、A1、B、B1、C 五组。其中 C 组环境条件最差，各组的具体使用条件在国家标准 GB 776—1976 中都有详细的说明，如 A 组的使用条件是环境温度应为 $0\sim+40℃$，在 25℃时的相对湿度为 95％。

（4）按仪表防御外界电场或磁场的性能分类，可分为 Ⅰ、Ⅱ、Ⅲ、Ⅳ 四个等级。Ⅰ级仪表在外磁场或外电场的影响下，允许其指示值改变±0.5％；Ⅱ级仪表允许改变±1.0％；Ⅲ级仪表允许改变±2.5％；Ⅳ级仪表允许改变±5.0％。

（5）按仪表外壳的防护性能分类，可分为普通、防溅、防水、防爆等类型。

（6）按仪表的使用方式分类，可分为安装式（配电盘式）、便携式等。

（7）按仪表的工作原理分类，可分为磁电系、电磁系、电动系、感应系、静电系、热电系、整流系、电子式等。

（8）按准确度等级分类，可分为 0.1、0.2、0.5、1.0、1.5、2.5、5.0 等七级。数字越小，仪表的准确度等级越高。

2. 比较式仪表

用比较法进行测量时常采用比较式仪表或仪器。它包括直流比较式仪器和交流比较式仪器两类。如直流电桥、电位差计、标准电阻箱等都是直流比较式仪器，而交流电桥、标准电感和标准电容等都属于交流比较式仪器。比较式仪器测量准确度比较高，但操作过程复杂、测量速度较慢。

3. 数字式仪表

数字式仪表是指在显示器上能用数字直接显示被测量值的仪表。它的特点是把被测量转换为数字量后，再以数字方式直接显示出测量结果。它与微处理器配合使用可实现自动选择量程、自动存储测量结果、自动进行数据处理及自动补偿等功能，因此具有速度快、准确度高、读数方便、容易实现自动测量等优点。但也有不足之处，如观察者与仪表的距离稍远就可能看不清所显示的数字，因此实际测量中，测量人员与仪表之间的距离应合适，以保证读数的准确性。

电工仪表除分成上述三大类外，有的还分为其他几种类型，如记录式仪表（或仪器）、扩大量程装置及变换器等。记录式仪表或仪器一般用来记录被测量随时间的变化情况，如示波器、X—Y 记录仪等。而对于用来扩大量程的装置如分流器、电压互感器和电流互感器等经常作为电工仪表的附件而不单独列成一类。至于变换器，可以将非电量转换为电量或实现不同电量之间的变换，因此，电测量指示仪表通过变换器可以实现对非电量或其他电量的高准确度测量。

总之，电工仪表的种类繁多，分类方法也多种多样，在此不一一列举。

8.2.2　电工仪表的表面标志

为了便于正确选择和使用电工仪表，通常将仪表的类型、测量对象的单位、准确度等级、工作原理系列等以文字或图形符号的形式标注在仪表的表盘（面板）上，作为仪表的表面标志。常见电工测量符号及常见仪表的表面标记如表 8 - 1 和表 8 - 2 所示。

表 8 - 1　常见电工测量的名称及符号

序号	测量量的名称	测量量的符号	单位名称	单位符号
1	电阻	R	欧［姆］	Ω
2	电抗	X	欧［姆］	Ω
3	阻抗	Z	欧［姆］	Ω
4	电流	I	安［培］	A
5	电压	U	伏［特］	V
6	有功功率	P	瓦［特］	W
7	无功功率	Q	乏	var
8	视在功率	S	伏［特］安［培］	V·A
9	有功电能［量］	W	瓦［特］［小］时	W·h
10	无功电能［量］	W_Q	乏［小］时	var·h
11	功率因数	$\lambda(\cos\varphi)$	—	—
12	频率	f	赫［兹］	Hz

表 8-2　常见电工仪表的表面标记

分类	符号	名　称	分类	符号	名　称
电流种类	⎓	直流	端钮	+	正端钮
	∼	交流		−	负端钮
	≃	交直流		*	公共端钮
	≋	三相交流	工作位置	⊥	标尺位置垂直
测量对象	A	电流		⊓	标尺位置水平
	V	电压		∠60°	标尺位置与水平面60°
	W	有功功率	外界条件	⌂	Ⅰ级防外磁场(例如磁电系)
	var	无功功率		〔叉〕	Ⅰ级防外电场(例如静电系)
	Hz	频率		Ⅱ　Ⅱ	Ⅱ级防外磁场及电场
工作原理	⌂	磁电系仪表		Ⅲ　Ⅲ	Ⅲ级防外磁场及电场
	⌇	电磁系仪表		Ⅳ　Ⅳ	Ⅳ级防外磁场及电场
	⊟	电动系仪表		△A	A组仪表
	⌂×	磁电系比率表		△B	B组仪表
	⊕	铁磁电动系仪表		△C	C组仪表
	⌂	整流系仪表	绝缘强度	☆0	不进行绝缘强度试验
准确度等级	1.5	以表尺量限的百分数表示		☆2	绝缘强度试验为 2 kV
	(1.5)	以指示值的百分数表示			

8.2.3　电工仪表的型号

　　电工仪表的型号与其表面标志一样,也可以反映仪表的原理、用途等。常见指示仪表的型号编号规则如图 8-4、图 8-5 所示。

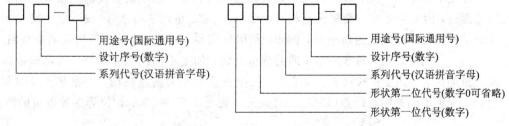

图 8-4　携带式指示仪表的型号　　　　图 8-5　安装式指示仪表的型号

1. 携带式仪表型号的编写规则及其含义

用途号：表示仪表用于测量什么量，如仪表的用途号为"V"，则表示该仪表用于测量电压。

系列代号：一般按仪表的工作原理编制，如 C 表示磁电系仪表，T 表示电磁系仪表。

例如：一块携带式电工仪表的型号为 T19—V，则说明该表的系列号是 T，为电磁系仪表；设计序号为 19；用途号为 V，表明其用途是测量电压，是一块电压表。

2. 安装式仪表型号的编写规则及其含义

图 8-5 为安装式指示仪表的型号。安装式仪表的形状第一位代号一般按仪表的面板形状最大尺寸编制，形状第二位代号一般按仪表的外壳形状尺寸编制，用途号、设计序号及系列代号的含义与携带式仪表的含义相同。例如：一块携带式电工仪表的型号为 44C7—kA，则说明该表的形状代号为 44，据此可从有关生产厂家的产品目录查出其尺寸和安装开孔尺寸；C 表示该表为磁电系仪表；其设计序号为 7；用途号为 kA，表明该表用于测量电流，是一块电流表。

8.3　电工仪表的组成及其作用

8.3.1　电测量指示仪表的组成

由于电测量指示仪表历史悠久、结构简单、价格便宜，应用非常广泛，故此处主要介绍电测量指示仪表的组成。电测量指示仪表虽然种类较多，结构各不相同，但其主要作用都是将被测的电量（如电压、电流等）变换成仪表可动部分的角位移，为了实现这种变换，这类仪表的基本结构大致相同，都是由测量线路和测量机构两部分组成。其基本结构方框图如图 8-6 所示。

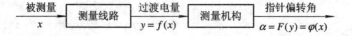

图 8-6　电测量指示仪表的基本结构方框图

测量机构是电测量指示仪表的核心，任何情况都不能省略，没有测量机构就不能构成电测量指示仪表，它的作用是将被测电量 x（或过渡电量 y）所产生的电磁力，转换成仪表指针的角位移 α。

在电工测量中，由于有的被测量数值较大或因其他原因不能直接加到仪表的测量机构进行测量，因此需要通过测量线路将被测量（如电流、电压、功率等）按一定比例关系变换成测量机构可以接受的过渡电量，例如，利用分流器、附加电阻等都可构成测量线路。

同一系列的仪表，通常采用相同的测量机构，加上不同的测量线路，就可构成测量不同电量的仪表。如变换式仪表，就是采用磁电系仪表作为测量机构，根据被测量对象的不同分别配上不同的测量线路（即变换器）就可实现对功率、频率、相位等多种电量的测量。

8.3.2　测量机构的组成和原理

电测量指示仪表的测量机构一般由固定和可动两个部分组成。不同类型的测量机构，可动部分和固定部分的具体结构各不相同，它们的区别将会在后面的章节中详细说明。根据可动部分在偏转过程中各元件所完成的功能和作用，也可以把测量机构分成驱动装置、控制装置和阻尼装置三个部分。

1. 驱动装置

当被测量作用于仪表后，就会产生一个力矩作用到仪表的测量机构，推动仪表的可动部分发生偏转，通常称这个力矩为转动力矩或者转矩，记作 M，产生转动力矩的装置称为驱动装置。转动力矩可以由电磁力、电动力或其他力产生。不同类型的仪表，产生转动力矩的原理和方式也不同。例如：电磁系仪表是利用动铁片与载流的固定线圈之间，或动铁片与被载流线圈磁化的静铁片之间的电磁力产生转动力矩的；电动系仪表是利用载流的活动线圈与载流的固定线圈之间的电动力产生转动力矩的；而静电系仪表，是利用固定电极板与可动电极板之间的静电场作用力产生转动力矩，而使可动部分发生偏转。

不论哪种系列的仪表，其转动力矩的大小都应与被测电量及可动部分偏转角 α 之间存在一定的函数关系。

2. 控制装置

如果指示仪表的测量机构只有转动力矩的作用，而没有反作用力矩与之平衡，则不论被测量多大，可动部分都要偏转到极限位置。就像用秤称物体的重量而不用秤砣一样，不论所称的物体有多重，秤杆总会向一端高高翘起，这样一来，就不能准确称出物体的重量。电测量指示仪表也是如此，如果没有一个方向相反的力矩作用到测量机构上，则仪表就只能反映出有无被测量，而不能准确测出被测量的数值。因此，为了使可动部分偏转角的大小与被测量大小成一定的比例关系，使仪表能准确测量出被测量的数值，就必须有一个方向总是和转动力矩相反、大小随活动部分的偏转角大小变化的力矩与转动力矩平衡，这个力矩称为反作用力矩。仪表测量机构中产生反作用力矩的装置称为控制装置。在灵敏度较低的仪表中，由反作用弹簧的弹力产生，如图 8 - 7 所示。

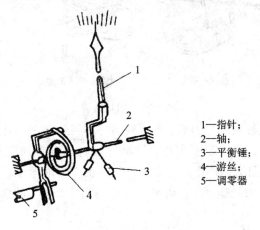

1—指针；
2—轴；
3—平衡锤；
4—游丝；
5—调零器

图 8 - 7　用游丝产生反作用力矩的装置

在灵敏度较高的仪表（如测量微小电量的检流计）中，因转动力矩很小，为使单位被测量所引起的偏转角度大，其反作用力矩一般由吊丝或张丝产生。可动部分在转动力矩的作用下产生偏转时，同时使游丝（或吊丝、张丝等）扭转变形而产生反作用力矩。在弹性范围内，反作用力矩 M_f 的大小与可动部分偏转角的大小成正比关系，即

$$M_f = D\alpha \qquad\qquad (8-4)$$

式中：D 为反作用力矩系数，由游丝（或吊丝、张丝等）的材料、几何形状和尺寸所决定，游丝（或吊丝、张丝等）制成固定尺寸后，D 为常数；α 为可动部分的偏转角。

可见，反作用力矩系数一定时，偏转角越大，反作用力矩越大。

当转动力矩 M 与反作用力矩 M_f 的大小相等即 $M = M_f$ 时，作用到可动部分的力矩代数和为零（不计摩擦力矩时），可动部分不再继续偏转而处于平衡位置，这时可动部分偏转角的大小为

$$\alpha = \frac{M}{D} \qquad\qquad (8-5)$$

由于转动力矩与被测量成一定的比例关系，所以偏转角的大小可以反映被测量的大小。

3. 阻尼装置

由于测量机构的可动部分具有一定的惯性，因此，当 $M = M_f$ 时，可动部分不可能立即停留在平衡位置，而是在平衡位置的左右来回摆动，这样一来，不能及时读取被测量的大小，有时甚至失去读数的最佳时间，导致判断错误。所以需要一个吸收这种振荡能量的装置，使可动部分尽快地静止，达到尽快读数的目的，这种装置就是阻尼装置，简称为阻尼器。常用的阻尼器有两种，即空气阻尼器和磁感应阻尼器（阻尼器的基本结构将在相应的测量机构中进行介绍），如图 8-8 所示。

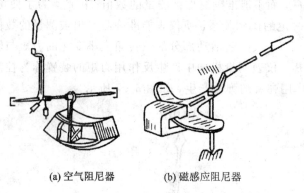

　　(a) 空气阻尼器　　　　(b) 磁感应阻尼器

图 8-8　阻尼装置

阻尼器产生的力矩称为阻尼力矩，其方向始终与可动部分运动的方向相反，对可动部分的摆动起制动作用。在空气阻尼器中，可动部分转动时带动翼片在密封的阻尼箱中运动，使翼片受到空气的阻力而产生阻尼力矩。而磁感应阻尼器中，是利用可动部分转动时带动金属阻尼片切割磁力线运动，在阻尼片中感应涡流，产生的涡流与永久磁铁的磁场相互作用产生阻尼力矩。

值得注意的是，阻尼力矩是一种动态力矩，当可动部分稳定之后，它就不复存在，因此，对测量结果无影响。

测量机构除以上产生力矩的三种装置外，还有指示装置、调零装置、轴和轴承及外壳等部件。

指示装置主要由指针、标尺（光标式的为光路系统和刻度尺）、限动器和平衡锤组成。其中，限动器的作用是限制指针的最大活动范围；平衡锤的作用是防止在指针偏转时，由于重心不正而带来误差。

通过调零装置可以调节游丝或张丝的固定端，从而改变初始力矩，使仪表的机械零位与零位分度线重合，以减小测量误差。

轴和轴承的主要作用是支承活动部分转动。为了减小摩擦，轴尖一般用钢材制成。而轴承材料较多，如青铜、玻璃、宝石等都是常用的轴承材料。为了减小摩擦，延长使用寿命，在一些仪表如长寿命电能表中已推广使用磁推轴承和磁悬浮轴承等。

外壳通常由铁或塑料等材料制成，用来保护仪表内部的结构。

8.4　电工仪表的误差及准确度等级

8.4.1　仪表的误差及其分类

在电工测量中，不论采用哪种仪表，仪表的指示值（测量结果）与被测量的实际值（真实值）之间总会有一定的偏差，这个偏差叫做仪表的误差。不过，由于不同仪表的结构、原理和制造工艺不同，其指示值与被测量真实值的接近程度也不尽相同，通常称之为仪表的准确度，即仪表的准确度是指仪表的指示值与被测量真实值的接近程度。仪表的准确度越高，仪表的指示值与被测量的真实值越接近，说明仪表的误差越小；反之，仪表的准确度越低，仪表的指示值越偏离被测量的真实值，说明仪表的误差越大。可见，仪表本身的准确程度可以用仪表误差的大小来表示。根据仪表误差产生的原因，电测量指示仪表的误差一般分为基本误差和附加误差两大类。

1. 基本误差

基本误差是指仪表在规定的正常工作条件下进行测量时所具有的误差。所谓规定的正常工作条件，是指在规定的温度、湿度、放置方式下，并且在没有外电场和磁场干扰等条件下，对于交流仪表还应包括波形（正弦波）、频率（50 Hz 或制造厂规定的其他值）等。这种误差是由于仪表本身结构和工艺等方面不够完善等原因而产生的，如由于仪表活动部分存在摩擦、零件装配不当、轴倾斜、标尺刻度划分不准等所引起的误差都属于基本误差。这种误差是仪表本身所固有的，是不可能完全消除的。

2. 附加误差

附加误差是指仪表不在规定的正常工作条件使用时，由于某些因素的变化使仪表产生的除基本误差以外的一些误差。如环境温度过高、波形不是正弦波、外界电磁场的影响等都会产生附加误差。可见，附加误差实际上是一种因外界条件改变而产生的一种额外误差，因此，仪表偏离规定的正常工作条件使用时，形成的总误差中，除了基本误差之外，还包含有附加误差。

8.4.2 仪表误差的表示方法

电测量指示仪表的误差可用绝对误差 Δ、相对误差 γ 和引用误差 γ_n 三种形式表示。

1. 绝对误差

仪表的指示值 A_x 与被测量的实际值 A_0 之间的差值，称为绝对误差，一般用 Δ 表示，即

$$\Delta = A_x - A_0 \tag{8-6}$$

在实际测量中，被测量的实际值很难求得，一般用准确度等级高的标准表所测得的数值或通过理论计算得出的数值来近似代替。

例 8-1 已知某单相交流电路中的电源电压为 220 V，用甲、乙两只电压表进行测量时的读数分别为 218.5 V 和 220.5 V。试求两只电压表的绝对误差。

解 由式(8-6)可得

甲表测量的绝对误差：$\Delta = A_x - A_0 = 218.5 - 220 = -1.5$ V

乙表测量的绝对误差：$\Delta = A_x - A_0 = 220.5 - 220 = 0.5$ V

由以上计算可以看出：

(1) 绝对误差 Δ 是有大小、正负和单位的量。绝对误差的单位与被测量的单位相同，其大小和符号则表示了测量值偏离被测量真实值的程度和方向。绝对误差为正值即正误差时，说明仪表的指示值大于被测量的实际值；绝对误差为负值即负误差时，说明仪表的指示值小于被测量的实际值。

(2) 测量同一个量时，绝对误差 Δ 的绝对值越小，说明测量结果越准确。甲表的指示值偏离实际值 1.5 V，而乙表的指示值偏离实际值只有 0.5 V，显然用乙表测量时的测量结果更准确。

2. 相对误差

绝对误差虽然能在一定程度上反映仪表的准确程度，但有其不足之处，在测量不同量时，有时很难判断测量结果的准确程度。例如第一次用一只电流表测量 5 A 电流时，绝对误差 $\Delta_1 = 0.5$ A，第二次用另一只电流表测量 200 A 电流时，绝对误差 $\Delta_2 = 5$ A。显然，后者的绝对误差 Δ_2 大于前者的绝对误差 Δ_1。但后者的误差只占被测量的 2.5%，而前者的误差却占被测量的 10%，说明前者的误差对测量结果的影响大于后者，换句话说，第二次测量时测量结果的准确度高于第一次测量时测量结果的准确度。可见，用绝对误差所占被测量的比例来表示误差的大小，更能说明测量结果的准确程度，所以在工程上常采用相对误差来表示测量结果的准确程度。

所谓相对误差，就是绝对误差 Δ 与被测量的真实值 A_0 的比值，一般用百分数表示，即

$$\gamma = \frac{\Delta}{A_0} \times 100\% \tag{8-7}$$

在要求不太高的工程测量中，相对误差常用绝对误差与仪表指示值之比的百分数来表示，即

$$\gamma = \frac{\Delta}{A_x} \times 100\% \tag{8-8}$$

例 8-2 已知用甲电压表测量 100 V 电压时，指示值为 102 V；用乙电压表测量

10 mV电压时，指示值为 10.5 mV。试比较两表测量的相对误差。

解　(1) 由式(8-6)可求出两表测量的绝对误差：

甲表测量的绝对误差：$\Delta_1 = A_{x1} - A_{01} = 102 - 100 = 2$ V

乙表测量的绝对误差：$\Delta_2 = A_{x2} - A_{02} = 10.5 - 10 = 0.5$ mV $< \Delta_1$

(2) 由式(8-7)求出两表测量的相对误差：

甲表测量的相对误差：$\gamma_1 = \dfrac{\Delta_1}{A_{01}} \times 100\% = \dfrac{2}{100} \times 100\% = 2\%$

乙表测量的相对误差：$\gamma_2 = \dfrac{\Delta_2}{A_{02}} \times 100\% = \dfrac{0.5}{10} \times 100\% = 5\% > \gamma_1$

由计算结果可知，虽然甲表的绝对误差比乙表的大，但其相对误差却比乙表的小，故甲表测量的准确度比乙表的高。显然，在测量不同大小的被测量时，不能简单地用绝对误差来判断测量结果的准确程度。实际测量中，相对误差不仅用来表示测量结果的准确程度，而且便于在测量不同大小的被测量时，对其测量结果的准确程度进行比较。

3. 引用误差

用同一只仪表测量不同的被测量 A_x 时，其绝对误差 Δ 的变化不大，但由式(8-8)可看出，随被测量 A_x 的不同，相对误差变化较大，即仪表在全量限范围内各点的相对误差是不相同的，所以相对误差虽然可以表示测量结果的准确程度，但不能全面表征仪表本身的准确度。为此，工程上采用引用误差来表征仪表的准确程度(根据 IEC 和 GB 7676—1987 的规定，应改称基准误差，但本书考虑到使用者的习惯，仍采用引用误差的表述形式)。

引用误差是指仪表某一刻度点读数的绝对误差 Δ 与规定的基准值 A_m(仪表的最大量限)比值的百分数，用 γ_n 表示，即

$$\gamma_n = \frac{\Delta}{A_m} \times 100\% \tag{8-9}$$

由于仪表不同刻度点的绝对误差不尽相同，所以一般用可能出现的最大绝对误差 Δ_m 与仪表的最大量限 A_m 的百分比来表示仪表的引用误差，也称为最大引用误差，即

$$\gamma_{nm} = \frac{\Delta_m}{A_m} \times 100\% \tag{8-10}$$

一般仪表的误差及其特点见表8-3。

表 8-3　一般仪表的误差及其特点

误差 大小及特点	绝对误差	相对误差	引用误差
大　小	$\Delta = A_x - A_0$	$\gamma = \dfrac{\Delta}{A_0} \times 100\%$	$\gamma_n = \dfrac{\Delta}{A_m} \times 100\%$
特　点	有大小、正负、单位之分	只有大小、正负之分	只有大小、正负之分
	大小和正、负符号表示测量值偏离被测量真实值的程度和方向；能在一定程度上反映仪表的准确程度	能说明测量结果的准确程度，不能说明仪表本身的准确程度	能说明仪表本身的准确程度

8.4.3　电测量指示仪表的准确度

电测量指示仪表的准确度是指在保证允许误差和改变量在规定限值内的一定计量要求的仪表或附件的级别，是表征其指示值与真实值接近程度的量。仪表在测量大小不同的被测量时，其绝对误差或多或少会有所变化，故根据式(8-9)计算的引用误差也会发生变化，用这种引用误差来表示仪表的准确度就缺乏其唯一性，因此，工程上规定用最大引用误差来表示电测量指示仪表的准确度。仪表的准确度一般用仪表的准确度等级表示。设仪表的准确度等级为 K，则有

$$K\% \geqslant \gamma_{nm} = \frac{|\Delta_m|}{A_m} \times 100\% \tag{8-11}$$

或

$$K \geqslant \frac{|\Delta_m|}{A_m} \times 100$$

可见，仪表的准确度等级 K，反映了仪表在规定的正常工作条件下使用时允许的最大引用误差的范围，即仪表的准确度等级为 K 时，其基本误差的最大允许范围为 $\pm K\%$（不超过 $\pm K\%$），仪表的准确度等级越高，最大引用误差越小，也就是基本误差越小。例如一只量程为 150 mA 的电流表，其最大绝对误差为 $\Delta_m = 0.75$ mA，则该电流表的最大引用误差为

$$\gamma_{nm} = \frac{\Delta_m}{A_m} \times 100\% = \frac{0.75}{150} \times 100\% = 0.5\% \tag{8-12}$$

故仪表的准确度等级为

$$K \geqslant \frac{|\Delta_m|}{A_m} \times 100 = \frac{0.75}{150} \times 100 = 0.5$$

根据国家标准 GB776—1976《电测量指示仪表通用技术条件》的规定，我国生产的电工仪表的准确度等级一般分为七个等级（也有分为更多级的，如有功功率表和无功功率表的准确度等级可分为 10 级），它们在规定的正常工作条件下使用时，其基本误差不应超过相应的值，具体规定如表 8-4 所示。

表 8-4　电工仪表准确度等级的基本误差

准确度等级(K)	0.1	0.2	0.5	1.0	1.5	2.5	5.0
基本误差(%)	±0.1	±0.2	±0.5	±1.0	±1.5	±2.5	±5.0

仪表的准确度等级标志符号通常都标注在仪表的盘面上。不同准确度等级的仪表一般用于不同的测量场合，如准确度等级为 0.1、0.2 级的仪表一般作为标准表使用，用来检定准确度较低的仪表；0.5、1.0、1.5 级仪表主要用于实验室；准确度更低的仪表主要用于现场测量或用作安装式仪表。

例 8-3　已知某电流表量程为 100 A，且该表在全量程范围内的最大绝对误差为 +0.85 A，则该表的准确度等级为多少？

解　由式(8-12)可得仪表的最大引用误差为

$$\gamma_{nm} = \frac{\Delta_m}{A_m} \times 100\% = \frac{0.85}{100} \times 100\% = 0.85\%$$

或

$$K \geqslant \frac{|\Delta_m|}{A_m} \times 100 = \frac{0.85}{150} \times 100 = 0.85$$

该表的最大引用误差为 0.85%，大于 0.5%，小于 1.0%，说明其准确度等级为 1.0 级。

同理，由仪表的准确度等级，可以算出测量结果可能出现的最大绝对误差和最大相对误差。例如某仪表的准确度等级为 K，由式(8-11)可知，仪表在规定工作条件下测量时，测量结果中可能出现的最大绝对误差为

$$\Delta_m \leqslant \pm K\% \times A_m \tag{8-13}$$

最大相对误差为

$$\gamma = \frac{\Delta_m}{A_0} \times 100\% \leqslant \pm K\% \times \frac{A_m}{A_0} \approx \pm K\% \times \frac{A_m}{A_x} \tag{8-14}$$

例 8-4　现有一只 500 mA、0.5 级的毫安表和一只 100 mA、1.5 级的毫安表，如果要测量 50 mA 的电流，则选择哪一只毫安表测量时的准确度较高？

解　用 500 mA、0.5 级的毫安表测量时，可能出现的最大绝对误差与相对误差分别为

$$\Delta_{m1} = \pm K_1\% \times A_{m1} = \pm 0.5\% \times 500 = \pm 2.5 \text{ mA}$$

$$\gamma_1 = \frac{\Delta_{m1}}{A_{01}} \times 100\% = \frac{\pm 2.5}{50} \times 100\% = \pm 5\%$$

用 100 mA、1.5 级的毫安表测量时，可能出现的最大绝对误差与相对误差分别为

$$\Delta_{m2} = \pm K_2\% \times A_{m2} = \pm 1.5\% \times 100 = \pm 1.5 \text{ mA}$$

$$\gamma_2 = \frac{\Delta_{m2}}{A_{02}} \times 100\% = \frac{\pm 1.5}{50} \times 100\% = \pm 3\%$$

显然，用第二只毫安表测量时，相对误差小，测量结果的准确度较高。

从上述例子可以看出以下几点：

(1) 仪表的准确度并不等同于测量结果的准确度。

(2) 测量结果的最大绝对误差与所选择的仪表的准确度等级 K 及量程 A_m 有关。当仪表的准确度等级一定时，仪表的量程越大，绝对误差越大。

(3) 最大相对误差除与仪表的准确度等级 K 有关外，还与仪表的量程 A_m 和被测量的大小 A_0(或 A_x)的比值有关，$\frac{A_m}{A_0}$(或 $\frac{\Delta_m}{A_0}$)的比值越大，误差越大。

因此，在选择仪表时，不仅要考虑仪表的准确度等级，同时还应根据被测量的大小，合理选择仪表的量程，尽可能使仪表的指示值在标尺刻度的 $\frac{1}{2} \sim \frac{2}{3}$ 处。

8.5　电工仪表的主要技术要求

电工仪表是监测电气设备运行情况的主要工具，为了保证测量结果的准确性和可靠性，选用仪表时，对电测量指示仪表主要有以下几个方面的技术要求。

1. 足够的准确度

准确度等级是仪表最主要的技术特性。仪表在规定的工作条件下使用时，要求基本误差不超过仪表盘面所标注的准确度等级；当仪表不在规定使用条件下工作时，各影响量（如温度、湿度、外磁场等）变化所产生的附加误差，应符合国家标准中的有关规定。在选择仪表时，仪表既要有足够的准确度，也不能太高。因为如果仪表的准确度等级太高，会增加制造成本，同时对仪表使用条件的要求也相应提高；如果仪表的准确度太低，则测量误差太大，不能满足测量的要求。

2. 合适的灵敏度

在指示类仪表中，灵敏度是指仪表可动部分（指针或光标）偏转角的变化量 $\Delta\alpha$ 与被测量的变化量 Δx 之比，即

$$S = \frac{\Delta\alpha}{\Delta x} \tag{8-15}$$

如果仪表的刻度均匀，则 $S=\frac{\alpha}{x}$，即仪表灵敏度的大小等于每单位被测量所引起的指针偏转角（格数）。如将 1 微安（μA）的电流通入某微安表时，引起指针偏转 2 小格，则该表的灵敏度为 $S=2$ 格/微安。

仪表灵敏度的倒数称为仪表常数，一般用 C 表示，即

$$C = \frac{1}{S} \tag{8-16}$$

灵敏度是电工仪表的重要技术特性之一，其大小取决于仪表的结构和线路。仪表的灵敏度越高，说明接入其中的每单位被测量所引起的偏转角越大，指针达到满刻度位置时所需要的电流越小，也就是满偏电流越小，即仪表量限越小。所以选择仪表时应综合考虑仪表的灵敏度和量限。

3. 仪表的功耗要小

当仪表接入被测电路时，总要消耗一定的能量，仪表的功率消耗将带来两个问题。一方面，对于仪表本身而言，由于电功率的消耗将造成测量机构和测量元件的温升，产生附加误差；另一方面消耗了被测对象的功率，会影响被测电路的原有工作状态，特别是在小功率电路中进行测量时，仪表消耗的功率越大，产生的测量误差越大。因此仪表的功率损耗应尽可能小。

4. 良好的读数装置

所谓良好的读数装置，是指仪表标度尺的刻度应尽量均匀，以便于读数。如果刻度不均匀，则仪表的灵敏度不是常数，刻度线较密的部分灵敏度较低，读数误差较大；而刻度线较稀的部分，灵敏度较高，读数误差较小。对于刻度线不均匀的仪表，应在标度尺上标明其工作部分，如用符号"·"表示读数的起点。一般规定工作部分的长度不应小于标度尺全长的 85%。

视差是测量时产生的读数误差。为了减少视差，不同准确度等级的仪表，对指针和标尺的结构也有不同要求，如 0.1、0.2、0.5 级等精密仪表，应具有消除视差的读数装置，如采用光指示器或反射镜式的读数装置等，图 8-9 是一种带有镜面的标尺。对装有反射镜式读数装置的仪表，其指针应为刀形或丝形，读数时应使眼睛、指针和镜中影像成一直线。

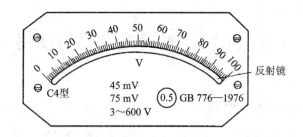

图 8-9 带有镜面的标尺

5. 良好的阻尼装置

每种指示仪表都装有阻尼装置,阻尼装置性能的好坏通常用阻尼时间表示。所谓阻尼时间,是指仪表从接入被测电路开始,到指示器(指针或光标)在平衡位置的摆动幅度不大于标尺全长的百分之一时为止的这段时间。不同类型的仪表,其阻尼时间也有所不同,但总的原则是阻尼时间应尽量短,以便迅速读数。质量较好的仪表阻尼时间一般不超过1.5 s,普通仪表的阻尼时间也不应超过 4 s,对于热电系、静电系等仪表的阻尼时间不应超过 6 s。

6. 升降变差要小

在测量过程中,由于仪表的游丝(或张丝)受力变形后不能立即恢复原始状态,更主要的是由于仪表轴尖与轴承间的摩擦力所产生的摩擦力矩会阻碍活动部分的运动,因此即使在外界条件不变的情况下,当被测量由零向上限方向平稳增加和由上限向零方向平稳减少时,同一仪表在两次测量中的指示值也会不同,这两个指示值之间的差值称为仪表的升降变差。例如:用某电压表测量 $A_0 = 100$ V 的电压时,指针从零向上限摆动时的读数为 $A_0' = 99.8$ V,而从上限向零方向摆动的读数为 $A_0'' = 100.2$ V(在鉴定仪表时可通过调节电源电压的大小来实现),则该电压表的升降变差为 $\Delta = A_0' - A_0'' = 99.8 - 100.2 = -0.4$ V。一般要求升降变差不应超过仪表基本误差的绝对值。

7. 一定的过载能力

仪表的过载情况通常有两种。一种是仪表承受缓慢增大的负载以致超过额定值,并保持一定时间,这种过载称为延时过载。如果仪表过载能力差,经过延时过载可能导致内部元件温升过高而损坏。另一种是仪表突然过载且过载现象迅速消失,这种过载称为短时过载,短时过载可能使仪表可动部分因受机械冲击而损坏。在测量中,仪表出现过载情况是难免的,因此要求各种仪表要具备一定的过载能力,以延长仪表的使用寿命。

8. 足够的绝缘强度

为了保证设备和测试人员的安全,仪表必须有足够的绝缘强度,即仪表的线路与外壳间应能承受一定的耐压值。如仪表和附件的所有线路与外壳的绝缘应能耐受频率为 50 Hz的正弦波形且历时 1 min 的交流耐压试验。

此外,仪表还应具有结构简单、牢固可靠,受外界的影响(温度、电磁场)小,使用方便,造价低廉等特点。

8.6　电测量仪表的选择与使用

8.6.1　电测量仪表的选择原则

在电工测量中，为了顺利完成测量任务，使测量结果满足测量要求，首先必须正确合理地选择仪器、仪表。选择仪器与仪表的主要依据是：测量的目的；测量的原理及有关技术要求；测量电路。这些内容确定后，就可以根据以下基本原则来选择相应的仪器、仪表了。

1. 根据被测量的性质选择仪表

在电工测量中，根据所使用的电源性质不同，一般将电工仪表分为直流、交流和交直流两用三种。根据被测量的性质不同，被测量分为直流量与交流量两种。直流仪表只能直接用来测量直流量，交流仪表只能直接用来测量交流量，而交直流两用仪表既可以测量直流量又可以测量交流量，所以测量时应充分考虑被测量的性质及仪表的适用范围。测量交流量时，还应考虑电源的波形及频率，其波形是正弦波还是非正弦波，频率是低频、音频还是高频等，所选择的仪表应能满足其波形和频率要求。如测量工频电压可选用电动系或电磁系交流电压表，而测量音频电压则应选用电子电压表等。

2. 根据被测量的名称和单位选择仪表

在测量不同名称的电工量时，应分别选用不同类型的电工仪表，如测量电压时选用电压表，测量电流时选用电流表。在测量同一名称的电工量时，还应根据被测量的不同单位正确选用合适的仪表，如测量微安级的电流时应选用微安表，测量毫安级的电流时尽量选用毫安表。

3. 根据估算的量程选择仪表

在对被测量进行测量前，应根据有关条件如给定的实验电路、历史数据等估算出被测量的大小，并依此选择量程相近或稍大的仪表。如果无法估算出被测量的大小，为了不损坏仪表，可采用以下两种办法：

（1）首先选用量程较大的仪表，然后根据实际测量情况换成适当的量程或改用合适的仪表。

（2）降低试验电压进行预测，估计出在试验电压下所需的量程后再选用合适仪表按原定试验电压正式测试。

为了提高测量的准确度，应使被测量值处于仪表量限的 $\frac{1}{2} \sim \frac{2}{3}$ 以上，但不能超过仪表的满量限，否则有可能损坏仪表。

4. 根据仪表的内阻及测量对象的阻抗大小选择仪表

任何仪表本身都有内阻，仪表接入电路后相当于接入了一个负载，除了消耗一定的能量外，还会改变电路中电流、电压的数值，影响电路的工作状态，因此会给测量结果带来相应的误差。为了保证测量结果的可靠性，减小测量误差，选择仪表时应根据被测对象阻抗的大小来选择仪表的内阻。因为电压表、功率表的电压线圈等是并联接入电路的,仪表内阻 R_u 越大,分电流越小,对被测电路的电流影响越小,所以希望其内阻越大越好。而用电流表测量电流时,因其与被测电路是串联的,电流表的内阻 R_A 越小,分电压越小,对被测电路的电压影响越小,故希望其内阻越小越好。在一般工程测量中,如果测量结果的准确度要求不太高,则对于电压表及功率表的电压线圈,一般按 $\dfrac{R_u}{R} \geqslant 100$($R$ 代表被测电路的电阻)来选择其内阻,而电流表的内阻一般按 $R_A \leqslant \dfrac{R}{100}$ 来选择。

5. 根据对测量结果准确度的要求选择仪表

仪表的准确度越高,测量的结果就越可靠,但仪表的价格就越贵,而且有些准确度高的仪表操作过程也比较复杂,往往会因为操作不当而增加附加误差。此外,测量结果的准确度不仅与仪表的准确度等级有关,而且还与仪表的量程等因素有关,因此,在选择仪表时,一定要根据工程实际需要,综合考虑仪表的量程与准确度两方面的因素。一般情况下,选择 0.5 级及以下的仪表作为安装式仪表,以监视被测对象;实验室用或作为精密测量用仪表,一般选择 0.5 级及 0.1~0.2 级的仪表即可满足测量要求。

与仪表配合使用的附加装置,如分流器、附加电阻、电流互感器、电压互感器等,其准确度等级一般应比仪表本身的准确度高 2~3 级,才能保证测量结果的准确度。

6. 根据仪表的使用环境及工作条件选择仪表

选择仪表还应考虑使用的环境条件及工作条件的要求,如环境温度的高低、通风条件、外界电磁场的影响程度等都要综合考虑。实验室使用的仪表,一般选择便携式仪表;固定安装在盘面上的仪表,一般选择安装式(即配电盘式)仪表。若对温度、湿度、外界电磁场等性能有特定要求时,要选择适应在此类环境中使用的仪表。

8.6.2　电测量仪表的正确使用

选择了合适的仪表之后,如何正确使用仪表则是保证测量结果准确甚至保证仪表与人身安全的重要条件。一只仪表的量程和准确度等选择得再合适,如果不能正确使用,也得不到理想的测试结果,轻则影响测量结果的准确性,重则损坏仪表。因此,使用仪表时,应注意以下几点。

(1) 首先应满足仪表工作条件的要求。如放置位置、环境温度与湿度、有无外磁场影响、机械零位或电气零位是否已调好等。

(2) 应根据被测量的性质及所给的条件,将仪表正确接入被测电路。

(3) 进行正式测量时,要事先估算被测量的大小,以选择适当的仪表量程;不能进行估算时应将仪表先放在最大量限上,然后根据实际情况逐步调整。

(4) 在测量过程中,要正确读取被测量的大小,即测量数据中不应包含视差的影响。

8.7　测量误差及其消除办法

前面已经提到,由于仪表不够完善等原因会给测量结果带来误差,即测量误差。事实上，在实际测量中，除了仪表本身的原因外，由于测量方法不够完善、测量人员本人经验不足或者外界环境的影响等原因，都会使测量结果与被测量的真实值之间存在差异，这种差异就是测量误差。根据产生误差的原因不同，一般将其分为系统误差、偶然误差及疏失误差三大类。

1. 系统误差

在相同条件下多次测量同一量时，大小和符号都保持不变，或按一定规律变化的误差，称为系统误差。

1) 产生系统误差的原因

产生系统误差的原因主要有以下几个方面：

(1) 测量设备引起的误差。测量设备引起的误差包括两个方面，即仪器与仪表本身不完善造成的基本误差（固有误差）以及由于仪表工作条件改变而引起的附加误差。

(2) 测量方法引起的误差。测量方法的误差是指由于所用的测量方法不完善、选择的仪器与仪表或者数据处理不当等引起的误差，如采用了近似公式、未考虑仪表内阻对测量结果的影响等。如图 8 - 10 所示为用伏安法测电阻的原理电路。由于电流表与被测电阻串联，所以电流表所测的电流 $I = I_x$，电压表的读数 $U = U_A + U_x$（其中，U_A 为电流表内阻 r_A 的电压降，大小为 $U_A = I_x r_A$）。根据电压表与电流表读数计算出来的电阻大小为

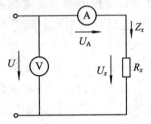

图 8 - 10　伏安法测电阻

$$R_x' = \frac{U}{I} = \frac{U_A + U_x}{I} = r_A + R_x > R_x$$

可见，由于电流表内阻的影响，使测量出来的电阻值与被测电阻的实际值之间有误差，即测量误差，而且电流表的内阻越大，测量误差越大。

(3) 操作人员素质造成的误差。操作人员引起的误差是指由于操作人员的工作经验、分辨能力、个人特有的操作习惯等引起的测量误差。例如，有的操作人员读数时习惯偏大等，或者在测试过程中，由于对测量设备操作不当而造成的测量误差，如仪表接地不良、测试引线太长，或者未按操作规程进行预热、调节、校准后再测量等，都会产生误差。通过提高操作人员的责任心和操作技能、选用更合适的测量方法等，均可以减小由于操作人员素质不高造成的误差。

2) 减小系统误差的方法

减小系统误差常用的方法如下：

(1) 必须选择适当的、准确度较高的仪表，并尽量满足仪表要求的工作条件。

(2) 采用正负误差补偿法。测量时，适当调整仪器仪表的位置，并在调整仪器仪表位置前后分别测量一次被测量，然后取两次读数的平均值作为测量结果，从一定程度上可以减小系统误差。例如，为了消除外磁场对电流表读数的影响，在测得一次读数之后，将电流表位置旋转 180°后重新测量一次，然后取两次读数的平均值作为测量结果。因为，在这两次测量中，外磁场引起的系统误差符号相反，即一次为正误差，则另一次为负误差，取平均值后能减少甚至完全消除这种由外磁场影响而引起的系统误差。

（3）采用替代法。根据替代法的原理可知，采用替代法测量被测量能减少或消除系统误差。如图 8 - 11 所示电路是用替代法测量电阻值的原理电路。电桥平衡时，被测电阻的值为

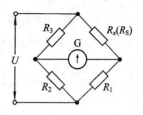

图 8 - 11　替代法测电阻

$$R_x = \frac{R_1}{R_2} \times R_3$$

如果电阻 R_1、R_2、R_3 的误差分别为 ΔR_1、ΔR_2、ΔR_3，则读数为

$$R_{x0} = R_x + \Delta R_x = \frac{R_1 + \Delta R_1}{R_2 + \Delta R_2}(R_3 + \Delta R_3)$$

如果用一个已知标准电阻 R_S 代替 R_x 接入电桥，保持 R_1、R_2、R_3 的数值不变，并仍使电桥平衡，则有

$$R_{S0} = R_S + \Delta R_S = \frac{R_1 + \Delta R_1}{R_2 + \Delta R_2}(R_3 + \Delta R_3)$$

比较以上两式可知，在保持仪表工作状态不变的情况下，电阻 R_1、R_2、R_3 的误差 ΔR_1、ΔR_2、ΔR_3 对 R_x、R_S 读数的影响是相等的，若用 R_S 的值来代替 R_x 的值，即 $R_x = R_S$，则可消除 ΔR_1、ΔR_2、ΔR_3 对测量结果的影响，也就是说，由于仪表本身不完善引起的系统误差被消除了。

（4）引入校正值法。校正值也叫修正值，一般用 δ_r 表示，它是被测量的真实值 A_0 与仪表的指示值 A_x 之差，即

$$\delta_r = A_0 - A_x \tag{8-17}$$

显然，校正值与绝对误差大小相等，符号相反，即

$$\delta_r = - \Delta$$

如果在测量前，已经知道仪表的校正值，则可以根据仪表的指示值与校正值求出被测量的真实值 A_0，即 $A_0 = A_x + \delta_r$，从而消除系统误差。

此外，测量前应认真检查仪表的安装及调整情况，选择合理的接线方式，以防止测量仪表之间的互相干扰；在测量时，要选好观测位置，正确读数，以消除视差带来的测量误差。

2. 偶然误差

1）产生偶然误差的原因

在相同条件下，多次测量同一被测量时，误差的大小和符号都不固定，且无一定的规律可循，这种误差称为偶然误差，也叫随机误差。它是由外界环境一些不确定的、偶然变化的因素引起的，如环境温度的突变、电磁场的干扰、电源电压及频率的突变，甚至测量者感觉器官无规律的微小变化等，都可能使重复测量同一量时，其结果不完全相同，即产生了偶然误差。

2）减小偶然误差的方法

一次测量结果的偶然误差没有规律可循，但多次测量中的偶然误差仍然具有一定的规律。

如果用 f 表示误差出现的次数，用 δ 表示误差的大小，则 δ 与 f 的关系曲线符合正态分布，如图 8 - 12 所示。

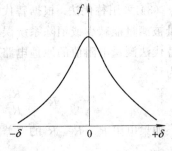

可见，偶然误差具有以下特征：

（1）有界性，即在一定的测量条件下，偶然误差的绝对值总是小于某一有限值。

（2）单峰性，即在多次测量中，绝对误差小的误差出现的概率大，绝对误差大的误差出现的概率小。

图 8 - 12 偶然误差的分布曲线

（3）对称性，即随着测量次数的增多，绝对值相等、符号相反的偶然误差出现的机会均等。

由于偶然误差具有上述特征，因此，在工程测量中通常采用增加重复测量次数，并取算术平均值的方法来消除偶然误差对测量结果的影响。测量次数越多，误差越小，测量结果越准确。

3. 疏失误差

1）产生疏失误差的原因

疏失误差有时也称为粗大误差，简称为粗差，是一种严重偏离测量结果的误差。产生疏失误差的原因主要有以下几点：

（1）测量方法不当。例如用普通万用表的电压挡直接测量高内阻电源的开路电压，用万用表测量小电阻等。

（2）操作错误。如未按规程规定的方法及步骤进行操作，或者读错读数、记错单位、计算错误等。

（3）测量条件的突然变化。例如电源电压突然增高或降低、机械冲击等原因引起测量仪器的指示值发生剧烈变化等。这类变化虽然带有一定的随机性，但由于它使测量值出现明显的偏差，因此一般将其列入粗差范围。

2）减小疏失误差的方法

一般称包含疏失误差的测量结果为坏值，是不可信的，应及时剔除，并重新测量，直到测量结果完全符合要求为止。为了保证测量质量和速度；测试人员应加强理论知识的学习，努力提高技术水平，养成细心和耐心的良好习惯，只有这样，才能从根本上杜绝疏失误差的产生。

8.8 有效数字及测量结果的表示

为了从测量得到的原始数据中求出被测量的最佳估计值，并计算其精度，为工程分析、判断和决策提供可靠依据，就必须先对实验数据进行处理。被测量的结果可以用数字、图表或计算公式三种形式表示，这里主要讨论用数字形式表示的处理方法。

对测量数据进行处理时，会遇到一系列的实际问题，如测量数据取多少位最合适，当几个被测量的数据位数相差较大时应怎样计算等。诸如这些问题的处理，实际上是如何正确选用有效数字的问题。

8.8.1　有效数字的处理

1. 有效数字的概念

在测量中，不论使用什么仪表，也不论采用什么测量方法，严格地说测量数据都是有误差的，因为一般情况下测量数据的最后一位数字是靠估计得来的。例如，用一个 $0\sim5$ A 量程的指针式电流表测电流时，读得电流值为 4.36 A，其中，"4.3"是根据刻度线读出的，而最后一位数字"6"就是根据指针在两刻度线之间的位置估计出来的，所以由有误差的测量数据计算出的结果也都是近似数据。为了正确合理地反映测量结果，必须确定有效数字的位数。所谓有效数字，就是指从数据左边第一个非零数字开始，直至右边欠准数字的一位为止，其间的所有数字（包括数字"0"）均为有效数字。组成数据有效数字的个数称为有效数字的位数。如电压的测量值 4.65 V 有三位有效数字；又如某电流的测量值 0.0321 mA 中，"3、2、1"三个数字是有效数字，左边两个"0"是非有效数字，所以电流值 0.0321 mA 也只有三位有效数字；而测量数据 0.02030 MHz 中，虽然"2"前面的两个"0"不是有效数字，但"2"与"3"之间的"0"及末尾的"0"都是有效数字，所以数据 0.02030 MHz 有四位有效数字。在上述三个数据中，最后一位有效数字"5"、"1"和"0"一般都是估测出来的，故称为欠准数字或不可靠数字。记录有效数字时应注意以下几点：

（1）有效数字只允许末尾一位是估计而得的欠准数字，因此记录测量数值时，只取一位欠准数字。

（2）有效数字的位数与小数点的位置无关，如 1.32 与 13.2 均为三位有效数字。

（3）"0"在数字之间或末尾时均为有效数字。在测量中，如果仪表指针刚好停留在分度线上，读取记录时应在小数点后的末尾加一位零。例如指针停在"215 V"的分度线上，则应记为"215.0 V"，因为数据中 5 是准确数字，而不是估计的欠准数字。

（4）被测量的数值较大或较小时，要用数字乘以 10 的幂指数的形式来表示，10 的幂指数前面的数字为有效数字。例如"8.2×10^5"、"4.20×10^{-4}"等，前一个数据有两位有效数字（8、2），后一个数据有三位有效数字（4、2、0）。在采用 10 的幂指数表示时，应根据误差大小来确定与 10 的幂指数相乘的数字的位数。

例 8 - 5　一被测电阻的电阻值 $R=10000$ Ω，已知其相对误差 $\gamma=\pm0.5\%$，其有效数字应如何表示？

解　（1）由 $\gamma=\dfrac{\Delta}{A_0}\times100\%$ 可求得该电阻的绝对误差为

$$\Delta R=\gamma\times R_0=\pm0.5\%\times10000=\pm50\ \Omega$$

（2）确定表示该电阻的有效数字。

按有效数字的含义，如果将该电阻用五位有效数字表示，即直接表示为 $R=10000$ Ω，则最末一位即个位为欠准数字，其误差为 $\pm\dfrac{1}{2}\times1$ Ω$=\pm0.5$ Ω；如果用两位有效数字乘以 10 的幂指数的形式表示，则可表示为 $R=10\times10^3$ Ω（或表示为 10 kΩ），表明其最末一位即千位是欠准数字，其误差为 $\pm\dfrac{1}{2}\times1$ kΩ$=\pm0.5$ kΩ。可见，采用上述两种形式表示时，其误差范围与计算结果 ±50 Ω 都不相符，因此两种写法都不对。

由其绝对误差值±50 Ω可以看出，R 的有效数字末尾一位应是百位，即为三位有效数字，正确写法为 10.0×10^3 Ω 或 10.0 kΩ，此时欠准数字为 0.05 kΩ（即±50 Ω），才与其误差相符。

2. 有效数字的处理

由以上分析可知，有效数字的位数不仅表达了被测量的大小，同时还表明了测量结果的精确程度，因此，测量结果中必须保证合适的有效数字位数。如果测量数据中有效数字位数过少可能不能保证测量准确度；如果过多，一则毫无意义，二则会给计算带来麻烦，所以应该剔除。剔除测量数据中多余数字的过程即为有效数字的处理。

对测量结果有效数字进行处理时，首先根据测量的准确度来确定有效数字的位数（允许保留一位欠准数字），有效数字的位数确定后，其余数字再作舍入处理。具体方法是：以保留数字的末位为单位，其后面的最高位大于 5 就入，小于 5 就舍；恰好等于 5 时，可按以下两种情况来处理：

(1)"5"后面只要有非零数字就进 1；

(2)如果"5"后面没有数字或全为数字零时可采用偶数法则，即 5 前的末位为奇数时加 1，为偶数时不变，此规则可归纳为"奇变偶不变"。

以上舍入规则可简单地概括为："5 以上入、5 以下舍；5 前奇入、5 前偶舍"。

采用上述舍入规则后，舍入误差不会超过保留数据末位一个单位的一半，故称之为 0.5 误差原则。

例 8-6 对下列数据进行舍入处理，使其只保留两位小数。

18.685　　1.3750　　0.499　　2.151

解　根据有效数字处理的原则，可得

18.685→18.68　　　1.3750→1.38

0.499→0.50　　　2.151→2.15

值得注意的是，本教材中所介绍的有效数字的处理方法与检定仪表中根据仪表的准确度等级对测试数据化整的方法是有区别的，在进行数据处理时，应具体情况具体考虑。

3. 有效数字的运算规则

(1)如 π、e、$\sqrt{2}$ 等常数参加运算时，有效数字的位数可不受限制，需要几位就取几位，其余的尾数按舍入规则处理即可。

(2)加减运算时，首先应对原始数据中小数点后位数多的数据进行舍入处理，使之比小数点后位数最少的只多一位小数，然后进行加减运算；计算结果保留的小数点后的位数应与原始数据中小数点后位数最少的那个数相同。例如将 57.56、19.4、6.2150、0.876 四个数据相加时，因 19.4 小数位数最小，只有一位小数，所以应将 57.56、6.2150、0.876 三个数据进行舍入处理，使其小数点后保留两位小数，因 57.56 本身就是带有两位小数的数，故保持原数不变，而 6.2150、0.876 则变为 6.22、0.88。其计算式为 57.56＋19.4＋6.22＋0.88＝84.06，结果取为 84.1。

(3)乘除运算时，首先应对原始数据中有效数字位数多的数据进行舍入处理，使之比有效数字位数最少的那个数据只多一位有效数字；计算结果的位数与原数据中有效数字位数最少的相同。如 1.6、12.8、1.475 三个数相乘时，因 1.6 有效数字位数最少，只有两位，

所以应对 12.8、1.475 两个数进行舍入处理，使其保留三位有效数字，故其计算式为 1.6×12.8×1.48＝9.8304，所以，其结果可取为 9.8。

8.8.2　测量结果的表示

测量结果常用的数字表示方法有测量值加不确定度法、有效数字法、有效数字和安全数字法三种表达形式。

1. 测量值加不确定度法

测量值加不确定度法是一种最常见的表示方法，特别适合于表示最后的测量结果，其优点是明确地给出了误差范围，不足之处是作为中间运算结果时，运算比较麻烦。例如，测量某电压的结果为(75.045±0.029)V，说明其测量值为 75.045 V，不确定度为±0.029 V，也就是说该电压的数据范围是(75.045＋0.029)V～(75.045－0.029)V。

2. 有效数字法

有效数字法实际上是由测量值加不确定度法演变而来的，采用这种表示方法时，计算测量值时更加方便，更适合表示中间结果。同样在没有特殊说明的情况下，一般有效数字的最末一位是欠准数字。例如：(75.045±0.029)V，因误差 0.029 V 大于 0.01 V 而小于 0.1 V，所以原数据用三位有效数字表示，即可以表示为 75.0 V。显然，这种表示方法具有一定的误差，一般来说会使误差范围扩大。

3. 有效数字和安全数字法

测量结果采用有效数字法表示时，会因为舍入误差而影响运算和测量结果的准确度。为了尽量减小这种误差，可在有效数字后面多取 1～2 位作为安全数字。例如：(75.045±0.029)V，用有效数字法表示时应为 75.0 V，如果多取一位安全数字，即多保留一位有效数字，则应表示为 75.04 V，若多取两位安全数字，则应表示为 75.045 V。采用这种表示方法时，改写后的数据更接近原来的数据，一般适用于表示中间结果或重要数据。

习　　题

8.1　电工仪表的准确度等级与仪表的误差有什么关系？

8.2　用一只电流表测量实际值为 20.0 A 的电流，指示值为 19.0 A，问电流表的相对误差为多少？

8.3　用一普通电压表测量某一电压时，指示值为 220 V；而改用高准确度电压表测量时，指示值为 218 V。求用普通电压表测量时的相对误差。

8.4　对下列数据进行舍入处理，使其只保留两位小数。

(1) 1.234　　　(2) 1.2967　　　(3) 1.345　　　(4) 1.450

(5) 1.350　　　(6) 18.675　　　(7) 2.251　　　(8) 0.498

8.5　进行下列运算：

(1) 12.3＋0.04＋5.678　　　(2) 12.3×0.04×5.678

(3) 1.48×1.6×12.7　　　(4) 55.46＋16.3＋8.12＋0.28

8.6　测量 220 V 的电压，现有两只表：

(1) 量限 600 V、0.5 级；

(2) 量限 250 V、1.0 级。

为了减小测量误差，试问：应选用哪只表？

第 9 章　电工工具及电气测量仪器仪表的使用

9.1　常用的电工工具及其使用

电工常用工具是指一般专业电工经常使用的工具。能否正确使用和维护电工工具直接关系到工作质量、工作效率和操作的安全。

1. 验电器

1) 低压验电器

低压验电器又称试电笔或电笔，是检验低压导体和电气设备是否带电的一种常用工具，其检验范围为 60～500 V，结构如图 9-1 所示。

笔尖　电阻　氖管　弹簧　笔尾金属体

(a) 钢笔式　　　　　　　　　　　　　　(b) 螺丝刀式

图 9-1　低压验电器

低压验电器的使用方法和注意事项如下：

（1）正确握笔，手指（或某部位）应触及笔尾的金属体（钢笔式）或测电笔顶部的螺丝钉（螺丝刀式），如图 9-2 所示。要防止笔尖金属体触及皮肤，以免触电。

（2）使用前先要在有电的导体上检查电笔能否正常发光。

（3）应避光检测，看清氖管的辉光。

（4）电笔的金属探头虽与螺丝刀相同，但它只能承受很小的扭矩，使用时要注意，以防损坏。

（5）电笔不可受潮，不可随意拆装或受到剧烈震动，以保证测试可靠。

(a) 钢笔式　　　　　　　(b) 螺丝刀式

图 9-2　低压验电器的握法

低压验电器除了用于检查低压电气设备或线路是否带电外，还可用于如下场合：

· 区分相线和中性线。氖泡发亮的是相线，不亮的是中性线。

· 区分交流电、直流电。交流电通过时两极都发亮，而直流电通过时仅一个电极附近亮。

· 判断高压、低压。氖泡为暗红色，有轻微亮，说明电压较低；氖泡为黄红色且很亮，则说明电压较高。

2）高压验电器

高压验电器又称高压测电器，主要类型有发光型和声光型等。发光型高压验电器结构如图 9-3 所示。

握柄　护环　　　　　　　紧固螺钉　氖管窗 氖管　　金属钩

图 9-3　10 kV 发光型高压验电器

高压验电器的使用方法和注意事项如下：

（1）注意其额定电压和被检验电气设备的电压等级相适应，以免危及操作人员安全或产生误判。

（2）操作人员应戴绝缘手套，手握在护环以下部分，如图 9-4 所示。同时应有人监护。

（3）先在有电的设备上检验验电器性能是否完好，然后再对验电设备进行检测。注意操作时将验电器逐渐移向带电设备，当有发光或发声指示时，应立即停止验电。

正确的　错误的

（4）验电时人体与导电体应保持足够的安全距离，10 kV 以下的电压安全距离为 0.7 m 以上。

（5）须在气候良好的情况下使用，以保证操作人员的安全。

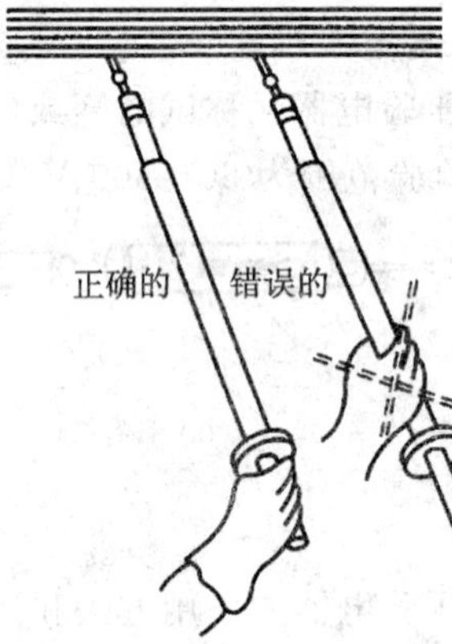

图 9-4　高压验电器握法

（6）验电器每半年须进行一次预防性试验。

2. 钢丝钳

钢丝钳又名克丝钳，是一种夹钳和剪切工具，常用来剪切、钳夹或弯绞导线，拉剥电线绝缘层和紧固及拧松螺钉等。通常，剪切导线用刀口，剪切钢丝用侧口，扳螺丝母用齿口，弯绞导线用钳口。其结构和用途如图 9-5 所示。常用的规格有 150 mm、175 mm 和 200 mm 三种。电工所用的钢丝钳，在钳柄上必须套有耐压为 500 V 以上的绝缘套。

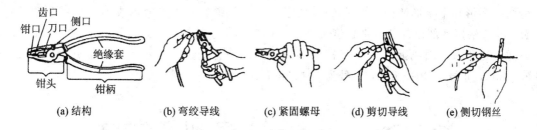

(a) 结构　　　(b) 弯绞导线　　　(c) 紧固螺母　　　(d) 剪切导线　　　(e) 侧切钢丝

图 9-5　钢丝钳的结构和用途

钢丝钳的使用方法及注意事项如下：

（1）钳把须有良好的绝缘保护，绝对不能带电操作。

（2）使用时须使钳口朝内侧，便于控制剪切部位。

（3）剪切带电导体时，须单根进行，以免造成短路事故。

（4）钳头不可当锤子用，以免其变形。钳头的轴、销部位应经常加机油进行润滑。

3. 尖嘴钳

尖嘴钳的头部尖细，适用于在狭小的空间操作。刀口用于剪断细小的导线、金属丝等，钳头用于夹持较小的螺钉、垫圈、导线和将导线端头弯曲成所需形状。其外形如图 9-6 所示。其规格按全长分为 130 mm、160 mm、180 mm 和 200 mm 四种。电工用尖嘴钳手柄套有耐压 500 V 的绝缘套。

图 9-6　尖嘴钳

4. 剥线钳

剥线钳用于剥削直径 3 mm（截面积 6 mm²）以下塑料或橡胶绝缘导线的绝缘层。其钳口有 0.5～3 mm 多个直径切口，以适应不同规格的线芯剥削。其外形如图 9-7 所示。它的规格以全长表示，常用的有 140 mm 和 180 mm 两种。剥线钳柄上套有耐压为 500 V 的绝缘套管。

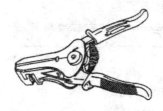

图 9-7　剥线钳

使用时注意：电线必须放在大于其芯线直径的切口上切削，以免切伤芯线。

5. 螺钉旋具

螺钉旋具俗称螺丝刀，又称改锥等，用来紧固和拆卸各种带槽螺钉。按头部形状不同分为一字形和十字形两种，如图9-8所示。一字形螺丝刀用来紧固或拆卸带一字槽的螺钉，其规格用柄部以外的体部长度来表示，电工常用的有50 mm、150 mm两种。而十字形螺丝刀是用来紧固或拆卸带十字槽的螺钉，其规格有四种：Ⅰ号适用的螺钉直径为2～2.5 mm，Ⅱ号为3～5 mm，Ⅲ号为6～8 mm，Ⅳ号为10～12 mm。

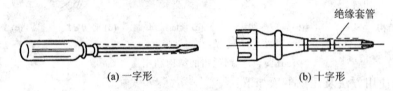

(a) 一字形　　　　　　　　　　(b) 十字形

图9-8　螺丝刀

螺丝刀的使用方法及注意事项如下：

（1）螺丝刀上的绝缘柄应绝缘良好，以免造成触电事故。

（2）螺丝刀的正确握法如图9-9所示。

（3）螺丝刀头部形状和尺寸应与螺钉尾部槽形和大小相匹配。不用小螺丝刀去拧大螺钉，以防拧豁螺钉尾槽或损坏螺丝刀头部；同样也不能用大螺丝刀去拧小螺钉，以防因力矩过大而导致小螺钉滑扣。

（4）使用时应使螺丝刀头部顶紧螺钉槽口，以防打滑而损坏槽口。

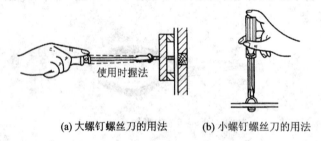

使用时握法

(a) 大螺钉螺丝刀的用法　　　(b) 小螺钉螺丝刀的用法

图9-9　螺丝刀的使用

6. 电工刀

电工刀是用来剥削或切割电工器材的常用工具，其外形如图9-10所示。电工刀有普通型和多用型两种。多用型电工刀除具有刀片外，还有折叠式的锯片、锥针和螺丝刀，可锯削电线槽板和锥钻木螺钉的底孔等。

图9-10　电工刀

电工刀的使用方法和注意事项如下：

（1）电工刀的刀口常在单面上磨出呈弧状的刃口，在剥削电线绝缘层时，可把刀略向内倾斜，用刀刃的圆角抵住线芯，刀向外推出。这样刀口就不会损坏芯线，又能防止操作者自己受伤。

（2）用毕即将刀折入刀体内。

（3）电工刀的刀柄无绝缘，严禁在带电体上使用。

7. 活络扳手

活络扳手是用来紧固或拧松螺母的一种专用工具，其结构如图9-11所示。常用的有150 mm、200 mm、250 mm 和 300 mm 四种。

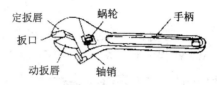

图9-11　活络扳手

活络板手的使用方法及注意事项如下：

（1）旋动蜗轮将扳口调到比螺母稍大些，卡住螺母，再旋动蜗轮，使扳口紧压螺母。

（2）握住扳头施力，握法如图9-12所示。在扳动小螺母时，手指可随时旋调蜗轮，收紧活扳唇，以防打滑。

（3）活络扳手不可反用或用钢管接长柄施力，以免损坏活络扳唇。

（4）活络扳手不可作为撬棒和手锤使用。

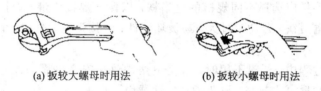

(a) 扳较大螺母时用法　　　　(b) 扳较小螺母时用法

图9-12　活络扳手握法

8. 冲击钻

冲击钻是一种旋动带冲击的电动工具。它具有两种功能：一是作为普通电钻使用，此时开关应调到"钻"位置，装上普通麻花钻能在金属上钻孔；另一种是开关调到"锤"的位置，装上镶有硬质合金的钻头，便能在混凝土和砖墙等建筑物构件上钻孔。冲击钻通常可冲打直径为 6～16 mm 的圆孔。其外形如图9-13所示。

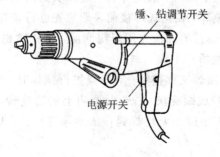

图9-13　冲击钻

冲击钻的使用方法及注意事项如下：

（1）为确保操作人员的安全，在使用前用 500 V 的兆欧表测定其相应绝缘电阻，其值应不小于 0.5 MΩ。

（2）使用时须戴绝缘手套、穿绝缘鞋或站在绝缘板上。

（3）钻孔时不宜用力过猛，遇到坚硬物时不能加过大的力，以免钻头退火或因过载而损坏；在使用过程中转速突然降低或停转时，应迅速放松开关，切断电源；当孔快钻通时，应适当减轻手的压入力。

（4）钻孔时应经常将钻头从钻孔中抽出以便排除钻屑。

9. 电烙铁

电烙铁是锡焊和塑料烫焊的常用工具，通常以电热丝作为热元件，其外形如图 9 - 14 所示。常用的有 25 W、45 W、75 W、100 W 和 300 W 等多种。

(a) 外热式　　　　　　　　　(b) 内热式

图 9 - 14　电烙铁

1）使用电烙铁的注意事项

（1）使用前应检查电烙铁有无磕、碰、砸伤及电源引接线有无断线或绝缘损坏等，若有则不能使用。

（2）电烙铁金属外皮一定要有接地线或接零保护。

（3）不同焊接件应选择不同规格的电烙铁，以保证焊接质量。焊接弱电元件时，宜采用 45 W 以下的电烙铁，若功率过大，易烫坏元件；焊接强电元件时，宜采用 45 W 以上的电烙铁。

（4）在焊接过程中，暂时不用时，应把电烙铁放在安全可靠的地方，用完后立即拔掉电源插头，等冷却后再收起来，以免烫坏东西或引起火灾。

（5）在使用过程中，要经常用湿布或湿海绵清污，去掉烙铁头上的杂质。

（6）当烙铁头的铜芯表面被氧化而不易沾上焊锡时，可用锉刀在烙铁断电时锉去氧化层，沾上松香再用。一般不宜沾焊油膏助焊，以免日久使焊点腐蚀而损坏电器。

2）电烙铁焊点的基本操作

（1）焊件表面处理。手工操作常用机械刮磨和酒精、丙酮擦洗等方法对焊件表面进行清理，去除焊接面上的锈迹、油污、灰尘等影响焊接质量的杂质。

（2）预焊。为了防止虚焊，在正式焊接前一般应先进行预焊。预焊分以下两种：

① 元器件预焊。将需焊接的部位先用焊锡润湿，也称镀锡、上锡、搪锡等。预焊可用电烙铁直接上锡，也可在松香里上锡。

② 导线预焊。导线的预焊又称挂锡。对导线进行预焊时，应先剥去绝缘层。对多股导线剥掉绝缘层后，应将线拧成螺旋状。挂锡时要边上锡边旋转，旋转方向同导线拧合的方向一致。要注意"烛心效应"，即不要将焊锡侵入到绝缘层内，以免软导线变硬，导致接头故障。

（3）施焊。施焊的步骤如下：

① 准备好焊锡丝和电烙铁。

② 加热焊件。将电烙铁接触焊点，对焊件均匀加热。

③ 熔化焊料。当加热到能熔化焊料时，将焊锡丝置于焊点，此时焊料开始熔化并润湿焊点。当熔化一定量的焊锡后，将焊锡移开。

④ 移开电烙铁：当焊锡完全湿润焊点后，沿大致 45°的方向向上提起电烙铁。

　　3）用电烙铁焊接时的注意事项

　　（1）对一般焊点，施焊时间大约需 2～3 s。

　　（2）焊锡量不要过多或过少。焊锡过多既消耗较贵的焊锡，又增加了焊接时间，降低了工作效率，且在高密度的电路中，过量的焊锡很容易造成不易察觉的短路；焊锡过少不能形成牢固的结合，降低了焊点的强度，日久可能造成焊点脱落。

　　（3）焊剂使用要适中，过量的松香不仅会因清洗而增加焊点周围的工作量，而且会延长加热时间，降低工作效率。若加热不足，焊剂又容易夹杂到焊锡中形成"夹渣"缺陷。对使用松香芯的焊锡丝来讲，基本上可不用助焊剂。

9.2　常用电气测量仪器仪表的使用

9.2.1　电压测量仪表

　　测量电压时必须将电压表与被测电路并联。电压表内阻要尽量大，以减少测量误差。电压表内阻通常在表盘上以 Ω/V 标明。如一只量程为 100 V 的电压表，内阻为 200 kΩ，则电压表内阻可表示为 2000 Ω/V。

1. 直流电压测量仪表

　　（1）电压表"＋"端钮接被测电路高电位端，"－"端钮接被测电路低电位端。

　　（2）根据被测电压大小选择量程，尽量使指针偏转在标尺的 2/3 处。如不能事先估计被测电压的大小，则量程由大至小切换至适当量程。

　　（3）如需扩大量程可外串分压电阻 R_V（倍压表），如图 9-15 所示。

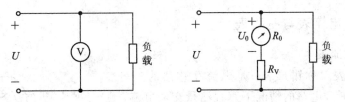

图 9-15　电压表和倍压表

设 R_0 为电压表内阻，U_0 为电压表量程，U 为扩大后电压表量程，则

$$\frac{U}{U_0} = \frac{R_0 + R_V}{R_0}$$

$$R_V = R_0\left(\frac{U}{U_0} - 1\right)$$

2. 交流电压测量仪表

　　用交流电压表测交流电压时，电压表不分极性，但同样要注意量程选择。如需扩大量程可加接电压互感器，此种方法多用于电力系统中测量几千伏以上的高电压。电气工程上配给电压互感器的电压表量程一般为 100 V，如 3000/100 V、10000/100 V 等，根据被测电压等级选择电压互感器，可从表盘上直接读数。

9.2.2　电流测量仪表

测量电流时必须将电流表与被测电路串联。电流表内阻尽可能小。

1. 直流电流测量仪表

（1）电流表"＋"端钮为电流的流入端，"－"端钮为电流的流出端。

（2）量程选择同电压表。

（3）如需扩大量程可并接一分流器 R_A，如图 9-16 所示。

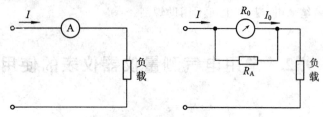

图 9-16　电流表和分流器

设 R_0 为电流表内阻，I_0 为电流表量程，I 为扩大后电流表量程，则：

$$\frac{I}{I_0} = \frac{R_0 R_A}{R_A}$$

$$R_A = \frac{I_0 R_0}{I - I_0}$$

2. 交流电流测量仪表

用交流电流表测交流电流时，无需注意电流表极性，但也要注意量程大小。如需扩大量程可加接电流互感器。电气工程上配给电流互感器的交流电流表量程一般为 5 A，根据被测电流大小选电流互感器，并可从表盘上直接读取被测电流。

9.2.3　钳形电流表与兆欧表

1. 钳形电流表

钳形电流表又称钳形表，是电流互感器的一种变形，它可在不断开电路的情况下直接测量交流电流，在电气检修中使用相当广泛、方便，一般用于测量电压不超过 500 V 的负荷电流，其外形如图 9-17 所示。

钳形电流表的使用方法及注意事项如下：

（1）检查钳口开合情况，要求钳口可动部分开合自如，两边钳口结合面接触紧密。

（2）检查电流表指针是否在零位，否则调节调零旋钮使其指向零。

（3）量程选择旋钮置于适当位置，不准在测量过程中切换电流量程开关。

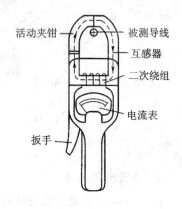

图 9-17　钳形电流表

（4）将被测导线置于钳口内中心位置即可读数。

（5）测量结束后将量程选择旋钮置于最高挡，以免下次使用时不慎损坏仪表。

2. 兆欧表

兆欧表又称摇表、高阻计或绝缘电阻测定仪，是一种简便的常用来测量高电阻（主要是绝缘电阻）的直读式仪表。一般用来测量电路、电机绕组、电缆电气设备等的绝缘电阻。其外形如图 9-18 所示。

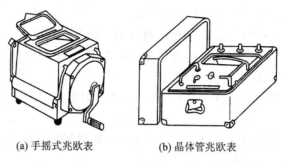

(a) 手摇式兆欧表　　　　　(b) 晶体管兆欧表

图 9-18　兆欧表

1）兆欧表的规格选用

兆欧表的常用规格有 250 V、500 V、1000 V、2500 V 和 5000 V，应根据被测电气设备的额定电压来选择。一般额定电压在 500 V 以下的设备选用 500 V 或 1000 V 的兆欧表；额定电压在 500 V 以上的设备选用 1000 V 或 2500 V 的兆欧表；而瓷瓶、母线、刀闸等应选 2500 V 或 5000 V 的兆欧表。

2）接线方法

兆欧表上有 E（接地）、L（线路）、G（保护环或屏蔽端子）三个接线端。具体接线方法如下：

（1）测量电路绝缘电阻时，将 L 端与被测端相连，E 端与地相连，如图 9-19(a) 所示。

（2）测量电机绝缘电阻时，将 L 端与电机绕组相连，机壳接于 E 端，如图 9-19(b) 所示。

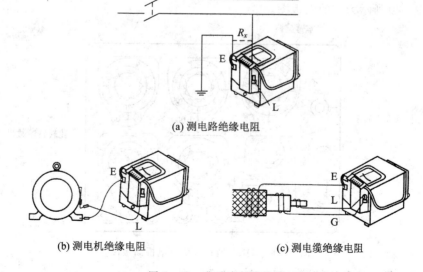

(a) 测电路绝缘电阻

(b) 测电机绝缘电阻　　　　　　　　　(c) 测电缆绝缘电阻

图 9-19　兆欧表的接线图

（3）测量电缆的缆芯对缆壳的绝缘电阻时，除将缆芯和缆壳分别接于 L 端和 E 端外，还须将电缆壳芯之间的内层绝缘物接于 G 端，以消除因表面漏电而引起的误差，如图 9-19(c)所示。

3）兆欧表的使用方法及注意事项

（1）兆欧表须放置在平稳、牢固的地方。

（2）先对兆欧表进行一次开路和短路试验，检查兆欧表性能是否良好。空摇兆欧表，指针应指在"∞"处，然后再慢慢摇动手柄，使 E 和 L 两端钮瞬时短接，指针应迅速指在"0"处。若指针不对，则须调整后再使用。

（3）不可在设备带电的情况下测量绝缘电阻，且对具有电容的高压设备应先进行放电（约 2～3 min）。

（4）兆欧表与被测线路或设备的连接导线要用绝缘良好的单根导线，不能用双股绝缘线或绞线，避免因绝缘不良而引起误差。

（5）摇动手柄的速度要均匀，一般规定为 120 r/min，允许有 4%～20% 的变化。通常摇动 1 min 后，待指针稳定后再读数。如被测电路中有电容时，先持续摇动一段时间，让兆欧表对电容充电，指针稳定后再读数。若测量中发现指针指零，应立即停止摇动手柄。

（6）在兆欧表未停止摇动前切勿用手去触及设备的测量部分和兆欧表的接线柱。测量完毕后应对设备进行充分放电，否则容易引起触电事故。

（7）禁止在有雷电时或邻近有高压导体的设备处使用兆欧表。只有在设备不带电又不可能受其他电源感应而带电的情况下才可进行测量。

9.2.4　直流单臂与双臂电桥

1. 直流单臂电桥

直流单臂电桥又称惠斯登电桥，是一种精密测量中值电阻（$1～10^6$ Ω）的直流平衡电桥。通常用来测量各种电机、变压器及电器的直流电阻。常用的有 QJ23 型携带式直流单臂电桥，图 9-20 所示为它的面板图。

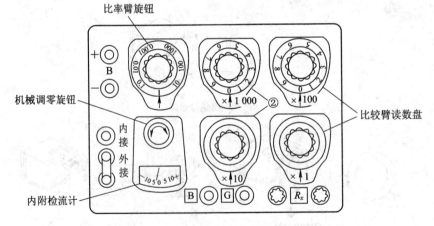

图 9-20　QJ23 型直流单臂电桥面板图

调节比率臂比率和比较臂电阻使电桥平衡，则

$$被测电阻 R_x = 比率臂比率 \times 比较臂电阻$$

QJ23 型直流单臂电桥的使用方法及注意事项如下：

（1）将金属连接片接至内附检流计能够工作的位置（将外接和外接电源用金属片短接），再调节机械调零旋钮使检流计指针指向零。

（2）用万用表粗测 R_x 大小，以便预先正确选好比率臂和比较臂的位置，保证比较臂四挡电阻都能用上，提高其测量精度。比率臂比率选择如表 9-1 所示。

表 9-1　比率臂比率与被测电阻关系

被测电阻	比率臂	被测电阻	比率臂
1～10 Ω	0.001	10～100 kΩ	10
10～100 Ω	0.01	100～1000 kΩ	100
100～1000 Ω	0.1	1～10 MΩ	1000
1～10 kΩ	1		

（3）用粗短导线将被测电阻牢固地接至标有"R_x"的两个接线端钮之间，尤其是测量小电阻时，以免接触电阻影响测量精度。

（4）测量时，先按下电源按钮"B"，再按下检流计按钮"G"，若检流计指针偏向"＋"，则应增大比较臂电阻；若指针偏向"—"，则应减小比较臂电阻。调节平衡过程中不能把检流计按钮按死，待调到电桥接近平衡时，才可将检流计按钮锁定进行细调，直至指针指零。

（5）测量完毕后，应先松开"G"按钮，后松开"B"按钮，以防检流计损坏。

（6）测量结束后，应锁上检流计锁扣（将金属片接至内接），若长时间不用，应取出电池。

（7）测量高阻值（大于 1 MΩ）电阻时，因电路中电流较小，平衡点不明显，可使用外接电源和高灵敏度检流计，但外接电压应按规定选择，过高会损坏桥臂电阻。

2. 直流双臂电桥

直流双臂电桥又称凯尔文电桥，是一种适用于测量 1 Ω 以下的分流器、电机和变压器绕组的低阻值电阻的直流平衡电桥。常用的直流双臂电桥有 QJ103 型和 QJ42 型等。图 9-21 所示为 QJ103 型面板图。

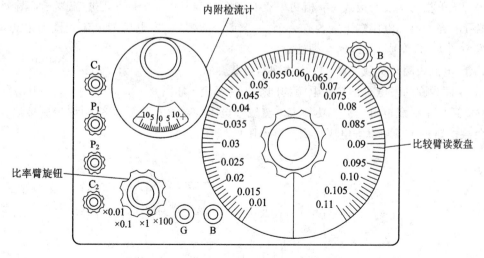

图 9-21　QJ103 型直流双臂电桥面板图

调节比率臂和比较臂转盘使电桥平衡，则

被测电阻 R_x＝比率臂比率×比较臂电阻

使用直流双臂电桥方法与直流单臂电桥基本相同，但还应注意以下问题：

（1）直流双臂电桥有四个接线端，即 P_1、P_2、C_1 和 C_2，其中 P_1、P_2 是电位端钮，C_1、C_2 是电流端钮。接线方法如图 9-22 所示（P_1、P_2 应在 C_1、C_2 的内侧）。

（2）连接导线应尽量粗而短，导线接头应接触良好。

（3）直流双臂电桥工作电流很大，测量时"B"按钮不要锁定，且动作要快。

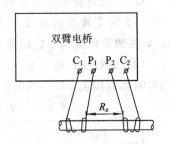

图 9-22　直流双臂电桥测电阻接线示意图

9.2.5　功率表和电能测量仪表

1. 功率表

功率表又称瓦特表，是测量电功率的仪表。

1）功率表型式选择

测直流或单相负荷的功率可用单相功率表，测三相负荷的功率可用单相功率表也可直接用三相功率表测量。

2）功率表量程选择

保证所选的电压和电流量程分别大于被测电路的工作电压和电流。

3）功率表读数

功率

$$P = C\alpha$$

式中：$C = U_N I_N / \alpha_N$ 为分格常数，其中，U_N、I_N 为电压和电流量程；α_N 为标尺满刻度格数。α 为实测时指针偏转格数。

4）功率表接线

（1）单相功率表的接线。单相功率表有四个接线柱，其中两个是电流端子，两个是电压端子。在电流和电压端子上各有一个"＊"标记，这是标志电压和电流线圈的电源端（也叫发电机端）的符号。接线时必须注意：

① 电流线圈与负载串联，电压线圈与负载并联。

② 两线圈的发电机端接在电源的同一极性端上，如图 9-23 所示。图 9-23(a)称为前接法，适用于负载电阻远大于功率表电流线圈电阻的场合；图 9-23(b)称为后接法，适用于负载电阻远小于功率表电压线圈支路电阻的场合。

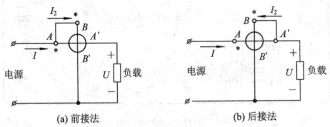

(a) 前接法　　　　　　　　　　(b) 后接法

图 9-23　单相功率表接线原理图

若接线正确，功率表反偏，表明该电路向外输出功率，这时应将电流端钮换接一下，也有的功率表装了电压线圈的"换向开关"，则转动换向开关即可。

（2）单相功率表测三相功率的接线。用单相功率表测三相功率有三种方法，如图 9 - 24 所示。

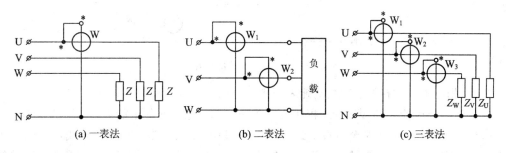

图 9 - 24　用单相功率表测三相功率接线原理图

① 一表法：仅适用于电源和负载都对称的三相电路，即用一只功率表测出其中一相的功率，则三相功率 $P = 3P_1$。

② 二表法：适用于三相三线制电路，三相功率 $P = P_1 + P_2$。注意：如功率表反偏，则须将这只功率表的电流线圈反接，并且在计算总功率时应减去这只功率表的读数。

③ 三表法：适用于不对称的三相四线制电路，即用三只功率表分别测出三相的功率，则三相功率 $P = P_1 + P_2 + P_3$。

（3）三相功率表测三相功率的接线。三相功率表实际上是根据"二表法"原理制成的，所以工程上三相三线制线路常用三相功率表直接测量，其接线图如图 9 - 25 所示。

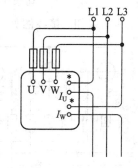

图 9 - 25　三相功率的接线图

在高电压或负荷电流很大的线路上测量功率时，要通过电压互感器或电流互感器，然后再与功率表相接。

2. 电能测量仪表

电能表又称电度表或电表，是用来测量电能的仪表，是组成低压配电板或配电箱的主要电气设备。

1）电能表型式的选择

根据测量任务选择电能表的型式：测单相负荷电能的选单相电能表；测动力和照明混合供电的三相四线制线路选三相四线电能表；测三相三线制线路的选三相三线电能表。

2）额定电压和额定电流的选择

电能表的额定电压应等于负载电压（供电电压），额定电流应大于或等于被测电路正常情况下可能出现的最大电流。还要注意负载的最小电流不要低于额定电流的 10%。

3）电能表的接线

（1）单相电能表的接线。单相电能表有四个接线柱，从左至右按 1、2、3、4 编号，接线一般如图 9 - 26 所示，1、3 为电源进线，2、4 为电源出线。也有些电能表是 1、2 进线，3、4 出线，因此要根据说明书或铭牌上的接线图把进线和出线依次对号接在电能表的接线端子上。

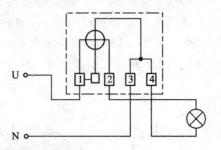

图 9-26　单相电能表的接线图

（2）三相电能表的接线。三相电能表的接线分以下两种：

① 三相四线电能表的接线。三相四线电能表也称三相三元件电能表，常用的是 DT 系列，共有 11 个接线柱，从左至右按 1 到 11 编号，其中 1、4、7 为三相电源进线，3、6、9 为三相电源出线，10 为中性线进，11 为中性线出，2、5、8 为仪表内部各电压线圈端钮，接线如图 9-27(a)所示。

② 三相三线电能表的接线。三相三线电能表也称三相二元件电能表，常用的是 DS 系列，共是 8 个接线端，其中 1、4、6 为三相电源进线，3、5、8 为三相电源出线，2、7 为表内各电压线圈端钮，接线图如图 9-27(b)所示。

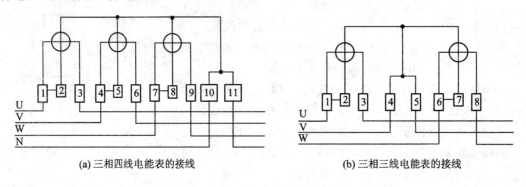

(a) 三相四线电能表的接线　　　　　　　　　　(b) 三相三线电能表的接线

图 9-27　单相电能表的接线图

与三相功率可用单相功率表测量一样，三相电能也可用单相电能表进行测量，方法与用单相功率表测三相功率相同。

若要测量大电压或大电流线路的电能，则要加接电压互感器或电流互感器。

9.2.6　万用表

万用表又称多用表、三用表、万能表等，是一种多功能、多量程的携带式电工仪表，一般可用来测量交直流电压、交直流电流和直流电阻等多种物理量，有些还可测量交流电流、电感、电容和晶体管直流放大系数等。

1. 指针式万用表

指针式万用表的型号很多，但使用方法基本相同，现以 MF30 为例介绍它的使用方法及注意事项，图 9-28 所示为它的面板图。

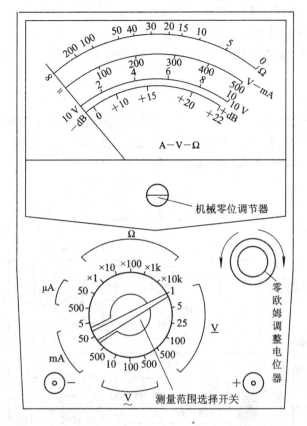

图 9-28 MF30 型万用表面板图

MF30 指针式万用表的使用方法及注意事项如下：

（1）测试棒要完整，绝缘要良好。

（2）观察表头指针是否指向电压、电流的零位，若不是，则调整机械零位调节器使其指零。

（3）根据被测参数种类和大小选择转换开关位置（如 Ω、V、V̰、μA、mA）和量程，应尽量使表头指针偏转到满刻度的 2/3 处。如事先不知道被测量的范围，应从最大量程挡开始逐渐减小至适当的量程挡。

（4）测量电阻前，应先将相应的欧姆挡调零（即将两表棒相碰，旋转调零旋钮，使指针指示在 0 Ω 处）。每换一次欧姆挡都要进行调零。如旋转调零旋钮指针无法达到零位，则可能是表内电池电压不足，需更换新电池。测量时将被测电阻与电路分开，不能带电操作。

（5）测量直流量时注意极性和接法：测直流电流时，电流从"＋"端流入，从"－"端流出；测直流电压时，红表棒接高电位，黑表棒接低电位。

（6）读数时要从相应的标尺上去读，并注意量程。若被测量的是电压或电流，则满刻度即量程；若被测量是电阻，则读数＝标尺读数×倍率。

（7）测量时手不要触碰表棒的金属部分，以保证人身安全和测量的准确性。

（8）不能带电转动转换开关。

（9）不要用万用表直接测微安表、检流计等灵敏电表的内阻。

（10）测晶体管参数时，要用低压高倍率挡（$R \times 100\ \Omega$ 或 $R \times 1\ k\Omega$）。注意"－"为内电源的正端，"＋"为内电源的负端。

（11）测量完毕后，应将转换开关旋至交流电压最高挡，有"OFF"挡的则旋至"OFF"位置。

2. 数字式万用表

数字式万用表与指针式万用表相比有很多优点：灵敏度和准确度高、显示直观、功能齐全、性能稳定、小巧灵便，并具有极性选择、过载保护和过量程显示等。数字式万用表的型号也较多，下面以 DT890 型万用表为例，介绍它的使用方法和注意事项，图 9 - 29 所示为它的面板图。

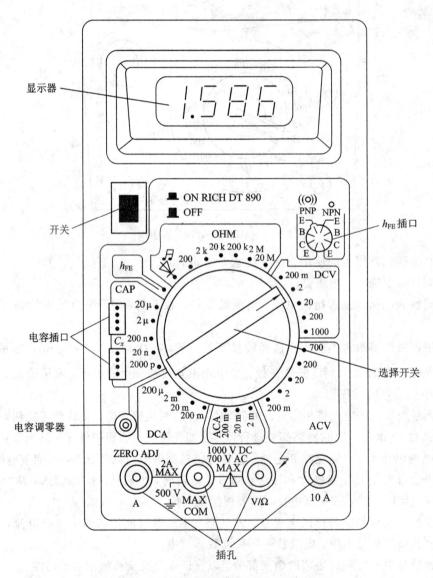

图 9 - 29　DT890 型数字万用表面板图

操作前将电源开关置于"ON"位置，若显示"LOBAT"或"BATT"字符，则表示表内电池电压不足，需更换电池，否则可继续使用。

1）交直流电压的测量

（1）将黑表棒插入"COM"插孔，红表棒插入"V/Ω"插孔。

（2）将功能选择开关置于"DCV"（直流）或"ACV"（交流）的适当量程挡（若事先不知道被测电压的范围，应从最高量程挡开始逐步减至适当量程挡），并将表棒并联接到被测电路两端，显示器将显示被测电压值和红表棒的极性（若显示器只显示"1"，表示超量程，应使功能选择开关置于更高量程挡）。

（3）测试笔插孔旁的"△"表示直流电压不要高于 1000 V，交流电压不要高于 700 V。

2）交直流电流的测量

（1）将黑表棒插入"COM"插孔，当被测电流≤200 mA 时，红表棒插入"A"孔，被测电流在 200 mA～10 A 之间时，将红表棒插入"10A"插孔。

（2）将功能选择开关置于"DCA"（直流）或"ACA"（交流）的适当量程挡，测试棒串入被测电路，显示器在显示电流大小的同时还显示红表棒端的极性。

3）电阻的测量

（1）将黑表棒插入"COM"插孔，红表棒插入"V/Ω"插孔（红表棒极性为"＋"，与指针式万用表不相同）。

（2）将功能选择开关置于"OHM"的适当量程挡，将表棒接到被测电阻上，显示器将显示被测电阻值。

4）二极管的测量

（1）将黑表棒插入"COM"插孔，红表棒插入"V/Ω"插孔。

（2）将功能选择开关置于"▷|"挡，将表棒接到被测二极管两端，显示器将显示二极管正向压降的 mV 值。当二极管反向时，则显示"1"。

（3）若两个方向均显示"1"，则表示二极管开路；若两个方向均显示"0"，则表示二极管击穿短路。这两种情况均说明二极管已损坏，不能再使用。

（4）该量程挡还可作带声响的通断测试，即当所测电路的电阻在 70 Ω 以下，表内的蜂鸣器发声，表示电路导通。

5）晶体管放大系数 h_{FE} 的测试

（1）将功能选择开关置于"h_{FE}"挡。

（2）确认晶体管是 PNP 型还是 NPN 型，将 E、B、C 三脚分别插入相应的插孔，显示器将显示晶体管放大系数 h_{FE} 的近似值（测试条件是 $I_B=10\ \mu A$，$U_{CE}=2.8\ V$）。

6）电容量的测量

（1）将功能选择开关置于"CAP"适当量程挡，调节电容调零器使显示器显示为"0"。

（2）将被测电容器插入"C_x"测试座中，显示器将显示其电容值。

9.2.7　示波器

示波器能直接观察电信号的波形，分析和研究电信号的变化规律，还可测试多种电量，如幅值、频率、相位差和时间等。

下面以 OX520 型双通道示波器为例，介绍它的面板旋钮和使用方法。

1. 面板旋钮及说明

该示波器面板如图 9 – 30 所示，共分为三大部分：左部为示波管荧光屏，上有坐标刻度，垂直为 8 div(格)，水平为 10 div(格)；左下部为电源开关、接地端和标准信号输出；右部为 Y 轴和 X 轴方向控制。

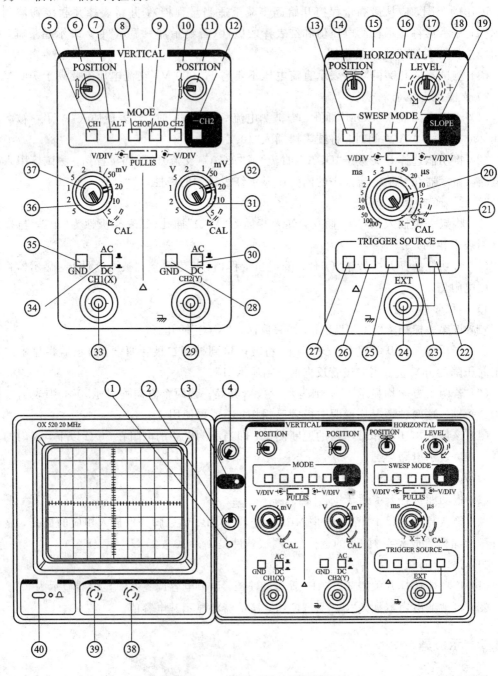

图 9 – 30　OX502 示波器面板图

图中各标号说明如下：

① 指示灯：发光二极管亮指示电源开启。

② 聚焦（FOCUS）：示波管焦距调整，提高光点和波形的清晰度。

③ 光迹旋转（TRACE ROTATION）：光迹旋转调整，可调整光迹与水平线平行。

④ 辉度（INTENSITY）：光迹亮度调整。若光迹长时间停留在荧光屏上应将辉度调暗，以延长示波管的寿命。

⑤ CH1 显示方式（CH1）：CH1 通道单独工作，显示 CH1 通道信号。

⑥ CH1 光迹移位（POSITION）：CH1 通道信号 Y 轴移位，调节波形垂直位置。

⑦ CH1 和 CH2 交替显示方式（ALT）：轮流显示二通道的信号，以阴极射线管磷光体余辉的延迟，使人眼观察到二个通道的信号，用于观察高频信号。

⑧ CH1 和 CH2 断续显示方式（CHOP）：在一个全扫描周期中，将扫描时间一小段、一小段地轮流分配给二个垂直通道，使二者信号为一小段、一小段断续，在余辉作用下，人们还是看到了双踪信号，用于观察低频信号。

⑨ CH1＋CH2 显示方式（ADD）：显示 CH1 和 CH2 二通道信号之和。

⑩ CH2 显示方式（CH2）：CH2 通道单独工作，显示 CH2 通道信号。

⑪ CH2 光迹移位（POSITION）：CH2 通道信号 Y 轴移位，调节波形垂直位置。

⑫ CH2 倒相（－CH2）：CH2 通道信号反相。（若同时按下"ADD"，则可显示 CH1－CH2）。

⑬ 自动触发方式（AUTO）：电平在锁定位置，不必调整电平旋钮就能对被测信号同步，便于观察低频信号。

⑭ 水平移位（POSITION）：信号波形 X 轴移位。

⑮ 常态触发（NORE）：采用来自 Y 轴或外接触发源的输入信号进行触发扫描，但须调节触发电平（LEVEL）旋钮在合适位置，荧光屏才能显示信号波形。若垂直通道无信号输入，则荧光屏上无光迹显示。

⑯ 视频信号场同步触发（TVV）：电视场同步为 50 μs/div～2 ms/div。

⑰ 光迹稳定度（LEVEL）：触发电平调整，可调节波形的稳定度。当旋钮顺时针旋足时（即"LOCK"位置），触发被自动设定接近中心。

⑱ 视频信号行同步触发（TVH）：电视行同步为 0.5～20 μs/div。

⑲ 触发极性（SLOPE）：

按入：负脉冲上升沿或正脉冲下降沿触发。

弹出：正脉冲上升沿或负脉冲下降沿触发。

⑳ 扫描速度微调：可在扫描速度旋钮两挡之间连续调节，以达到各挡全面覆盖。在作定量测量时，此旋钮应顺时针旋足（"CAL"位置）。

微调拉出，水平增益扩大 10 倍，此时实际的 T/div 值应为指示值的 1/10。

㉑ 扫描速度（T/div）：扫描速度调节，可根据被测信号的频率适当调节，以便观察波形。

㉒ 外触发（EXT）：触发扫描信号为外部特定的信号，由外输入端（EXT）输入。

㉓ 电源触发（LINE）：扫描信号与主电源同步。

㉔ 外触发同步信号输入插座（EXT）：当触发源为外部信号时，由此端输入。

㉕ 混合触发(VERT)：两个通道的输入信号交替控制触发扫描信号。

㉖ CH2 通道触发(CH2)：触发扫描信号受 CH2 通道的信号控制。

㉗ CH1 通道触发(CH1)：触发扫描信号受 CH1 通道的信号控制。

㉘ CH2 设置接地(GND)：CH2 输入端接零电平，但不会使测试电路短路。

㉙ CH2 通道插座(CH2(Y))：CH2 通道信号输入端。

㉚ CH2 通道信号设定(AC、DC)：DC—用于低频信号和直流分量的测量(触发源信号低于 10 Hz)。AC—在测量中隔离信号的直流分量，用于观察交流信号(10～20 Hz)。

㉛ CH2 垂直偏转(V/div)：CH2 垂直灵敏度选择，可根据显示波形适当选择。

㉜ CH2 垂直偏转微调：可在垂直偏转旋钮两挡之间连续调节，以达到各挡全面覆盖。在作定量测量时，此旋钮应顺时针旋足(CAL 位置)。

微调拉出，Y 轴增益扩大 5 倍，此时实际的 V/div 值应为指示值的 1/5。

㉝ CH1 通道插座[CH1(Y)]：CH1 通道信号输入端。

㉞ CH1 通道信号设定(AC、DC)：同㉚。

㉟ CH1 设置接地(GND)：同㉘。

㊱ CH1 垂直偏转(V/div)：同㉛。

㊲ CH1 垂直偏转微调：同㉜。

㊳ 标准信号(PROBE ADJUST)：标准信号(方波、1 kHz、$0.5U_{P-P}$)输出端，用于探头补偿或检测垂直偏差和时间基本放大器。

㊴ 接地端。

㊵ 电源开关。

在仪器背面还有 Z 轴输入端插座。

2. 使用方法

1) 准备工作

(1) 接通电源，发光二极管①指示电源开启，预热 1～2 min。

(2) 将显示方式开关⑤"CH1"和开关㉘CH2 的"GND"按下，看到光点或时基线则调节辉度④、聚焦②、光迹旋转③使扫描线亮度适中、清晰、与水平刻度平行。若看不到光点或时基线，调节"CH1"光迹移位⑥和水平移位⑭，将其移至屏幕中心，再调节辉度、聚焦和光迹旋转。若信号从"CH2"通道输入，则操作方法类同。

2) 观察校正信号

(1) 用探头将标准信号㊳与"CH1"通道输入端㉝相连。

(2) 各旋钮位置如下：

CH1㉞："AC"位置(弹出)。

CH1 灵敏度㊱：0.1V/div(探头为 1/1)或 10mV/div(探头为 1/10)，并将其微调㊲顺时针旋足。

扫描速度㉑：0.5 ms/div，将其微调㉑顺时针旋足。

触发源："CH1"㉗按下。

扫描方式："AUTO"⑬按下。

(3) 稳定波形：用"LEVEL"⑰使波形稳定。则示波器显示图形如图 9-31 所示。

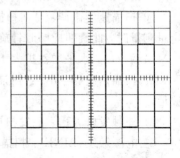

图 9-31　观察校正波形

3）交流电压测量

（1）设置"CH2"㉚为"AC"位置（当输入交流信号的频率很低时，置"DC"位置）。

（2）将触发源"CH2"⑩和扫描方式"AUTO"⑬按下。

（3）用探头将被测信号与"CH2"通道输入端㉙相连。

（4）将"CH2"微调㉜和扫描速度微调⑳顺时针旋足，用"CH2"的 V/div㉛和扫描速度 T/div㉑使波形在屏幕中幅度、频率适中，以便读数。

（5）用 CH2 的光迹移位⑪将波形移至屏幕中心，调节触发电平 LEVEL⑰使波形稳定，则被测电压峰-峰值 $U_{\text{P-P}}$＝V/div×垂直方向的格数×探头衰减倍数。

如波形如图 9-32 所示，探头为 1∶10，灵敏度为 0.2 V/div，则 $U_{\text{P-P}}$＝0.2×2×10 V＝4 V。

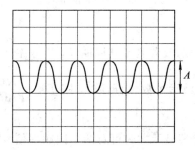

图 9-32　交流电压测量

4）直流电压测量

（1）将触发源"CH2"⑩和扫描方式"AUTO"⑬按下。

（2）将"CH2"的 GND㉘按下，此时显示的时基线为零电平的参考基准线，调节 CH2 的光迹移位⑪，使扫描线移至屏幕中心位置。

（3）将被测信号从"CH2"通道输入端㉙输入。

（4）使"CH2"的"GND"㉘弹出，并设置为"DC"位置㉚，观察波形偏移原扫描基线的垂直距离。则直流电压为：U＝V/div×偏移格数×探头衰减倍数。

若被测波形上移，则直流电压为"＋"，反之为"－"。

如波形由基准位置下移 3.5 div，探头为 1∶10，灵敏度为 0.5 V/div，则直流电压 U＝－0.5×3.5×10 V＝－17.5 V。

5）时间的测量

（1）时间间隔的测量。

① 在示波器扫描速度 T/div㉑选定后，且微调⑳向右旋足，并调整其他旋钮使波形稳定，则 P 点到 Q 点之间的时间间隔为：T＝T/div×格数。

波形如图 9-33 所示。

扫描速度 2 ms/div，则 T＝2×5 ms＝10 ms。

② 若 T/div 的微调⑳向右旋足并被拉出，则被测时间应再除以 10。

（2）脉冲上升（或下降）时间测量。测量方法同时间间隔的测量，只不过是测量被测波形满幅度的 10%～90%之间的水平轴距离。若测得时间接近本仪器固有的上升时间（17.5 ns），则上升时间为

$$T_{\text{r}} = \sqrt{T^2 - T_{\text{S}}^2}$$

式中：T 为测得的上升时间；T_s 为本机的上升时间。

否则 $T_r = T$。

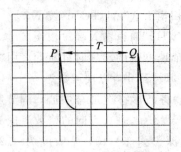

图 9-33　时间间隔的测量

（3）频率测量。

① 对周期性信号而言，用示波器测定其周期 T，则频率 $f = \dfrac{1}{T}$。

② 观察 X 方向 10 div 内波形个数（周期数），则 $f = \dfrac{N(周期数)}{T/\text{div} \times 10\ \text{div}}$。

6）相位差测量

用双通道的"交替"或"断续"显示方式可对两个同频率信号的相位差进行测量。

（1）先通过各控制旋钮获得光迹基线，将显示方式置交替 ALT⑦（频率低时可用断续 CHOP⑧），触发源置混合触发 VERT㉕。

（2）两通道的耦合方式㉚和㉞置相同位置。

（3）将被测信号从 CH1 和 CH2 两通道输入端㉝和㉙输入，调节有关旋钮使波形大小适宜且稳定。

（4）调节 CH1 和 CH2 光迹移位旋钮⑥和⑪，使两踪波形均移到上下对称屏幕中央水平刻度线上，如图 9-34 所示。

CH2 滞后 CH1 的信号的角度：

$$\varphi = \frac{C}{D} \times 360° = \frac{1}{4} \times 360° = 90°$$

式中：C——两波形对应点 $A \sim B$ 所占的格数。

D——波形一个周期所占的格数。

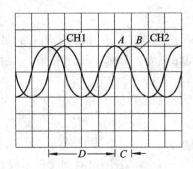

图 9-34　相位差的测量

习　　题

9.1　常用的电工工具和电工仪表分别有哪些?

9.2　低压测电笔有什么用途?

9.3　如何正确使用兆欧表?

9.4　功率表出现指针反偏时,应如何操作?

9.5　用单相功率表测量三相功率,有几种接法? 画出接线原理图。

第 10 章　安全用电及防护

学习目标

通过本章的学习、训练，学生应了解人体触电原因、触电形式及安全电压等级；掌握触电急救方法以及有效防止人体触电的措施。

本章知识点

- 人体触电的原因、形式及触电的急救方法；
- 有效防止人体触电的措施；
- 电气火灾与预防；
- 低压交流电力保护接地系统类型。

本章重点和难点

- 人体触电原因、形式及触电急救方法；
- 有效防止人体触电的措施——接地和接零；
- 电气防火与防爆。

10.1　用电人身安全及急救

安全用电包括用电时的人身安全和设备安全。电是现代化生产和生活中不可缺少的重要能源，若用电不慎，可能造成电源中断、设备损坏，甚至是人身伤亡，给生产和生活带来重大损失。因此要重视用电安全。

10.1.1　人体触电的原因和形式

1. 触电原因

不同的场合引起人体触电的原因也不一样，根据日常用电情况，主要有以下几种触电原因。

（1）线路架设不合规格。如采用一线一地制的违章线路架设，接地线被拔出、线路发生短路或接地端接触不良；室内导线破旧、绝缘损坏或敷设不合规格；无线电设备的天线、广播线、通信线与电力线距离过近或同杆架设；电气修理工作台布线不合理，绝缘线被电烙铁烫坏等。

（2）用电设备不合要求。如家用电器绝缘损坏、漏电及外壳无保护接地或保护接地接触不良；开关、插座外壳破损或相线绝缘老化；照明电路或家用电器接线错误致使灯具或机壳带电等。

（3）电工操作制度不严格、不健全。如带电操作、冒险修理或盲目修理，且未采取确实的安全措施；停电检修电路时，闸刀开关上未挂"警告牌"，其他人员误闭合闸刀开关；使用不合格的安全工具进行操作等。

（4）用电不谨慎。如违反布线规程、在室内乱拉电线；未切断电源就去移动灯具或家用电器；用水冲刷电线和电器或用湿布擦拭，引起绝缘性能降低；随意加大熔丝规格或任意用铜丝代替熔丝，而失去保护作用等。

2. 触电形式

（1）单相触电。人体某一部位触及一相带电体，电流通过人体流入大地（流回中性线），称为单相触电，如图 10－1 所示。单相触电时人体承受的最大电压为相电压。单相触电的危险程度与电网运行的方式有关。在电源中性点接地系统中，由于人体电阻远大于中性点接地电阻，电压几乎全部加在人体上；而在中性点不直接接地系统中，正常情况下电源设备对地绝缘电阻较大，通过人体的电流较小。所以，一般情况下，中性点直接接地电网的单相触电比中性点不直接接地的电网危险性大。

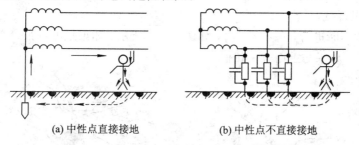

(a) 中性点直接接地　　　　　　(b) 中性点不直接接地

图 10－1　单相触电

（2）两相触电。人体两处同时触及两相带电体称为两相触电，如图 10－2 所示。两相触电加在人体上的电压为线电压，其危险性非常大。

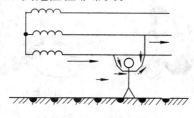

图 10－2　两相触电

10.1.2　触电急救方法

一旦发生触电事故，有效的急救在于迅速处理并抢救得法。常用的触电急救方法如下。

1. 切断电源

首先应就近断开开关或切断电源，也可用干燥的绝缘物作为工具使触电者与电源分离。若触电者紧握电线，可用绝缘物（如干燥的木板等）插垫入其身下，以隔断触电电流，也可用带绝缘柄的电工钳或有干燥木把的斧头切断电源线。同时要注意自身安全，避免发生新的触电事故。

2. 现场急救

使触电者脱离电源后，应视触电情况立即进行急救处理。

（1）触电者尚未失去知觉，只是感觉心慌、四肢麻木、全身无力或一度昏迷，并很快能恢复知觉，则应让其静卧，注意观察，并请医生前来诊治。

（2）呼吸停止，但有心跳，应该用人工呼吸法抢救，具体方法如下：

① 首先把触电者移到空气流通的地方，最好放在平直的木板上，使其仰卧，不可用枕头。然后把头侧向一边，掰开嘴，清除口腔中的杂物、假牙等。如果舌根下陷应将其拉出，使呼吸道畅通。同时解开衣领，松开上身的紧身衣服，使胸部可以自由扩张。

② 抢救者位于触电者一边，用一只手紧捏触电者的鼻孔，并用手掌的外缘部压住其头部，扶正头部使鼻孔朝天。另一只手托住触电者的颈后，将颈部略向上抬，以便接受吹气。

③ 抢救者做深呼吸，然后紧贴触电者的口腔，对口吹气约 2 s。同时观察其胸部有否扩张，以判断吹气是否有效和是否合适。

④ 吹气完毕后，立即离开触电者的口腔，并放松其鼻孔，使触电者胸部自然恢复，时间约 3 s，以利其呼气。

按上述步骤不断进行，每 5 s 一次，如图 10-3 所示。如果触电者张口有困难，可用口对准其鼻孔吹气，效果与上面方法相似。

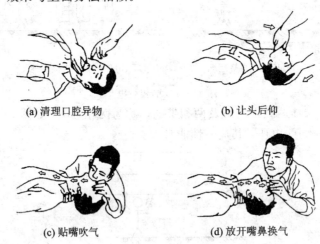

(a) 清理口腔异物　　　　　　　(b) 让头后仰

(c) 贴嘴吹气　　　　　　　(d) 放开嘴鼻换气

图 10-3　口对口人工呼吸法

（3）若触电者心跳停止但有呼吸，应用人工胸外心脏挤压法抢救，具体方法如下：

① 使触电者仰卧，姿势与口对口人工呼吸法相同，但后背着地处应结实。

② 抢救者骑在触电者的腰部，两手相叠，用掌跟置于触电者胸骨下端部位，即中指指尖置于其颈部凹陷的边缘，掌跟所在的位置即为正确按压区。然后自上而下直线均衡地用力向脊柱方向挤压，使其胸部下陷 3～4 cm，可以压迫心脏使其达到排血的作用。

③ 使挤压到位的手掌突然放松，但手掌不要离开胸壁，依靠胸部的弹性自动恢复原状，使心脏自然扩张，大静脉中的血液就能回流到心脏中来。

按照上述步骤不断地进行，每秒一次，每分钟约 60 次，如图 10-4 所示。挤压时定位要准确，压力要适中，不要用力过猛，避免造成肋骨骨折、气胸、血胸等危险。但也不能用力过小，否则将达不到挤压目的。

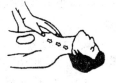

(a) 手掌位置　　　(b) 左手掌压在右手掌上　　　(c) 掌跟用力下压　　　(d) 突然松开

图 10-4　胸外心脏挤压法

（4）若触电者心跳、呼吸都已停止，需同时进行胸外心脏挤压法与口对口人工呼吸。配合的方法是：做一次口对口人工呼吸后，再做四次胸外心脏挤压。

在抢救过程中，要不停顿地进行，使触电者恢复心跳和呼吸。同时要注意，切勿滥用药物或搬动、运送触电者，应立即请医生前来指导抢救。

10.2　设备安全与保护

10.2.1　安全电压

按照人体的最小电阻（800～1000 Ω）和工频致命电流（30～50 mA），可求得对人的最小危险电压为 24～50 V，据此我国规定的安全电压为 42 V、36 V、24 V、12 V、6 V 五个等级，供不同场合选用。凡是裸露的带电设备和移动的电气用具都应使用安全电压。在一般建筑物中可使用 36 V 或 24 V 电压；在特别危险的生产场地，如潮湿、有辐射性气体或有导电尘埃及能导电的地面和狭窄的工作场所等，则要用 12 V 和 6 V 的安全电压。安全电压的电源必须采用独立的双绕组隔离变压器，严禁用自耦变压器提供电压。

10.2.2　接地和接零

电气设备的金属外壳在正常情况下是不带电的，一旦绝缘损坏，外壳便会带电，人触及外壳就会触电。接地和接零是防止这类事故发生的有效措施。

1. 工作接地

为保证电气设备在正常或发生事故情况下能可靠运行，将电路中的某一点通过接地装置与大地可靠地连接起来称工作接地，如图 10-5 所示。例如电源变压器中性点接地、三相四线制系统中性线接地、电压互感器和电流互感器二次侧某点接地等。实行工作接地后，当单相对地发生短路故障时，短路电流可使熔断器或自动断路器跳闸，从而起到安全保护作用。

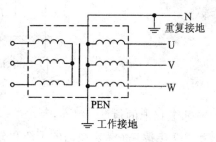

图 10-5　工作接地

2. 保护接地

保护接地就是将电气设备正常情况下不带电的金属外壳通过保护接地线与接地体相连，宜用于中性点不接地的电网中，如图 10-6 所示。采取了保护接地后，当一相绝缘损坏碰壳时可使通过人体的电流很小而不会有危险。

3. 保护接零

保护接零是目前我国应用最广泛的一种安全措施，即将电气设备的金属外壳接到中性线上，宜用于中性点接地的电网中，如图 10-7 所示。当一相绝缘损坏碰壳时，形成单相短路，使此相上的保护装置迅速动作，切断电源，避免触电的危险。

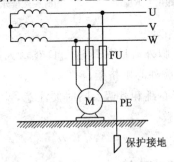
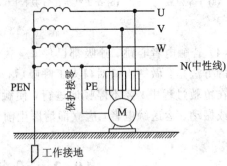

图 10-6　保护接地　　　　　　　　图 10-7　保护接零

注意：在中性点接地系统中，宜采用保护接零，而不采用保护接地。为确保安全，中性线和接零线必须连接牢固，开关和熔断器不允许装在中性线上。但引入室内的一根相线和一根零线上一般都装有熔断器，以增加短路时熔断的机会。

4. 重复接地

在中性点接地系统中为提高接零保护的安全性能，除采用保护接零外，还要采用重复接地，即将零线相隔一定距离多处进行接地，如图 10-8 所示。采取重复接地后可减轻零线断线时的危险，降低漏电设备外壳的对地电压，缩短故障持续时间，改善配电线路的防雷性能。

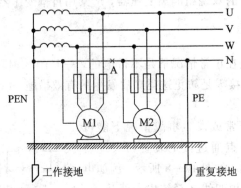

图·10-8　重复接地

重复接地的地点一般在：

（1）电源端、架空线路的干线和分支终端及其沿线每隔 1 km 处的工作零线。

（2）电缆或架空线在引入车间或大型建筑物内的配电柜处。

5. 工作零线与保护零线

为了改善和提高三相四线低压电网的安全程度，提出了三相五线制，即增加一根保护零线（PE），而原三相四线制中的中性线称工作零线（N），如图 10-9 所示。这一点对于家用电器的保护接零特别重要。因为目前单相电源的进线（相线和中性线）上都安装有熔断器，此时的中性线（工作零线）就不能作为保护接零用了。所有的接零设备都要通过三孔插座接到保护零线上（三孔插座中间粗大的孔为保护接零，其余两孔为电源线），如图 10 - 10 所示。这样工作零线只通过单相负载的工作电流和三相不平衡电流，保护零线只作为保护接零使用，并通过短路电流。三相五线制大大加强了供电的安全性和可靠性，是应积极推广的。

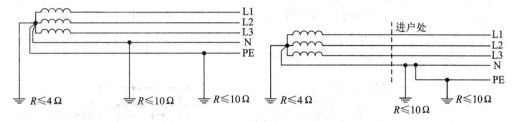

图 10 - 9　三相五线制的设置

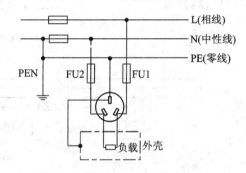

图 10 - 10　单相三孔插座的正确接法

　　若不慎将三孔插座接错，则会带来触电危险，如图 10 - 11 所示。图 10 - 11(a)、(b)是将保护接零和电源中性线同时接于保护零线上，即将保护零线作为工作零线，则其负荷电流会产生零序电压。图 10 - 11(c)中将保护接零和电源中性线同时接于工作零线上，即将工作零线作为保护零线，则如中性线因故断开或熔断器断路，其相电压会通过插座内连线使用电设备外壳带电。图 10 - 11(d)中相线与中性线接反，则使用电设备外壳带电，很不安全。

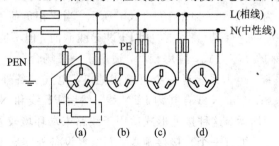

图 10 - 11　单相三孔插座的错误的接法

同时要注意不要忽视接零。

6. 低压交流电力保护接地系统类型

1）接地系统类型及符号

接地系统类型按系统及电气设备的外露导电体所连接的接地状况分类，接地系统类型符号由三位字母构成，意义如下：

第一位：T——表示电力系统一点（一般为中性线）直接接地。

I——表示电力系统所有带电部分与地绝缘或一点通过阻抗接地。

第二位：T——表示电气设备外露导电体可直接接地，而与电力系统任何接地点无关。

N——表示电气设备外露导电体与电力系统的中性线直接连接。

第三位：S——表示中性线 N 和零线 PE 分开。

C——表示中性线 N 和零线 PE 合二为一而为 PEN 线（保护中性线）。

2）各种保护接地系统的形式和特点

保护接地系统的形式如图 10-12 所示。

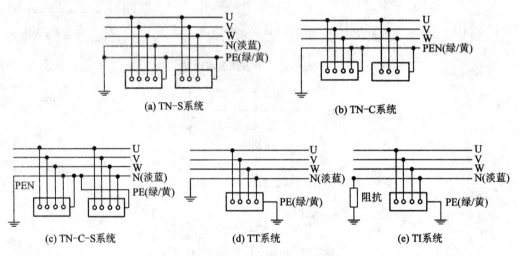

图 10-12　保护接地系统的形式

（1）TN-S 系统。电力系统有一个直接接地点，电气设备外露导电体与中性线直接连接，PE 线和 N 线分开，如图 10-12(a)所示。故障时易切断电源，安全性高。适用于环境较差的场合或精密仪器、数据处理系统的电气装置。

（2）TN-C 系统。电力系统有一个直接接地点，电气设备外露导电体与中性线直接连接，PE 线和 N 线合并为 PEN 线，如图 10-12(b)所示。当三相负荷不平衡时，此线上有不平衡电流流过，要选用合适的保护装置，加粗 PEN 导线截面，但不能用漏电保护器。这种接地形式属最普及的保护接零方式，应用较广，适用于一般场合。

（3）TN-C-S 系统。电力系统有一个直接接地点，电气设备外露导电体与中性线直接连接，在近电源端，PE 线和 N 线合并为 PEN 线，然后 PE 线和 N 线分开，分开后不能再合并，如图 10-12(c)所示。这种接地形式适用于线路末端环境较差的场合。

（4）TT 系统。电力系统有一个直接接地点，而电气设备外露导电体另外单独接地，如图 10-12(d)所示。故障时其回路电流较小，不易使保护装置动作，安全性较差。一般用于功率不大的电气设备或医疗器械、电子仪器的屏蔽接地。

（5）TI 系统。电力系统不接地或经阻抗接地，而电气设备外露导电体接地，如图 10-12(e)所示。单相故障时其对地短路电流很小，保护装置不会动作，设备继续运行，而设备外露导电体不会带电，但中性线电位抬高，应另用设备监视。一般用于尽可能少停电的场合,如电厂自用电、矿井等地及供电设备。

10.2.3　接地装置

接地装置由接地体和接地线两部分组成,如图 10 - 13 所示。正确设置接地装置可保证人员和用电设备的安全。

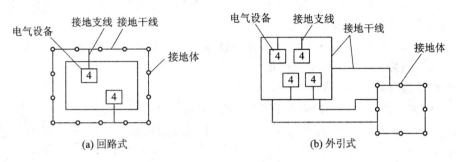

图 10 - 13　接地装置示意图

1. 接地体

接地体是埋入地下并和大地直接接触的导体组,它分为自然接地体和人工接地体。

1)自然接地体

自然接地体是利用与大地有可靠连接的金属构件、金属管道、钢筋混凝土建筑物的基础等作为接地体。

装设接地装置时应首先充分利用自然接地体,对螺栓连接的管道、钢结构等采用跨接线焊牢,跨接线采用扁钢或圆钢。扁钢截面积接地支线不小于 48 mm^2、接地干线不小于 100 mm^2,圆钢直径不小于 6 mm^2。

2)人工接地体

人工接地体是用型钢如角钢、钢管、扁钢、圆钢打入地下而成的。

人工接地体的设置要求如下:

(1)垂直埋设的接地体一般采用角钢、钢管和圆钢,水平埋设的接地体一般采用扁钢和圆钢。

(2)常用的接地体尺寸如下:钢管:直径 40～50 mm,壁厚不小于 3.5 mm;扁钢: 25 mm×4mm(室内)或 40 mm×4 mm(室外);角钢:40 mm×40 mm×4 mm～50 mm× 50 mm×5 mm;圆钢:直径 10 mm。长度均为 2000～3000 mm。

(3)在腐蚀性较强的土壤中,接地体应采取镀锌等措施。

(4)接地体顶端应在地面以下 0.5～0.8 m。

(5)接地体根数不应少于两根,两根间距离一般为 5 m。

(6)接地体与建筑物的距离不小于 3 m。

2. 接地线

电气设备或装置的接地端与接地体相连的金属导体称为接地线。接地线分接地干线和接地支线。

（1）工业车间或其他场所如电气设备较多时，应设置接地干线。车间接地干线一般为沿车间四周墙体明设，距地 300 mm，与墙有 15 mm 距离。最小截面积铜材不得小于 25 mm²，钢材不得小于 50 mm²。

（2）主接地干线与接地体之间应设置可拆装的螺栓线夹连接点以便于检测。

（3）接地线与接地体、接地线与接地线的连接一般为焊接，采用搭接焊时，搭接部分的长度：若为扁钢，则大于等于宽度的 2 倍；若为圆钢，则大于等于直径的 6 倍。埋入地下的连接点应在焊接后涂沥青漆防腐。

（4）接地线与电气设备可焊接或以螺栓连接，每台设备应用单独的接地线与干线相连，禁止在一条接地线上串联电气设备。

（5）接地线的截面积（A）要求一般为：

① 有腐蚀保护和机械保护或地上敷设：按 PE 线方法选择。

② 无腐蚀保护和机械保护，地下敷设：铜截面积 $A \geqslant 25$ mm²；钢截面积 $A \geqslant 150$ mm²。

③ 有腐蚀保护，无机械保护，地下敷设：铜或钢截面积 $A \geqslant 25$ mm²。

④ TN 或 TT 系统：铜截面积 $A \leqslant 50$ mm²；铝截面积 $A \leqslant 70$ mm²；钢截面积 $A \leqslant 800$ mm²。

⑤ TI 系统：铜截面积 $A \leqslant 25$ mm²；铝截面积 $A \leqslant 35$ mm²；钢截面积 $A \leqslant 100$ mm²。

⑥ 架空线路塔杆的接地引出线：钢镀锌截面积 $A \geqslant 50$ mm²。

⑦ 专用携带式接地线：裸铜软导线截面积 $A \geqslant 25$ mm²。

3. 保护接地和保护接零线的选择

1）PE 线的选择

（1）按相线截面积 A 选择 PE 线截面积 A_P：

$A \leqslant 16$ mm² 时：$A_P = A$；

16 mm² $< A \leqslant 35$ mm² 时：$A_P = 16$ mm²；

$A > 35$ mm² 时：$A_P = A/2$。

（2）按机械强度选择 PE 的最小截面积 A_P。

① 明设裸线：铜最小截面积 $A_P \geqslant 4$ mm²；铝最小截面积 $A_P \geqslant 6$ mm²。

② 绝缘导线：铜最小截面积 $A_P \geqslant 1.5$ mm²；铝最小截面积 $A_P \geqslant 2.5$ mm²。

③ 所用相线包含在同一外皮内的多芯导线或电缆芯线：铜最小截面积 $A_P \geqslant 1$ mm²；铝最小截面积 $A_P \geqslant 1.5$ mm²。

④ 圆钢直径 D(mm)。建筑物内：$D \geqslant 6$ mm；建筑物外：$D \geqslant 8$ mm；地下：$D \geqslant 10$ mm。角钢厚度 δ(mm)。建筑物内：$\delta \geqslant 2$ mm；建筑物外：$\delta \geqslant 2.5$ mm；地下：$\delta \geqslant 4$ mm。扁钢截面积 $A \times$ 厚度 δ(mm×mm)。建筑物内：$A \times \delta \geqslant 24$ mm×3 mm；建筑物外：$A \times \delta \geqslant 48$ mm×4 mm；地下：$A \times \delta \geqslant 48$ mm×4 mm。

2）PEN 线的选择

（1）供电给全装置的干线。铜截面积 $A \geqslant 10$ mm²；铝截面积 $A \geqslant 16$ mm²。

（2）供电给插座或单台设备的支线。铜截面积 $A \geqslant 4$ mm²。

（3）PEN 线与相线在同一电缆包皮内或同一钢管内。铜截面积 $A \geqslant 4$ mm²。

4. 接地电阻

1）固定式电气设备

（1）三相 660 V 及单相 380 V：接地电阻为 2 Ω，单个重复接地电阻为 15 Ω，总重复接地电阻为 5 Ω。

（2）三相 380 V 及单相 220 V：接地电阻为 4 Ω，单个重复接地电阻为 30 Ω，总重复接地电阻为 10 Ω。

（3）三相 220 V 及单相 127 V：接地电阻为 8 Ω，单个重复接地电阻为 60 Ω，总重复接地电阻为 20 Ω。

2）高压系统装置

其接地电阻≤0.5 Ω。

3）架空线路塔杆

其接地电阻≤10～30 Ω。

4）可能产生静电的设备

其接地电阻≤100 Ω。

5）电弧炉变电所

其接地电阻≤4 Ω。

接地电阻一般由专职人员采用专用仪表进行检测，判断接地是否符合要求。

10.2.4　电气防火与防爆

1. 电气火灾与预防

1）电气火灾

电气火灾是由于电气设备因故障（如短路、过载）产生过热或电火花（工作火花如电焊火花飞溅；故障火花如拉闸火花、接头松脱火花、熔丝熔断等）而引起的火灾。

2）预防方法

在线路设计时应充分考虑负载容量及合理的过载能力；在用电时应禁止过度超载及乱接乱搭电源线，防止短路故障；用电设备有故障时应停用并尽快检修；某些电气设备应在有人监护下使用，人去停用（电）。预防电火花看来是一些烦琐小事，可实际上意义重大，千万不要麻痹大意。对于易引起火灾的场所，应注意加强防火，配置防火器材，使用防爆电器。

3）电火警的紧急处理步骤

（1）切断电源。当电气设备发生火警时，首先要切断电源（用木柄消防斧切断电源进线），防止事故的扩大和火势的蔓延，以及灭火过程中发生触电事故。同时拨打"119"火警电话，向消防部门报警。

（2）正确使用灭火器材。发生电火警时，决不可用水或普通灭火器如泡沫灭火器去灭火，因为水和普通灭火器中的溶液都是导体，一旦电源未被切断，救火者就有触电的可能。所以，发生电火警时应使用干粉二氧化碳或"1211"等灭火器灭火，也可以使用干燥的黄砂灭火。表 10 - 1 列举了三种常用电气灭火器的主要性能及使用方法。

（3）注意事项。救火人员不要随便触碰电气设备及电线，尤其要注意断落到地上的电线。此时，对于火警现场的一切线、缆，都应按带电体处理。

表 10-1　常用电气灭火器的主要性能及使用方法

种类	二氧化碳灭火器	干粉灭火器	"1211"灭火器
规格	2 kg，2～3 kg，5～7 kg	8 kg，50 kg	1 kg，2 kg，3 kg
药剂	瓶内装有液态二氧化碳	钢筒内装有钾或钠盐干粉，并备有盛装压缩空气的小钢瓶	钢筒内装有二氟一氯一溴甲烷，并充填压缩氮
用途	不导电。扑救电气、精密仪器、油类、酸类火灾。不能扑救钾、钠、镁、铝等物资火灾	不导电。可扑救电气(旋转电机不宜)、石油产品、油漆、有机溶剂、天然气及天然气设备火灾	不导电。扑救油类、电气设备、化工化纤原料等初起火灾
功效	接近着火地点，保护 3 m 距离	8 kg 喷射时间 14～18 s，射程 4.5 m；50 kg 喷射时间 14～18 s，射程 6～8 m	喷射时间 6～8 s，射程 2～3 m
使用方法	一手拿喇叭筒对准火源，另一手打开开关即可	提起圈环，干粉即可喷出	拔下铅封或横锁，用力压下压把即可

2. 防爆

(1) 电气爆炸。与用电相关的爆炸，常见的有可燃气体、蒸汽、粉尘与助燃气体混合后遇火源而发生的爆炸。

(2) 爆炸局限(空气中的含量比)。汽油 $1\%\sim6\%$，乙炔 $1.5\%\sim82\%$，液化石油气 $3.5\%\sim16.3\%$，家用管道煤气 $5\%\sim30\%$，氢气 $4\%\sim80\%$，氨气 $15\%\sim28\%$。还有粉尘，如碾米厂的粉尘，各种纺织纤维粉尘，达到一定程度也会引起爆炸。

(3) 防爆措施。为防止爆炸应注意以下事项：合理选用防爆电气设备和敷设电气线路，保持场所的良好通风；保持电气设备的正常运行，防止短路、过载；安装自动断电保护装置，使用便携式电气设备时应特别注意安全；把危险性大的设备安装在危险区域外；防爆场所一定要采用防爆电机等防爆设备；采用三相五线制与单相三线制；线路接头采用熔焊或钎焊。

习　题

10.1　人体触电形式有几种？

10.2　何为工作接地？何为保护接地？

10.3　低压交流电力保护接地系统有哪几种形式？

10.4　接地体、接地线采用什么尺寸材料？埋设有怎样的要求？

10.5　降低接地电阻阻值的措施有哪些？

第 11 章　电工基础及测量实验

学习目标

通过本章的学习、训练，学生应了解实验的必要性、实验要求以及实验应达到的目标；掌握电工基础及测量实验原理、方法；掌握常用仪器仪表的使用和选择；掌握按图接线的能力，学会检查和排除简单故障；掌握正确读取数据和观察实验现象的方法，具有分析和判断实验结果合理性的能力。

本章知识点

- 实验的必要性、实验应达到的目标以及实验要求。
- 电工基础及测量实验项目。

本章重点和难点

- 电工基础及测量实验原理、方法以及实验结果分析。
- 各种测量仪表的正确使用。
- 学会检查和排除简单故障。

11.1　概　　述

科学实验是人们获得知识和进行科学研究的重要手段。对于电路实验来说，目的是巩固学生的电路理论知识，加强基本实验技能，提高动手能力。为培养学生创新的思维方法，进行新领域探索和科学研究，打下良好的实践基础。

1. 实验的必要性

电工基础及测量实验课与其理论课一样，是从事专业技术入门的必修课。诚然，与专业实验相比，电路实验不那么"引人入胜"，如同高楼大厦的地基一样，虽没有其上的巍峨宏伟，但它却承载着万斤重担，是成功的保证。做好电路实验，掌握实验中使用的仪器设备，学会基本的实验技巧，最好在实验中遇到一些故障，经过理论分析，亲自排除。这样，对日后掌握专业技术知识，提高理论水平和实践能力是大有益处的。

2. 实验应达到的目标

根据电工基础及测量实验大纲的要求，通过实验课，学生应在实验技能上达到下列要求：

（1）掌握应用实验手段来验证一些定理和结论的方法。

（2）正确使用常见的电工仪表和电子仪器。掌握基本的电工测试技术。

（3）正确按图连接实际电路，掌握排除一般（断路、短路等）电路故障的方法。

(4) 认真观察实验现象，正确读取、处理实验数据；完成实验报告并得到正确的实验结论。

3. 实验要求

电路实验课是电路教学的一个重要环节，它有助于巩固所学的基本理论，是理论与实践的结合过程。在对理论课的考核中，实验成绩不可缺少。

考核内容有：课前预习、实验操作、实验报告等。

1) 课前预习

实验能否顺利进行和收到预期效果，很大程度上取决预习准备得是否充分。因此，要求实验之前仔细阅读实验指导书及有关参考资料。明确实验目的、实验必备的理论知识、实验任务与具体的实验电路，了解实验方法和步骤，自行设计实验电路、计算电路参数，写出预习报告。清楚实验中观察哪些现象，记录哪些数据，有什么注意事项等。

2) 实验操作

实验操作是在充分预习后，在实验室进行的整个实验过程。包括熟悉、检查及使用实验仪器仪表与实验元器件，连接实验线路，实际测试、记录数据及实验后的整理工作等。

(1) 仪器仪表与实验元器件。实际应用中的仪器及元器件不同于书本中的理想元件，同一种性质的仪器有型号、用途及外观形状等差别，同一种性质的器件有材质、功率、用途及体积大小等区别。电路实验中使用低频或直流仪器仪表和普通用途的中、小功率元器件。

(2) 连接实验电路。连接实验电路是进行实验并取得正确结果的第一步，至关重要。

① 实验对象的摆放，应遵循布局合理、操作方便、连线简单的原则，对于信号频率较高的实验内容，还应注意干扰问题。

② 实验连线的顺序应视电路复杂程度和个人技术熟练程度而定。对初学者来说，应按电路图——对应接线。对于复杂电路，应先接串联支路，后接并联支路(先串后并)，最后连接电源。每个连接点不多于两根导线。

③ 连线检查：对照实验电路图，由左至右或由电路明显标记处开始——检查，不能漏掉一根哪怕很小很短的连线，图物对照，以图校物。

3) 电路的故障检测

实验中常常会因为导线断裂、元器件值错误和使用时电压、电流或功率超过器件允许的额定值等因素影响电路的正常工作，严重时还会烧坏仪表及元器件。实验中不但要完成所有的实验任务，还应初步掌握电路故障检测、排除的方法，这是基本实验技能。故障检测的方法根据工作环境、使用仪器的不同，一般有以下几种：

(1) 断电检测法(电阻测量法)：当电路中电压较高，而出现故障时，应立即切断电源，用万用表相应功能检查器件的好坏、导线的通断、电源是否正常等。

(2) 带电检测法(电压表测量法)：在电压较低的交、直流电路实验中，如发现电路故障，可用电压表首先检查电源供电是否正常，然后测量电路中有关节点的电位或某两点间的电压值是否正常，根据测量结果分析并找出故障部位。

(3) 示波器检测法：用示波器观察电路中相关点的电压波形、有关元器件管脚的信号波形和工作点电压是否正常，分析并找出故障原因。

实验中可能出现一些不可预料的故障，为保证实验顺利进行，对电路正常工作的电压、电流和信号波形应有一定的了解。另外，面对已出现的电路故障，应立即切断电源，保护现场，冷静分析故障原因，准确排除电路故障。

4. 撰写实验报告

实验报告是对实验工作的全面总结，应对实验目的、原理（或理论知识）、任务（设计）、实验电路图、过程分析等主要方面有明确的叙述。

撰写实验报告的主要工作是实验数据的处理。此时，要充分发挥曲线和图表的作用，其中的公式、图表、曲线应有编号、名称等，以保证叙述条理的清晰。为了保证整理后的数据的可信度，实验报告中必须保留原始数据。此外，报告中还应包括实验中发现的问题、现象及事故的分析、实验收获及心得体会等。实验报告最重要的部分是实验结论，它是实验的成果，对此结论必须有科学的根据和来自理论及实验的分析。

报告中还应指明实验中使用的仪器及元器件的型号名称等相关信息。

11.2 叠加定理、基尔霍夫定律与电位的验证

1. 实验目的

（1）用实验的方法验证叠加定理和基尔霍夫定律以提高对两定理的理解和应用能力。

（2）通过实验加深对电位、电压与参考点之间关系的理解。

（3）通过实验加深对电路参考方向的掌握和运用能力。

2. 实验原理说明

叠加定理：对于一个具有唯一解的线性电路，由几个独立电源共同作用所形成的各支路电流或电压，等于各个独立电源单独作用时在相应支路中形成的电流或电压的代数和。不作用的电压源所在的支路（移开电压源后）应短路，不作用的电流源所在的支路应开路。

基尔霍夫电流、电压定律：在任一时刻，流出（流入）集中参数电路中任一节点电流的代数和等于零；集中参数电路中任一回路上全部组件端电压代数和等于零。

电位与电压：电路中的参考点选择不同，各节点的电位也相应改变，但任意两点的电压（电位差）不变，即任意两点的电压与参考点的选择无关。

3. 预习要求

（1）预习实验中所用到的相关定理、定律和有关概念，领会其基本要点。

（2）预习实验中所用到的实验仪器的使用方法及注意事项。

（3）根据实验电路计算所要求测试的理论数据，填入表中。

（4）写出完整的预习报告。

4. 实验设备

（1）可调直流稳压电源 1 台；

（2）可调直流恒流源 1 台；

（3）数字万用表 1 只；

（4）直流毫安表 1 只；

（5）直流电压表 1 只；

(6) 电流插座 3 个；

(7) 电流插头 1 个；

(8) 滑线电阻 3 只。

5. 实验内容

1) 验证叠加定理

(1) 将电压源的输出电压 U_S 调至 10 V（用万用表直流电压挡测定），电流源的输出电流 I_S 调至 20 mA（用直流毫安表测定），然后关闭电源，待用。

(2) 按图 11-1 所示连接实验电路，也可自行设计实验电路。

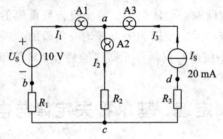

图 11-1 叠加原理验证电路

(3) 按以下三种情况进行实验：电压源与电流源共同作用；电压源单独作用，电流源不作用；电流源单独作用，电压源不作用。分别测出各电阻上的电压和各支路的电流填入表 11-1 中。最后计算出叠加结果，验证是否符合叠加定理。

表 11-1 叠加定理验证数据

测量结果 项目	测 量 值				计 算 值			
	U_1/V	U_2/V	I_1/mA	I_2/mA	U_1/V	U_2/V	I_1/mA	I_2/mA
U_S 与 I_S 共同作用								
U_S 单独作用								
I_S 单独作用								
$U_S + I_S$ 叠加结果								

注意事项：

(1) 电压源不作用时，应关掉电压源，移开，将该支路短路。

(2) 电流源不作用时，应关掉电流源，将该支路真正开路，电流源的流出端为电流源的正极。

(3) 当电流表反偏时，将电流插座或电流表两接线换接，电流表读数前加负号。

(4) 电流插座有方向，约定红色接线柱为电流的流入端，接电流表量程选择端，黑色接线柱为电流的流出端，接电流表的负极。

(5) 实验前应根据所选参数理论计算所测数据，为方便读取，各支路电流应大于 5 mA，否则应改变电路参数。

2) 验证基尔霍夫定律与电位

(1) 按图 11-2 连接实验电路，选择节点 a 验证基尔霍夫电流定律（KCL），也可自行设计实验电路。图中，A1、A2、A3 代表电流插座。

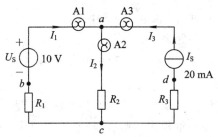

图 11 - 2　基尔霍夫定律验证电路

表 11 - 2　验证 KCL 数据

	I_1	I_2	I_3	$\sum I$
测量值/mA				
计算值/mA				

注意事项：所测电流值的正、负号，应根据电流的实际流向与参考方向的关系来确定，而约束方程 $\sum I = -I_1 + I_2 - I_3$ 中 I 前边的正、负号是由基尔霍夫电流定律根据电流的参考方向按照"流入为负、流出为正"的原则来确定的。

（2）选择 $abca$ 和 $acda$ 两个网孔，验证基尔霍夫电压定律（KVL）。

表 11 - 3　验证 KVL 数据

		U_{ab}	U_{bc}	U_{ca}	$\sum U$
回路 1 （$abca$）	测量值/V				
	计算值/V				
		U_{da}	U_{cd}	U_{cd}	$\sum U$
回路 2 （$acda$）	测量值/V				
	计算值/V				

注意事项：可按表格中给定的回路参考方向，也可自行规定参考方向进行测量。

（3）分别以节点 b 和 d 为参考点即零点位点，作为测量电压时的"－"极性端，测量 $abcd$ 各节点电位，计算各电压值。

表 11 - 4　不同参考点的电位与电压

参考节点	测量值/V				计算值/V					
	V_a	V_b	V_c	V_d	U_{ab}	U_{bc}	U_{cd}	U_{da}	U_{ac}	U_{bd}
b										
a										

注意事项：当参考点选定后，节点电压便随之确定，这是节点电压的单值性；当参考点改变时，各节点电压均改变相同量值，这是节点电压的相对性。但各节点间电压的大小和极性应保持不变。

6. 实验报告要求

(1) 实验报告要整齐、全面，包含全部实验内容。

(2) 对实验中出现的一些问题进行讨论。

(3) 鼓励同学开动脑筋，自行设计合理的实验电路。

7. 思考题

(1) 实验测得的电位与计算结果是否相符？如有误差，是什么原因？

(2) 所用电压表和电流表的量程应如何选择？

(3) 为什么将等电位点短接时对电路其余部分不会产生影响？

11.3 戴维南定理的验证及最大功率传输条件的测定

1. 实验目的

(1) 验证戴维南定理的正确性，加深对该定理的理解。

(2) 掌握测量有源二端网络等效参数的一般方法。

(3) 掌握负载获得最大传输功率的条件。

2. 实验原理说明

(1) 任何一个线性含源网络，如果仅研究其中一条支路的电压和电流，则可将电路的其余部分看做是一个有源二端网络（或称为含源一端口网络）。

戴维南定理指出：任何一个线性有源二端网络，总可以用一个等效电压源来代替，此电压源的理想电压 U_S 等于这个有源二端网络的开路电压 U_{OC}，其等效内阻 R_0 等于该网络中所有独立源均置零（理想电压源视为短接，理想电流源视为开路）时的等效电阻。

(2) 有源二端网络等效参数的测量方法。

① 开路—短路法测 R_0。在有源二端网络输出端开路时，用电压表直接测其输出端的开路电压 U_{OC}，然后再将其输出端短路，用电流表测其短路电流 I_{SC}，则等效内阻为

$$R_0 = \frac{U_{OC}}{I_{SC}}。$$

② 直接测量法测 R_0。将待求支路断开，电压源短接，电流源去掉，用万用表电阻挡直接测量 R_0。

(3) 负载获得最大功率的条件。图 11-3 可视为由一个电源向负载输送电能的模型，R_0 可视为电源内阻和传输线路电阻的总和，R_L 为可变负载电阻。当满足 $R_L = R_0$ 时，负载从电源获得最大功率。最大功率 $P_M = \dfrac{U_S^2}{4R_0}$，这时，称此电路处于"匹配"工作状态。

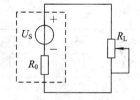

图 11-3 戴维南等效电路

3. 预习要求

(1) 预习等效电源参数的实验测量方法。

(2) 预习实验中所用到的实验仪器的使用方法及注意事项。

（3）根据实验电路计算所要求测试的理论数据，填入表中。

（4）写出完整的预习报告。

4. 实验设备

（1）可调直流稳压电源 1 台；

（2）可调直流恒流源 1 台；

（3）直流电压表 1 只；

（4）直流毫安表 1 只；

（5）万用表 1 只；

（6）可调电阻箱 1 只；

（7）电位器 1 只；

（8）戴维南定理实验电路板 1 台。

5. 实验内容

被测有源二端网络如图 11-4(a)所示。

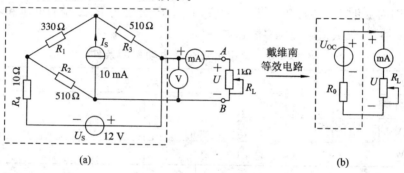

(a)　　　　　　　　　　　　　　　　　　(b)

图 11-4　戴维南定理验证电路

1）负载实验

按图 11-4(a)接入稳压电源 $U_S = 12$ V 和恒流源 $I_S = 10$ mA，接入 R_L。改变 R_L 阻值，测量有源二端网络的外特性曲线。将测出的 U_L、I_L 记入表 11-5 中。

表 11-5　有源二端网络负载实验数据表

R_L/Ω	200	300	400	500	600	700	800	900	1 k
U_L/V									
I_L/mA									

2）开路—短路法测 R_0

按图 11-4(a)接入稳压电源 $U_S = 12$ V 和恒流源 $I_S = 10$ mA，不接入 R_L。测出 U_{OC} 和 I_{SC}，并计算出 R_0。记入表 11-6 中（测 U_{OC} 时，不接入毫安表。）

表 11-6　测 R_0 值数据表

U_{OC}/V	I_{SC}/mA	$R_0 = (U_{OC}/I_{SC})/\Omega$	万用表测 R_0/Ω

3）直接测量法测 R_0

见图 11-4(a)，将被测有源网络内的所有独立源置零（去掉电流源 I_S 和电压源 U_S，并在原电压源所接的两点用一根短路导线相连），然后直接用万用表的欧姆挡去测负载 R_L 开路时 A、B 两点间的电阻，此即被测网络的等效内阻 R_0，记入表 11-6 中。

4）验证戴维南定理

从电阻箱上取得按步骤 3）所得的等效电阻 R_0 之值，然后令其与直流稳压电源（调到步骤 2）时所测得的开路电压 U_{OC} 之值）相串联，如图 11-4(b) 所示，仿照步骤 1）测其外特性，对戴维南定理进行验证。将测出的 U_L、I_L 值记入表 11-7 中。

表 11-7　等效电压源负载实验

R_L/Ω	200	300	400	500	600	700	800	900	1 k
U_L/V									
I_L/mA									

5）测定负载最大功率

按图 11-4 接线，负载 R_L 取自元件箱 DG09 的电阻箱。按表 11-8 所列内容，令 R_L 在 0～1 kΩ 范围内变化，分别测出 U_L 及 I_L 的值，U_L、P_L 分别为 R_L 二端的电压和功率，I_L 为电路的电流。在 P_L 最大值附近应多测几点。

表 11-8　测定负载获最大功率的条件

R_L/Ω	100	300	400	450	500	520	600	800	1 k
U_L/V									
I_L/mA									
P_L/mW									

6. 实验注意事项

（1）测量时应注意电流表量程的更换。

（2）步骤 3）中，电压源置零时不可将稳压源短接。

（3）用万用表直接测 R_0 时，网络内的独立源必须先置零，以免损坏万用表。其次，欧姆挡必须经调零后再进行测量。

（4）改接线路时，要关掉电源。

7. 思考题

（1）对比表 11-5 和表 11-7，验证戴维南定理的正确性，并分析产生误差的原因。

（2）负载获得最大传输功率的条件是什么？

11.4　感性负载日光灯功率因数的提高

1. 实验目的

（1）掌握一种提高感性负载功率因数的方法，即电容补偿法。

（2）了解提高功率因数的实际意义。

（3）进一步熟悉功率表的使用方法。

2. 实验原理说明

当负载为感性时，可在负载两端并联电容，利用电容性负载的超前电流来补偿滞后的电感性电流，以达到提高功率因数的目的。并联的电容不同，功率因数提高的亦不同，但并联的电容不能过大，否则，电路将变成容性，反而使功率因数下降。当感性与容性完全抵消，负载成阻性时，功率因数 $\cos\varphi$ 最大，理论值为 1。

3. 预习要求

(1) 预习功率因数提高的相关内容。

(2) 预习实验中所用到的实验仪器的使用方法及注意事项。

(3) 根据实验电路计算所要求测试的理论数据，填入表中。

(4) 写出完整的预习报告。

4. 实验设备

(1) 日光灯电路板 1 块；

(2) 交流电压表、交流电流表各 1 只；

(3) 功率表 1 只；

(4) 电容若干；

(5) 单相调压器 1 只。

5. 实验内容

实验电路如图 11 – 5 所示。

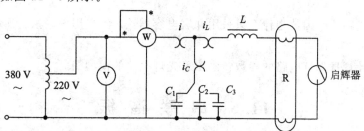

图 11 – 5　日光灯功率因数的提高原理图

1）测量电感性负载的功率因数

在实验电路中，断开所有电容器，调整自耦调压器，使输出电压 U 等于 220 V，测量日光灯两端的电压 U_R 和镇流器两端电压 U_L 以及电流 I 和功率 P，记录的数据填于表 11 – 9 中，并计算出功率因数。

2）提高电感性负载的功率因数

保持负载电压 U 等于 220 V，改变电容的数值，测量电流 I、电容电流 I_C、负载电流 I_L 和功率 P，计算出功率因数并记入表 11 – 9 中。

6. 实验注意事项

(1) 注意自耦调压器的准确操作。

(2) 功率表要正确接入电路，通电时要经指导教师检查。

(3) 在实验过程中，一直要保持输出电压 U 等于 220 V，以便对实验数据进行比较。

(4) 本实验用电流插头和插座测量三个支路的电流。

表 11-9　电感性负载功率因数实验数据

序号＼数值	$C/\mu F$	U_L/V	U_R/V	I/A	I_C/A	I_L/A	P/W	$\cos\varphi$
0								
1								
2								
3								
4								
5								
6								

7. 思考题

(1) 能否用按钮开关代替启辉器？如何使用？

(2) 使用相量图分析日光灯并联电容后，电路中各电流的变化情况如何？

(3) 感性负载并联电容后，电路总电流是增大还是减小？电路中功率的变化是怎样的？

(4) 提高线路功率因数为什么只采用并联电容器法，而不用串联法？所并联的电容器是否越大越好？

(5) 如何计算日光灯电路的参数？画出日光灯电路的模型图。

11.5　串联谐振

1. 实验目的

(1) 加深理解电路发生谐振的条件、特点，掌握电路品质因数、通频带的物理意义及其测定方法。

(2) 学习测量串联电路的谐振频率和谐振曲线。

(3) 熟练使用信号源、频率计和交流毫伏表。

2. 实验原理说明

谐振现象是正弦交流电路中的一种特殊现象，它在无线电和电工技术中得到了广泛的应用。图 11-6 为一个由 R、L、C 组成的串联电路，在正弦激励下，该电路的复阻抗为 $Z=R+j(X_L-X_C)$。当 $X_L=X_C$ 时，电路相当于"纯电阻"电路，其总电压 U 和总电流 I 同相。电路出现的这种现象称为串联谐振。

由 $X_L=X_C$ 可得 $\omega L=\dfrac{1}{\omega C}$，即谐振角频率 $\omega_0=\dfrac{1}{\sqrt{LC}}$，谐振频率 $f_0=\dfrac{1}{2\pi\sqrt{LC}}$。由此，我们也可以发现，对任意 R、L、C 串联电路通过改变频率 f 的大小或者改变电感 L、电容 C 的大小即可以使电路产生谐振。

3. 预习要求

（1）预习谐振电路的相关内容。

（2）预习实验中所用到的实验仪器的使用方法及注意事项。

（3）根据实验电路计算所要求测试的理论数据，填入表中。

（4）写出完整的预习报告。

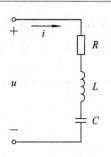

图 11-6　RLC 串联电路

4. 实验设备

（1）低频信号发生器 1 台；

（2）电感线圈 1 只；

（3）电容器 1 只；

（4）电阻箱 1 只；

（5）交流毫伏表 1 只。

5. 实验内容

1）测定谐振频率 f_0 和品质因数 Q

（1）实验电路如图 11-7 所示。图中 $L=10$ mH，$C=6$ μF，$R=10$ Ω。

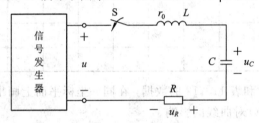

图 11-7　串联谐振实验电路

（2）调节信号发生器，使其输出电压 $U=4$ V，并始终保持不变。

（3）预先计算 f_0，故可在 f_0 附近调节信号发生器的频率，并用毫伏表测量 U_R。当 U_R 出现最大值时，记录此频率，此频率即电路的谐振频率 f_0。为了测量准确，应反复调节，并始终保持电源电压为 4 V。同时，测量线圈电压 U_L 和电容电压 U_C，各值记录于表 11-10 中。

（4）将 R 改变为 100 Ω，重复上述测量步骤。

表 11-10　实验测量数据表

R/Ω	f_0/Hz	U_R/V	U_L/V	U_C/V	计算 $Q=\dfrac{U_C}{U}$

2）测量谐振曲线

（1）电路仍如图 11-7 所示，改变输入信号频率，分别测量不同频率时的 U_R，并记录于表 11-11 中。

注意：在 f_0 附近（$0.5\sim1.5f_0$）测点稍密，以利于绘制曲线，每次改变频率时，均应调节信号发生器，使输出电压保持在 4 V。

表 11－11　实验测量数据表

$R=$						$Q=$					
	f/Hz					f_0					
	U_R/mV										
计算值	$I=U_R/R$										
	I/I_0										
	f/f_0										

（2）将 R 改变为 100 Ω，重复上述测量步骤，记录于表 11－12 中。

表 11－12　实验测量数据表

$R=$						$Q=$					
	f/Hz					f_0					
	U_R/mV										
计算值	$I=U_R/R$										
	I/I_0										
	f/f_0										

（3）根据表 11－11 和表 11－12 的数据，在同一坐标平面上画出不同 Q 值的两条通用频率特性曲线，并分析 Q 对曲线的影响。

6. 实验注意事项

测试频率点的选择应在靠近谐振频率附近多取几点，在改变频率时，应调整信号输出电压，使其维持在 4 V 不变。

7. 思考题

（1）改变电路的哪些参数可以使电路发生谐振，电路中 R 的数值是否影响谐振频率？

（2）如何判别电路是否发生谐振？

（3）要提高串联电路的品质因数，电路参数应如何改变？

（4）测量 U_R、U_L、U_C 各值有何用处？试画出 $\dot{U}_R$、$\dot{U}_L$、$\dot{U}_C$ 和 $\dot{U}$ 的相量图。

11.6　三相负载的连接及测量

1. 实验目的

（1）练习三相负载的星形、三角形连接。

（2）验证星形及三角形连接负载的线电压和相电压的关系。

（3）了解中线的作用。

(4) 应用两表法测量三相电路的有功功率。

2. 实验原理说明

(1) 电源和负载都对称时，线电压和相电压在数值上的关系为 $U_线 = \sqrt{3}U_相$。

(2) 负载不对称，无中线时，将出现中性点位移现象，中性点位移后，各相负载电压不对称；有中线且中线阻抗足够小时，各相负载电压仍对称，但这时的中线电流不为零。中线的作用就在于使星形连接的不对称负载的相电压对称。在实际电路中，为了保证负载的相电压对称，就不应让中线断开。

(3) 在三相四线制情况下，中线电流等于三个线电流的相量和，当电源与负载对称时，中线电流应等于零；电源或负载出现任何不对称时，中线电流都不为零。

3. 预习要求

(1) 预习三相电路的相关内容。

(2) 预习实验中所用到的实验仪器的使用方法及注意事项。

(3) 根据实验电路计算所要求测试的理论数据，填入表中。

(4) 写出完整的预习报告。

4. 实验设备

(1) 交流电压表、电流表、功率表各 1 只；

(2) 三相调压器 1 只；

(3) 电流表插座 4 只；

(4) 白炽灯 9 只。

5. 实验内容

1) 三相负载星形连接(三相四线制供电)

按图 11-8 所示电路图连接实验电路，即三相灯组负载经三相自耦调压器接通三相对称电源，并将三相调压器的旋钮置于三相输出为 0 V 的位置，经指导老师检查合格后，方可合上三相电源开关，然后调节调压器的输出，使输出的三相线电压为 220 V，分别测量三相负载的线电压、相电压、线电流、中线电流、电源与负载中点间的电压，将所测得的数据记入表 11-13 中，并观察各相灯组亮暗的变化程度，特别要注意观察中线的作用。

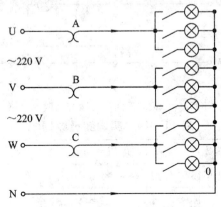

图 11-8　负载星形连接的实验电路

表 11 - 13　实验测量数据表

测量数据\实验内容	开灯盏数			线电流/A			线电压/V			相电压/V			中线电流 I_0/A	中点电压 U_{N0}/V
	U相	V型	W相	I_U	I_V	I_W	U_{UV}	U_{VW}	U_{WU}	U_{U0}	U_{V0}	U_{W0}		
Y_0 接平衡负载	3	3	3											
Y 接平衡负载	3	3	3											
Y_0 接不平衡负载	1	2	3											
Y 接不平衡负载	1	2	3											
Y_0 接 B 相断开	1		3											
Y 接 B 相断开	1		3											
Y 接 B 相短路	1		3											

注：表中 Y 代表负载星形连接无中线引出；Y_0 代表负载星形连接有中线引出。

2) 负载三角形连接(三相三线制供电)

按图 11 - 9 所示电路图改接线路，经指导老师检查合格后合上三相电源开关，然后调节调压器的输出，使输出的三相线电压为 220 V，并按数据表 11 - 14 的内容进行测试。

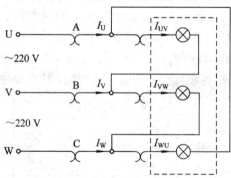

图 11 - 9　负载三角形连接的实验电路图

表 11 - 14　实验测量数据表

负载情况	开灯盏数			线电压＝相电压/V			线电流/A			相电流/A		
	U - V 相	V - W 相	W - U 相	U_{UV}	U_{VW}	U_{WU}	I_U	I_V	I_W	I_{UV}	I_{VW}	I_{WU}
三相平衡												
三相不平衡												

3）用二瓦特表法测定三相负载的总功率

按图 11 - 10 所示电路接线，将负载接成三角形接法。

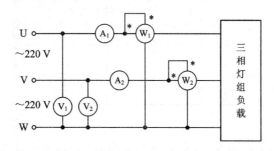

图 11 - 10　用二瓦特表法测量对称三相电路总功率的实验电路图

经指导老师检查合格后合上三相电源开关，然后调节调压器的输出，使输出的三相线电压为 220 V，并按表 11 - 15 的内容进行测试。

表 11 - 15　实验测量数据表

负载情况	开灯盏数			测 量 数 据						计算数据	
	U 相	V 相	W 相	U_1/V	U_2/V	I_1/A	I_2/A	P_1/W	P_2/W	$\sum P/W$	$\cos\varphi$
平衡负载	3	3	3								
不平衡负载	1	2	3								

4）用一表法测对称负载功率

在三相四线制电路中，当电源和负载都对称时，由于各相功率相等，只要用一只功率表测量出任一相负载的功率即可。按如图 11 - 11 所示电路图接线，测量数据记入表 11 - 16 中。

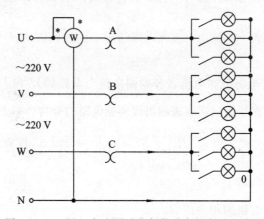

图 11 - 11　用一表法测对称负载功率的实验电路图

表 11-16　实验测量数据表

负载情况	开灯盏数/盏			测量数据/W			计算数据/W
	U 相	V 相	W 相	P_1	P_2	P_3	$\sum P$
三角形接平衡负载	3	3	3				
三角形接不平衡负载	1	2	3				

6. 实验注意事项

(1) 实验时要注意人身安全，不可触及导电部分，以免发生意外事故。

(2) 星形负载做短路实验时，必须首先断开中线，以免发生短路事故。

(3) 每次实验完毕，均需将三相调压器旋钮调回零位。如改接线，均需断开三相电源，以确保人身安全。

(4) 每次接线完毕，同组同学应自查一遍，然后由指导老师检查后，方可接通电源。

7. 思考题

(1) 三相负载根据什么条件做星形或三角形连接？

(2) 复习三相交流电路有关内容，试分析三相星形连接不对称负载在无中线情况下，当某相负载开路或短路时会出现什么情况？如果接上中线，情况又如何？

(3) 本次实验中，为什么要通过三相调压器将 380 V 的市电线电压降为 220 V 的线电压使用？

(4) 测量功率时为什么在线路中通常都接有电流表和电压表？

11.7　自感线圈参数的测定

1. 实验目的

(1) 掌握用电压表、电流表和功率表测量自感线圈参数的原理，学会在实践中的应用方法。

(2) 熟练使用功率表，掌握功率表在不同情况下的接线方法。

2. 实验原理说明

该实验主要是通过电压表和电流表分别测出整个电路的 U 和 I，从而计算出该实验电路的阻抗模 $|Z| = \dfrac{U}{I}$；然后通过功率表测出该实验电路的有功功率 P，利用公式 $P = I^2 \times R$ 求出线圈电阻 R；再由公式 $|Z| = \sqrt{R^2 + X^2} = \sqrt{R^2 + (\omega L)^2}$ 推算出所测自感线圈的参数 L，其中，$\omega = 2\pi f = 2\pi \times 50 = 100\pi$ rad/s。

3. 预习要求

(1) 预习自感线圈电路的相关内容。

(2) 预习实验中所用到的实验仪器的使用方法及注意事项。

(3) 根据实验电路计算所要求测试的理论数据，填入表中。

（4）写出完整的预习报告。

4. 实验设备

（1）单相调压器 1 台；

（2）电感线圈 1 只；

（3）交流电压表、交流电流表各 1 只；

（4）功率表 1 只。

5. 实验内容

分别按图 11-12(a) 和 (b) 所示的两种接线方法测量线圈的参数 R 和 L，将测量值和计算值填于表 11-17。

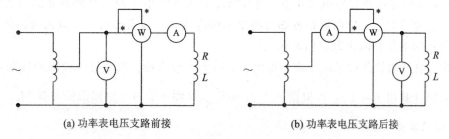

(a) 功率表电压支路前接　　　　　　　　　(b) 功率表电压支路后接

图 11-12　三表法测量线圈参数的实验电路图

表 11-17　实验测量数据和计算表

接线方式	测　量　值			计　算　值				
	U/V	I/A	P/W	R/Ω	$\lvert Z\rvert/\Omega$	X_L/Ω	$L/\mu\text{F}$	λ

6. 实验注意事项

单相调压器使用前，先把电压调节手轮调在零位，接通电源后再从零位开始逐渐升压，做完每一项实验后，要把调压器调回零位，然后再断开电源。

7. 思考题

（1）写出用三表法求线圈参数 R、$\lvert Z\rvert$、X、L、λ 的计算公式。

（2）如何用实验方法判别负载是电感性还是电容性？

（3）将两种接线方式所测得线圈的参数与线圈的铭牌值相比较，分析两种接线方式的适用范围。

11.8　互感线圈同名端的判定及参数的测定

1. 实验目的

（1）学会在实践当中测定同名端的方法，明确判定同名端的原理。

（2）在自感线圈实验成果的基础上，掌握互感线圈的互感系数和耦合系数测定方法。

2. 实验原理说明

在电流一定的情况下，互感线圈在顺向串联和反向串联时，其两端电压的大小是不相等的。这是因为，顺向串联时总阻抗 $|Z| = \sqrt{r + j(\omega L_F)} = \sqrt{r + j[\omega(L_1 + L_2 + 2M)]} = \dfrac{U_F}{I}$；

反向串联时总阻抗 $|Z| = \sqrt{r + j(\omega L_R)} = \sqrt{r + j[\omega(L_1 + L_2 - 2M)]} = \dfrac{U_R}{I}$（$r$ 为非理想线圈的内阻）。所以，$U_F > U_R$。这就意味着实验时测量出来的电压较大的连接方式为互感线圈的顺向串联，电压较小的连接方式为互感线圈的反向串联。再根据顺向串联是异名端相连，反向串联是同名端相连来判定同名端。

同样，我们也可以设定电压不变，通过测量电流的大小来判定互感线圈的同名端。读者可以自行思考验证，也可以根据随时间增大的电流从一线圈的同名端流入时，会引起另一线圈同名端电位升高来判定同名端。

其次，通过测量并记录电压表和电流表、功率表的读数，参考自感线圈参数测定的计算方法分别计算出 L_F、L_R，再根据公式 $M = \dfrac{L_F - L_R}{4}$ 即可求出互感线圈的参数 M。

3. 预习要求

(1) 预习互感电路的相关内容。

(2) 预习实验中所用到的实验仪器的使用方法及注意事项。

(3) 根据实验电路计算所要求测试的理论数据，填入表中。

(4) 写出完整的预习报告。

4. 实验设备

(1) 直流稳压电源 1 台；

(2) 调压器 1 台；

(3) 直流毫安表 1 只；

(4) 交流电流表 1 只；

(5) 交流电压表 1 只；

(6) 互感线圈 1 只；

(7) 单相调压器 1 台。

5. 实验内容

1) 测定同名端

(1) 按如图 11-13 所示电路图接线，用直流通断法判定同名端。当合上开关 S 时，若毫伏表的指针正向偏转，则端钮 3 与 1 为同名端，反之，若毫伏表的指针反向偏转，则端钮 4 与 1 为同名端。

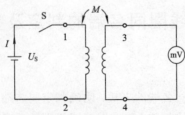

图 11-13　直流通断法测定电路图

（2）根据等效阻抗的大小判定同名端。按如图 11 - 14 所示电路图接线，在同一电压下，电流小的为顺向串联，这时是异名端连接在一起。

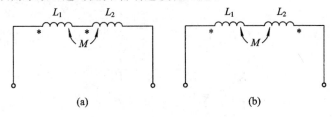

图 11 - 14　磁耦合线圈的串联电路图

2）测定 L、M、k

（1）事先用直流伏安法或万用表的欧姆挡测出线圈 1 和线圈 2 的电阻 R_1 及 R_2，计入表 11 - 18 中，再按图 11 - 15 所示电路图接线，二次侧开路，用调压器将一次侧电压调到较低的值，测出 U_1、I_1 及 U_{20}，记入表 11 - 18 中。再将一次侧开路，二次侧通过调压器接电源，测出 U_2、I_2 及 U_{10}，记入表 11 - 18 中，并求出：

$$L_1 = \frac{1}{\omega} \sqrt{\left(\frac{U_1}{I_1}\right)^2 - {R_1}^2}$$

$$L_2 = \frac{1}{\omega} \sqrt{\left(\frac{U_2}{I_2}\right)^2 - {R_2}^2}$$

$$M_{12} = \frac{U_{10}}{\omega I_2}$$

$$M_{21} = \frac{U_{20}}{\omega I_1}$$

$$k = \frac{M}{\sqrt{L_1 L_2}}$$

式中：M 取 M_{12} 与 M_{21} 的平均值。

表 11 - 18　实验测量数据表

项目	预先测定值		测　量　值						计　算　值				
			图 11 - 15(a)			图 11 - 15(b)			L_1	L_2	M_{12}	M_{21}	k
	R_1	R_2	U_1	I_1	U_{20}	U_2	I_2	U_{10}					
单位													
数值													

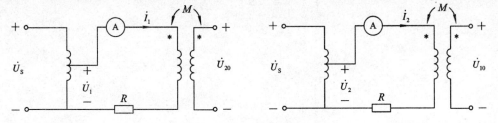

图 11 - 15　互感电压法测定电路图

将计算结果均记入表 11 - 18 中，比较 M_{12} 与 M_{21} 是否相等。

（2）用等效电感法测定 M。按图 11-14 所示电路图接线，分别测出顺向串联与反向串联时的 U 与 I 值，并记入表 11-19 中，然后求出顺向串联时的等效阻抗 Z'、等效感抗 X'、等效电感 L' 的值。

$$Z' = \frac{U}{I}$$

$$X' = \sqrt{Z'^2 - (R_1 + R_2)^2}$$

$$L' = \frac{X'}{\omega}$$

反向串联：

$$Z'' = \frac{U}{I}$$

$$X'' = \sqrt{Z''^2 - (R_1 + R_2)^2}$$

$$L'' = \frac{X''}{\omega}$$

从而 $M = \dfrac{L' - L''}{4}$，将以上结果记入表 11-9 中。

表 11-19　实验测量数据及计算表

项　目	预先测定值		测　量　值				计　算　值		
			顺向串联		反向串联				
	R_1	R_2	U	I	U	I	L'	L''	M
单位									
数值									

6. 实验注意事项

为了使所加电压不超过耦合线圈的额定电压，故要限定电流大小，具体电流的大小由实验老师决定。

7. 思考题

（1）测量互感系数还有哪些其他方法？

（2）试分析直流通断法测同名端的原理。

（3）互感电压的参考方向应如何确定？

第 12 章　电工基础及测量实训

通过本章的学习、训练，学生应掌握电路连接与测试的基本方法；掌握电压表、电流表的校准与使用，以及万用表的结构及组装；能够进行电路故障检查。

本章知识点

- 直流电压表、电流表的安装。
- 电路故障的检查与排除。
- 万用表的组装。
- 焊接方法及要求。
- 日光灯的安装与实验。

本章重点和难点

- 直流电压表、电流表的安装。
- 万用表的组装。
- 电路故障检查。

12.1　直流电压表、电流表的安装

1. 实训目的

(1) 了解电路的基本概念。

(2) 体验电路基本变量的相互关系。

(3) 学会电路连接与测试的基本方法。

(4) 学会电压表、电流表的校准与使用。

2. 实训设备、器件与实训电路

1) 实训设备与器件

实训设备与器件详见表 12-1。

表 12-1　实训设备与器件

名　　称	数量	名　　称	数量
直流稳压电源	1 台	数字万用表	2 块
100 μA 表头	1 只	单刀双位开关	2 只
电阻	若干		

2）实训电路与说明

实训电路如图 12-1 所示。其中图 12-1(a)为电压表电路图，电路中虚框内的作用是将 100 μA 的表头改装为量程为 10 V 的电压表。图 12-1(b)为电流表电路图，电路中虚框内的作用是将 100 μA 的表头改装为量程为 100 mA 的电流表。图中 E 为电压可调的直流稳压电源，B_1 为数字万用表，B_2 为 100 μA 表头，r 为表头内部线圈的直流电阻，称为表头内阻。

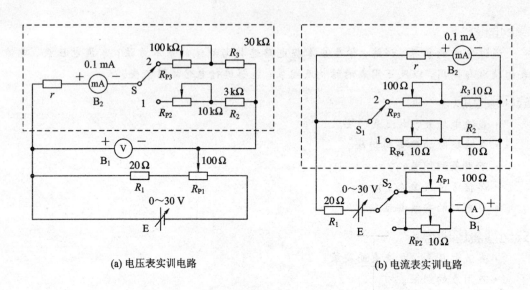

(a) 电压表实训电路   (b) 电流表实训电路

图 12-1   电压表、电流表实训电路图

3. 实训步骤与要求

1）电路连接

按图 12-1(a)所示电路图连接电路。注意电源与电表的极性不要接反。电路接好后不要打开稳压电源的电源开关。

2）通电前准备

将数字万用表置直流电压 20 V 挡。将开关 S 的中心头指向"2"。调节可变电阻 R_{P3} 的可变触点，使其电阻最大。调节稳压电源的输出控制旋钮，将其输出调到最小位置，目的是防止打开稳压电源开关时，流过 B_2 的电流超过其量程。

3）标准电压产生

打开稳压电源的电源开关，缓慢调节输出旋钮，改变稳压电源的输出，使数字万用表的读数为 10 V。至此得到了一个 10 V 的标准电压输出，其准确度由数字万用表的精度决定。

4）电压表的调节

调节 R_{P3}，使电流表 B_2 的读数至满刻度。体会一下 R_{P3} 的变化与表头指针偏转的关系。至此，通过调节并确定串接在表头上的电阻，我们将 100 μA 的表头改装为满刻度值为 10 V 的电压表。可以看出，电压表实际上是由一个高灵敏度的电流表与电阻串接而成的。改变串接的电阻，即改变了电压表的量程。

5）刻度校准

调节稳压电源输出，使数字万用表的读数依次为 2.5 V、5 V、7.5 V，在此过程中，电流表的读数应依次为 25 μA、50 μA、75 μA。如果读数准确，将电流表的表盘改成电压表表盘，则电压表的安装与调试成功。

6）测量表头内阻

从电路中取下数字万用表。调节稳压电源输出，使电压表读数为 10 V(100 μA)。将万用表置直流 200 mV 挡，测量表头两端电压 U_{AB}。万用表的读数乘以 10(除以 0.1)，即为表头内阻 r 的欧姆数。

注意：不能用万用表的欧姆挡直接测量表头的内阻。

7）验证欧姆定律

将万用表置直流电压 20 V 挡，用万用表测量电阻 $R_{P3}+R_3$ 两端的电压，记下读数，设读数为 U。将电阻 R_3 右端从电路中取下，用万用表欧姆档测量 $R_{P3}+R_3$ 的电阻，记下读数，设读数为 R。我们可以发现，U 与 R 的比值恰等于电流表 B_2 的读数 $I(100\ \mu$A)。

4. 实训总结与分析

(1) 按照图 12-1，我们可以将各种设备与器件连接起来。稳压电源用一内阻为 0 的电压源来表示，表头用一内阻为 0 的电流表与一内阻 r 表示，导线的电阻为 0，开关闭合时电阻为 0，断开时电阻无穷大。其实，导线都有电阻，表头的线圈具有电感，但我们在给出的电路中都忽略了。因此，图 12-1 是一种将实际电路中各种器件或设备理想化并用相关的参数予以表征以后画出的电路，称为实际电路的理想模型。

(2) 在以上实训中，我们学会了将一个读数较小的电流表，改装为一个电压表或电流表。电压表是将一电阻与表头串联，与之串联的电阻越大，其测量的量程也越大。电流表是将一个较小的电阻与表头并联，并联的电阻越小，其测量的量程越大。

(3) 如果将 R_1 视为电源的负载，则测量 R_1 两端的电压时，电压表与 R_1 并联，测量流过 R_1 的电流时，电流表与 R_1 串联。测电压并联、测电流串联是电路测试必须遵守的基本原则。我们在今后的学习或工作中，必须严格遵守这一原则，违反这个原则将会产生严重后果。

(4) 表头内阻 r 是表头的重要参数，如果事先知道了表头内阻，在改装电表时，可以直接计算出与之并联或串联的电阻。实训步骤 6)中测量表头内阻 r 是通过测量其上的电压而间接得到的，测试原理依据的是中学就学过的欧姆定律。步骤 7)通过测量电阻 $R_{P3}+R_3$ 的阻值、两端的电压、流过其间的电流并找出它们之间的关系，验证了欧姆定律。在步骤 6)中强调不能用万用表欧姆挡直接测量表头内阻，这是因为用万用表测量表头内阻时，将有电流流过被测量的表头，这个电流很可能超过表头的量程而使表头损坏。

通过以上操作，我们接触了一个简单的应用电路，对电路中的基本物理变量电压与电流有了初步的认识，掌握了测量电压与电流的基本方法。读者可以根据前面的实训安排，将图 12-1(a)中的电流表改装成满刻度值为 1 V 的电压表。根据图 12-1(b)将电流表扩展为满刻度值为 10 mA 与 100 mA 的电流表。实训前，请事先编写好实训步骤。

5. 实训报告

(1) 如要利用电流表来测量电阻的阻值，电路应如何连接？

（2）要将电压表、电流表、欧姆表组合成一个三用表，应考虑哪些问题？

12.2　电路故障的检查与排除

1. 故障分析

1）常见的故障原因

在电路的应用和实训中，会出现各种各样的故障（例如断线、短路、接线错误、元件变质损坏或接触不良等现象），使电路不能正常工作，甚至造成设备损坏或人身事故。

对于新设计组装的电路来说，常见的故障原因有以下几个方面：

（1）实训电路图与设计的原理图不符，元件使用不当或损坏，即线路的检查。

（2）所设计的电路本身就存在某些严重缺点，不能满足技术要求，使连线发生短路和开路现象。

（3）焊点虚焊，接插件、可变电阻器等接触不良。

（4）电源电压不符合要求，性能差。

（5）仪器作用不当。

（6）接地处理不当。

（7）相互干扰引起的故障。

2）故障检查方法

电子电路故障检查的一般方法有直接观察法、静态检查法、信号寻迹法、对比法、部件替换法、旁路法、短路法、断路法和加速暴露法等。下面简要介绍其中的几种。

（1）信号寻迹法：在输入端直接输入一定幅值、频率的信号，用示波器由前级到后级逐级观察波形及幅值，如哪一级异常，则故障就在该级；对于各种复杂的电路，也可将各单元电路前后级断开，分别在各单元输入端加入适当的信号，检查输出端的输出是否满足设计要求。

（2）对比法：将存在问题的电路参数与工作状态和相同的正常电路中的参数（或理论分析和仿真分析的电流、电压、波形等参数）进行对比，判断故障点，找出原因。

（3）部件替换法：用同型号的好部件替换可能存在故障的部件。

（4）加速暴露法：有时故障不明显，或时有时无，或要较长时间才能出现，可采用加速暴露法。如敲击元件或电路板，检查有无接触不良、虚焊等现象；用加热的方法检查是否是热稳定性较差等。

2. 实训举例

在本实训中，我们举两个具体实例来让学生们有针对性地了解电路故障的检查与排除。

1）直流电阻性电路故障的检查

直流电阻性电路故障的检查一般有以下两种方法。

（1）用直流电压表（或万用表直流电压挡）检查电路故障。

实训步骤如下：

① 检查串联电路的故障。按图 12-2 所示电路图接线，在电路状态为正常（即按图 12-2 正确接线）、断开故障（即图 12-2 中的 a、f 处换上一根断线）、短路故障（即图

12 - 2 中的 e、f 两点用一根导线短接)三种情况下分别测量各点电位及各段电压,并将数据记入表 12 - 2 中。

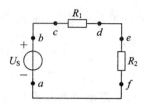

图 12 - 2　检查串联电路故障的实训电路图

表 12 - 2　串联电路故障的测量数据

电路状态	以 a 点为参考点测电位值/V						分段电压/V						
	φ_a	φ_b	φ_c	φ_d	φ_e	φ_f	U_{ab}	U_{bc}	U_{cd}	U_{de}	U_{ef}	U_{ce}	U_{cf}
正　常													
断开故障													
短路故障													

　　② 检查混联电路的故障。按图 12 - 3 所示电路图接线,直流稳压电源 U_S 取 12 V,电阻 R_1、R_2、R_4 均取 100 Ω,R_3 取 50 Ω,以电路中 a 点为参考点,用电压表测量表 12 - 3 中所列各点的电位和各段电压,并将数据记入该表中。断开并联支路的 cf 支路,重复上述测量,并将数据记入表 12 - 3 中。再短接并联支路的 cf 支路,重复上述测量,并将数据记入表 12 - 3 中。

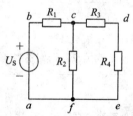

图 12 - 3　检查混联电路故障的实训电路

表 12 - 3　并联电路故障的测量数据

电路状态	以 a 点为参考点测电位值/V						分段电压/V						
	φ_a	φ_b	φ_c	φ_d	φ_e	φ_f	U_{ab}	U_{bc}	U_{cd}	U_{de}	U_{ef}	U_{ce}	U_{cf}
正　常													
断开故障													
短路故障													

　　(2) 用万用表电阻挡检查电路故障。首先切断线路的电源,用万用表电阻挡检查各元件引线及导线连接点是否断开,电路有无短路。如遇复杂电路,可以断开一部分电路后分别进行检查。

　　2) 照明电路中线路故障的排除及日光灯电路的常见故障分析

　　(1) 线路故障和排除方法。以家庭用电为例。

① 短路故障的排除方法。因为室内用电设备都是并联在电源两端的，所以电路中任何一处发生短路都会烧断保险丝。

② 断路故障的排除方法。当发现是室内断电引起的故障，发生断路的地方一般是在配电板或室内总干线上。

(2) 日光灯电路的故障和排除方法。日光灯电路原理图见 12.4 节相关内容，针对日光灯电路出现的故障，分析可能存在的原因，进一步总结排除方法。具体情况见表 12 - 4。

表 12 - 4　日光灯电路的故障及其排除方法

故障现象	可能的原因	排除方法
不能发光或启动困难	(1) 电源电压太低或线路压降太大； (2) 启辉器损坏或内部电容击穿； (3) 接线错误或灯座接触不良； (4) 灯丝断丝或灯管漏气； (5) 镇流器选配不当或内部接线松动； (6) 气温过低	(1) 调整电源电压或供电线路； (2) 更换启辉器； (3) 检查线路和接触点； (4) 用万用表检查后更换灯管； (5) 检查修理或更新； (6) 灯管加热或加罩
灯光抖动及灯管两头发光	(1) 接线错误或灯座、灯脚等接头松； (2) 启辉器内部触点并合或电容击穿； (3) 镇流器选配不当或内部接线松动； (4) 电源电压低或线路压降大； (5) 灯丝上涂覆的电子粉将尽，不能再起放电作用	(1) 检查线路并紧固接触点； (2) 更换启辉器； (3) 修理或更换镇流器； (4) 调整电源电压或供电线路； (5) 换灯管
灯光闪烁	(1) 新灯管暂时的现象； (2) 启辉器损坏或接线不良； (3) 线路接线不牢或镇流器选配不当	(1) 开用几次即可消除； (2) 更换启辉器或紧固接线； (3) 检查加固或更换镇流器
灯管光度减低	(1) 灯管陈旧； (2) 空气温度低或冷风直接吹在灯管上； (3) 电源电压低或线路压降大； (4) 灯管上积垢太多	(1) 换灯管； (2) 加防护罩或回避冷风； (3) 调整电源电压或供电线路； (4) 清除积垢
杂声及电磁声	(1) 镇流器硅钢片未夹紧； (2) 线路电压太高引起镇流器发声； (3) 镇流器过热； (4) 启辉器启辉不良引起辉光杂声	(1) 更换镇流器； (2) 调整电压； (3) 检查过热原因； (4) 换启辉器
镇流器过热	(1) 灯架内通风不良； (2) 电压过高或镇流器选配不当； (3) 内部线圈短路或启辉器内电容短路或接线不牢； (4) 灯管闪烁	(1) 改善装置方法； (2) 检查纠正或调换； (3) 修理或更换； (4) 检查闪烁原因

12.3　万用表的组装

1. 实训目的

（1）学会使用常用的电工工具及仪表。

（2）了解万用表的工作原理。

（3）学会排除万用表的常见故障。

（4）学会万用表的安装、调试及使用。

2. 实训设备与器件

实训设备与器件详见表 12－5。

表 12－5　实训设备与器件

名　　称	数量	名　　称	数量
MF47 型万用表的套件	1 套	220 V、20 W 电烙铁	1 把
镊子	1 套	螺丝	1 套
剪刀	1 套	尖嘴钳	1 套
JWD－2 型直流稳压电源	1 台	0.5 级交、直流电压表	1 台
0.5 kVA、0～240 V 自耦调压器	1 台	0.5 级交、直流电流表	1 台
2X－36 型标准电阻箱	1 只	500 Ω、1 A 可变电阻器	1 只

3. 指针式万用表的结构

指针式万用表的型式很多，但基本结构是类似的，主要由机械部分、显示部分、电器部分三大部分组成。机械部分包括外壳、挡位开关旋钮及电刷；显示部分就是表头；电器部分由测量线路板、电位器、电阻、二极管、电容等部分组成，如图 12－4 所示。

面板＋表头

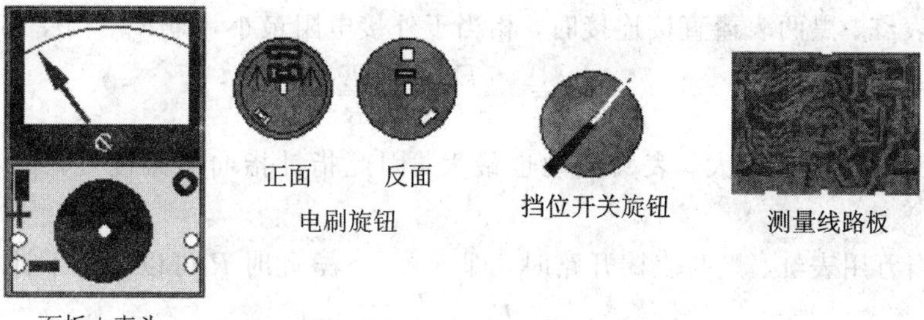

正面　　反面
电刷旋钮

挡位开关旋钮

测量线路板

图 12－4　指针式万用表的组成

表头是万用表的测量显示装置；挡位开关用来选择被测电量的种类和量程；测量线路板将不同性质和大小的被测电量转换为表头所能接受的直流电流。

4. 指针式万用表的工作原理

指针式万用表是最常见也是最常用的万用表，其工作原理图如图 12－5 所示。

指针式万用表由表头、电阻测量挡、电流测量挡、直流电压测量挡和交流电压测量挡几个部分组成，图 12－5 中"－"为黑表棒插孔，"＋"为红表棒插孔。

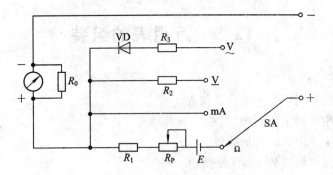

图 12-5　指针式万用表测量原理图

测电压和电流时，外部有电流通入表头，因此不需要内接电池。当我们把挡位开关旋钮 SA 旋至交流电压挡时，通过二极管 VD 整流，电阻 R_3 限流，由表头显示出数值来；当旋至直流电压挡时不需二极管整流，仅需电阻 R_2 限流，表头即可显示出数值；当旋至直流电流挡时，既不需二极管整流，也不需电阻限流，表头即可显示出数值。

测电阻时，将转换开关 SA 旋至"Ω"挡，这时外部没有电流通入，因此必须使用内部电池作为电源。设外接的被测电阻为 R_x，表内的总电阻为 R，形成的电流为 I，由 R_x、电池 E、可调电位器 R_P、固定电阻 R_1 和表头部分组成闭合电路，形成的电流 I 使表头的指针发生偏转。红表棒与电池的负极相连，通过电池的正极与电位器 R_P 及固定电阻 R_1 相连，经过表头接到黑表棒，与被测电阻 R_x 形成回路，从而产生电流使表头显示阻值。回路中的电流为

$$I = \frac{E}{R_x + R}$$

从上式可知，I 和被测电阻 R_x 不成线性关系，所以表盘上电阻标度尺的刻度是不均匀的。当电阻越小时，回路中的电流越大，指针的摆动就越大。因此电阻挡的标度尺刻度是反向分度。

当万用表红、黑两表棒直接连接时，相当于外接电阻最小，即 $R_x = 0$，那么

$$I = \frac{E}{R_x + R} = \frac{E}{R}$$

此时通过表头的电流也最大，表头摆动也最大，因此指针指向满刻度处，向右偏转最大，显示阻值为 0。

反之，当万用表红、黑两表棒开路时，即 $R_x \to \infty$，此时 R 可以忽略不计，那么

$$I = \frac{E}{R_x + R} \approx \frac{E}{R_x} \to 0$$

此时通过表头的电流最小，指针指向 0 刻度处，显示阻值为 ∞。

下面我们就以 MF47 型万用表为例，来介绍万用表的组装及校试。

5. MF47 型万用表的组装

1）MF47 型万用表的工作原理

MF47 型万用表的工作原理图如图 12-6 所示。

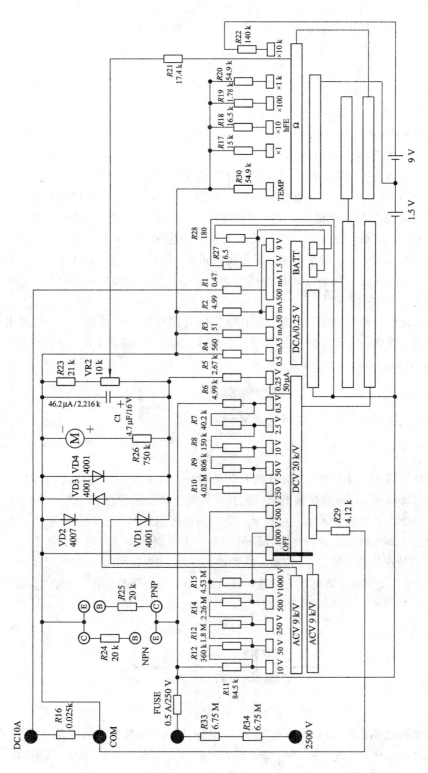

图 12 - 6 MF47型万用表工作原理图

MF47 型万用表的显示表头是一个直流 μA 表，电位器 VR2 用于调节表头回路中的电流大小，VD3、VD4 两个二极管反向并联，且与电容并联，用于保护限制表头两端的电压，起保护表头的作用，使表头不至因电压、电流过大而烧坏。转换开关共有 22 个挡位，各挡位表示的测量种类和量限如下：

直流电流(mA)：500、50、5、0.5；

直流电压(V)：1000、500、250、50、10、2.5、1、0.25；

电阻(Ω)：$R \times 10 \mathrm{k}$、$R \times 1 \mathrm{k}$、$R \times 100$、$R \times 10$、$R \times 1$；

交流电压(V)：1000、500、250、50、10。

2) 二极管、电容及电阻的认识

(1) 二极管极性的判断。判断二极管极性时可用实训室提供的万用表，将红表棒插在"＋"，黑表棒插在"－"，将二极管搭接在表棒两端，观察万用表指针的偏转情况。由于电阻挡中的电池正极与黑表棒相连，这时黑表棒相当于电池的正极，红表棒与电池的负极相连，相当于电池的负极，因此当二极管正极与黑表棒连通，负极与红表棒连通时，二极管两端被加上了正向电压，二极管导通，显示阻值很小。所以，当显示阻值很小时，表示二极管与黑表棒连接的为正极，与红表棒连接的为负极，反之，如果显示阻值很大，那么与红表棒搭接的是二极管的正极。

(2) 电解电容极性的判断。注意观察在电解电容侧面有"－"的是负极，如果电解电容上没有标明正、负极，也可以根据其引脚的长短来判断，长引脚的为正极，短引脚的为负极，如图 12-7 所示。

图 12-7　电解电容极性的判断

(3) 色环的认识。取出一电阻，看它有几条色环，其中有一条色环与别的色环之间相距较大，且色环较粗，读数时应将其放在右边。每条色环表示的意义见表 12-6。对于四色环电阻，左边第一条色环表示第一位数字，第二条色环表示第二位数字，第三条色环表示乘数，第四条色环也就是相距较远并且较粗的色环表示误差。由此可知，当图 12-8 中的色环从左往右依次为红、紫、绿、棕时，对照表 12-6，该电阻阻值为 $27 \times 10^5 \,\Omega = 2.7 \,\mathrm{M}\Omega$，其误差为 $\pm 1\%$。又如第一条色环为绿色，表示 5；第二条色环为蓝色，表示 6；第三条色环为黑色，表示乘 10^0；第四条色环为红色，表示它的阻值是 $56 \times 10^0 = 56 \,\Omega$，其误差为 $\pm 2\%$。

图 12-8　四色环电阻

对于五色环电阻，从左向右，前三条色环分别表示三个数字，第四条色环表示乘数，第五条表示误差。比如：蓝、紫、绿、黄、棕表示 $675 \times 10^4 \,\Omega = 6.75 \,\mathrm{M}\Omega$，误差为 $\pm 1\%$。

注意：金色和银色色环只能是乘数和允许误差，一定放在右边。

表 12－6　色　环　对　照　表

颜色	第一位数字	第二位数字	第三位数字(五色环电阻)	乘　　数	误　差
黑	0	0	0	$10^0 = 1$	
棕	1	1	1	$10^1 = 10$	$\pm 1\%$
红	2	2	2	$10^2 = 100$	$\pm 2\%$
橙	3	3	3	$10^3 = 1000$	
黄	4	4	4	$10^4 = 10000$	
绿	5	5	5	$10^5 = 100000$	$\pm 0.5\%$
蓝	6	6	6		$\pm 0.25\%$
紫	7	7	7		$\pm 0.1\%$
灰	8	8	8		
白	9	9	9		
金		注：第三位数字是五色环电阻才有		$10^{-1} = 0.1$	$\pm 5\%$
银				$10^{-2} = 0.01$	$\pm 10\%$

　　(4) 电位器阻值的测量。电位器共有五个引脚，如图 12－9 所示，其中三个并排的引脚中，1、3 两点为固定触点，2 为可动触点，当转动旋钮时，1、2 或者 2、3 间的阻值发生变化。电位器实质上是一个滑线电阻，电位器的两个粗的引脚主要用于固定电位器。安装前应用万用表测量电位器的阻值，1、3 之间的阻值应为 10 kΩ，转动电位器的黑色小旋钮，测量 1 与 2 或者 2 与 3 之间的阻值，应在 0~10 kΩ 间变化。

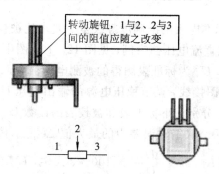

图 12－9　电位器

　　3) 元器件的插放及参数的检测

　　将元器件对照图纸插放到线路板上。注意：一定不能插错位置，二极管、电解电容要注意极性，电阻插放时要求按色环读取方向排列整齐，横排的必须从左向右读，竖排的从下向上读，保证读数一致。

　　每个元器件在焊接前都要用万用表检测其参数是否在规定的范围内。二极管、电解电容要检查它们的极性，电阻要测量其阻值。测量阻值时应将万用表的挡位开关旋钮调整到电阻挡，预读被测电阻的阻值，估计量程，将挡位开关旋钮旋至合适的量程，短接红黑表棒，调整电位器旋钮，将万用表调零。调零后，用万用表测量每个插放好的电阻的阻值。测量不同阻值的电阻时要使用不同的挡位，每次换挡后都要调零。为了保证测量的精度，要使测出的阻值在满刻度的 2/3 左右，过大或过小都会影响其读数，应及时调整量程。

注意：一定要先插放电阻，后测阻值，这样不但检查了电阻的阻值是否准确，而且同时检查了元件的插放是否正确。如果插放前测量电阻，只能检查元件的阻值，而不能检查元件插放是否正确。

4）元器件的焊接

对照图纸插放元器件，用万用表校验，检查每个元器件插放是否正确、整齐，二极管、电解电容极性是否正确，电阻读数的方向是否一致，全部合格后方可进行元器件的焊接。焊接完的元器件，要求焊接牢固，排列整齐，高度一致。

5）机械部分的安装与调整

机械部分的安装包括：提把的安装、电刷旋钮的安装、挡位开关旋钮的安装及电刷的安装。在进行机械部分各器件安装时，注意切勿丢失零配件，用力一定要轻，以免损伤零配件。

6）线路板的安装

安装线路板前应先检查线路板焊点的质量及高度，特别是在外侧两圈轨道中的焊点，由于电刷要从中通过，安装前一定要检查焊点高度，不能超过 2 mm，如果焊点太高，则会影响电刷的正常转动甚至挂断电刷。

线路板用三个固定卡固定在面板背面，将线路板水平放在固定卡上，依次卡入即可。注意：在安装线路板前应先将表头连接线焊好，然后再装电池和后盖，装后盖时左手拿面板，稍高，右手拿后盖，稍低，将后盖从向上位置推入面板，最后是拧上螺丝，注意拧螺丝时用力不可太大或太猛，以免将螺纹拧坏。

7）校试万用表

按照电表校试规定，标准电表的准确度等级至少要求比被校表高两级。

（1）校试方法。以校试直流电压挡为例，见图 12 - 10，图中 V_0 为 0.5 级标准直流电压表，V_x 为被校准的万用表。U_0 为标准表测得的被测电压值，U_x 为被校表的读数。

按图 12 - 10 所示电路图接线，调节稳压电源的输出电压 U_S，使被校表的指针依次指在标尺的整刻度值位置上，分别记下标准表和被校表的读数 U_0 和 U_x，则在每个刻度值上的绝对误差为 $\Delta U = U_x - U_0$。取绝对误差中的最大值 ΔU_{max}，按下式计算被校万用表电压挡的准确度等级 K_U，即 $\pm K_U\% = \dfrac{\Delta U_{max}}{U_m} \times 100\%$，式中，$U_m$ 为被校表的量限。如 $K_U = \pm 5\%$，则被校表电压挡在此量限的准确度等级为 5.0 级。

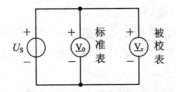

图 12 - 10　校试万用表的直流电压挡电路

（2）校试步骤。

① 直流电流挡校试。按图 12 - 11 所示电路图接线，被校表分别放置在直流电流为

0.5 mA、5 mA、50 mA、500 mA 的各挡上，按上述方法测量校试。

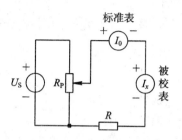

图 12-11　校试万用表的直流电流挡电路

② 直流电压挡校试。按图 12-10 所示电路图接线，被校表分别放置在直流电压为 0.25 V、1 V、2.5 V、10 V、50 V、250 V、500 V、1000 V 的各挡上，按上述方法测量校试。

③ 交流电压挡校试。按图 12-12 所示电路图接线，被校表分别放置在交流电压为 10 V、50 V、250 V、500 V、1000 V 的各挡上，按上述方法测量校试。

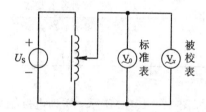

图 12-12　校试万用表的交流电压挡电路图

④ 电阻挡校试。调节调零电阻，使其在各电阻挡上均能指到零位。取标准电阻箱的阻值为 100 kΩ、10 kΩ、1 kΩ、100 Ω 和 10 Ω，将被校表分别置于 $R \times 10$ k、$R \times 1$ k、$R \times 100$、$R \times 10$、$R \times 1$ 挡，分别测量上述两个中心电阻值，读取测量数据，再按上述方法校试。

6. 实训总结与分析

(1) 锡焊技术是电工的基本操作技能之一，通过以上实训，要求大家在初步掌握这一技能的同时，注意培养自己在工作中耐心细致、一丝不苟的工作作风。

(2) 通过本实训，要求我们学会使用一些常用的电工工具及仪表，比如尖嘴钳、剥线钳、万用表等，为后续课程的学习打下一定的基础。

(3) 组装万用表中可能出现的故障及其原因如下：

① 短路故障：可能由于焊点过大，焊点带毛刺，导线头露出太长或焊接时烫破导线绝缘层，装配元器件时导线过长或安排不紧凑，装入表盒后，互相挤碰而造成短路。

② 断路故障：焊点不牢固、虚焊、脱焊、漏线、元件损坏、转换开关接触不良等。

③ 电流挡测量误差大，可能分流电阻值不准确或互相接错。

④ 电压挡测量误差大，可能分压电阻值不准确或互相接错。

⑤ 测量交流高电压挡时，电表指针指示偏小，可能会使整流二极管损坏或分压电阻不准确。

12.4　日光灯的安装

1. 实训目的

（1）了解正弦交流电路的组成特点。

（2）体验交流电路与直流电路的区别。

（3）学会交流电路的连接、器件的使用及参数的测量。

（4）建立正弦交流电路的基本概念。

2. 实训设备与器件

实训设备与器件见表 12-7。

表 12-7　实训设备与器件

名　称	数量	名　称	数量
万用表	1 只	双通道示波器	1 台
降压隔离变压器	2 只	单刀双位开关	2 只
2 W 10 Ω 电阻	1 个	日光灯	1 套

3. 实训电路与原理

（1）日光灯实际电路图如图 12-13(a)所示，实训电路图如图 12-13(b)所示。图(b)中，T_1、T_2 为隔离变压器，便于次级接入示波器观测波形。电阻 R 为取样电阻，便于通过对其两端电压取样来测量电路中的电流。电容 C 用于改变实验电路的参数。

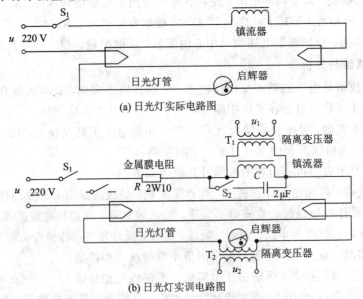

(a) 日光灯实际电路图

(b) 日光灯实训电路图

图 12-13　日光灯电路

（2）日光灯的结构：日光灯电路由灯管、镇流器和启辉器 3 个部分组成。在细长的玻璃灯管内壁上，均匀地涂有一层荧光物质，在灯管两端的灯丝电极上涂有受热后能发射电子的氧化物,灯管内充有稀薄的惰性气体和水银蒸汽。镇流器由带铁芯的电感线圈构成,启辉器由辉光管和一个小容量的电容器组成,如图 12 - 14 所示。

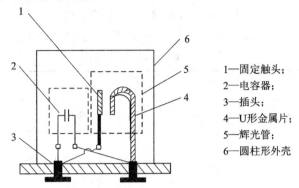

1—固定触头;
2—电容器;
3—插头;
4—U 形金属片;
5—辉光管;
6—圆柱形外壳

图 12 - 14　启辉器结构示意图

(3) 日光灯的启辉过程:当接通电源时,电源电压全部加在启辉器的辉光管两端,使辉光管的倒 U 形金属片与固定触点放电,其产生的热量使 U 形金属片伸直,两极接触并使回路接通,灯丝因有电流通过而发热,氧化物发射电子。辉光管的两个电极接通后电极间的电压为零,辉光管停止放电,温度降低使 U 形金属片恢复原状,两电极脱开,切断回路中的电流。根据电磁感应定律,切断电流瞬间在镇流器的两端产生一个比电源电压高很多的感应电压。该电压与电源电压同时加在灯管的两端,管内的惰性气体在高压下电离而产生弧光放电,管内的温度骤然升高,在高温下水银蒸气游离并猛烈地碰撞惰性气体分子而放电,放电时辐射出不可见的紫外线,激发灯管内壁的荧光粉发出可见光。(灯管正常发光时,灯管两端的电压较低,40 W 的灯管约 110 V,此电压不会使启辉器再次放电。)

4. 实训操作步骤与要求

1) 连接线路

(1) 按图 12 - 13(b)所示电路图连接线路,接通电源,开关 S_2 断开,S_1 闭合,使日光灯正常发光。要求通电前认真检查电路,正确无误后方可通电。

(2) 断开电源,按图 12 - 13(b)所示电路图连接线路,接通电源,开关 S_2 断开,S_1 闭合,再次使日光灯正常发光。

2) 观测交流电压波形

用示波器测量隔离变压器 T_1 次级的电压波形。这时,我们可以观测到如图 12 - 15 所示的正弦波。在示波器上读出其幅度和两个波峰之间的时间及波峰与波谷之间的幅度。

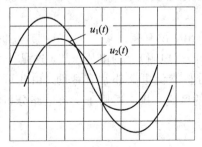

$u_1(t)$

$u_2(t)$

图 12 - 15　正弦波形图

3）测量环路电压

（1）用万用表分别测量市电 u、镇流器及日光灯管两端（启辉器两端）的交流电压 u_1、u_2。将结果填入表 12-8 中。注意 u、u_1、u_2 在数值上的关系。

（2）用万用表测量电阻 R 两端的电压，并由此计算出流过回路的电流 I，填入表 12-8 中。

表 12-8　实验测量数据

	测 量 数 据						
	u	u_1	u_2	$S(iu)$	$S_1(i_1u_1)$	$S_2(i_2u_2)$	$\Delta\varphi$
接入电容							
不接入电容							

4）观测电压 u_1 与 u_2 的相位关系

（1）用示波器的两个通道同时观测隔离变压器 T_1、T_2 次级电压的波形。仔细调节示波器，使显示屏上显示如图 12-15 的波形。读出两列正弦波波峰之间的时间间隔 Δt 及它们的周期 T，从振动学的有关知识我们可以得到两列正弦波的相位差为 $\Delta\varphi = 2\pi(\Delta t/T)$，将其填入表 12-8 中。

（2）将开关 S_2 闭合，重复步骤 2）、3）、4）。观测接入并联电容 C 对电路参数的影响。

5. 实训总结与分析

（1）在步骤 2）中，我们看到的正弦波就是市电电压的波形，把这种电压（电流）的大小与方向均按正弦规律变化的电压（电流）称为正弦交流电。如何描述正弦交流电，如何分析正弦交流电路是本章要解决的首要问题。

（2）由实验记录的结果可以看到一个使我们迷惑的现象：电路中的端电压不等于各分电压之和，即 $u \neq u_1 + u_2$，所以 $iu \neq iu_1 + iu_2$。显然，按直流电路分析与计算电路的方法不完全适用于交流电路分析与计算。之所以会出现上述现象，是因为电路中出现了电感性与电容性负载。在由电感、电容、电阻组成的交流电路中，如何分析和计算电路参数也是本章要解决的主要问题之一。

（3）在步骤 4）中，我们可以看出电压 u_1 与电压 u_2 之间存在一定的相位差，随着电容的接入与否，相位差的大小也在发生变化。当流过不同性质负载的电流相同（幅值、相位）时，负载上的电压相位不同是交流电路的一个重要特征。显然，相位在交流电路中是一个十分重要的物理量。

（4）从表 12-8 中可以看出，没有接入电容时，u_1 与 u_2 的相位差约为 $\pi/2$，或者说，镇流器（电感）上的电压超前灯管（电阻）上的电压 $\pi/2$，这是一个十分重要的现象，记住这个结果，对我们今后理解与分析交流电路非常有帮助。由此可见，在分析交流电路时，必须了解交流电路与直流电路的区别，找出适用于交流电路分析与计算的方法，掌握交流电路的特点与应用。

参 考 文 献

［1］　邱关源. 电路. 3 版. 北京：高等教育出版社，1989.

［2］　张洪让. 电工基础. 2 版. 北京：高等教育出版社，1990.

［3］　董儒胥. 电工电子实训. 北京：高等教育出版社，2003.

［4］　刘青松. 电路基础分析学习指导. 北京：高等教育出版社，2003.

［5］　卢元元，王晖. 电路理论基础. 西安：西安电子科技大学出版社，2004.

［6］　白乃平. 电工基础. 2 版. 西安：西安电子科技大学出版社，2005.